"十四五"职业教育国家规划教材

"十三五"江苏省高等学校重点教材（编号：2017-1-094）

化工安全
管理与应用

第二版

王升文　　沈发治　　主编

U0243880

化学工业出版社

·北京·

内容提要

本书包含化工物料安全、化工设备安全和化工人身安全三篇共十二个具体工作情境，以工作过程系统化为导向的人才培养模式为理念，采用任务驱动的方式，以案例教学法组织各学习情境的编写，通过教学引导案例、教学讨论案例的分析、讨论与点评引出各相关情境的学习，增强了学习的目的性、针对性和趣味性。

本书可作为高等职业教育化工类及相关专业的教材，也可供化工企业安全管理人员参考。

图书在版编目（CIP）数据

化工安全管理与应用/王升文，沈发治主编. —2
版. —北京：化学工业出版社，2019.9（2024.2 重印）
ISBN 978-7-122-35331-3

Ⅰ.①化… Ⅱ.①王… ②沈… Ⅲ.①化工安全-安
全管理-高等学校-教材 Ⅳ.①TQ086

中国版本图书馆 CIP 数据核字（2019）第 223092 号

责任编辑：提 岩 窦 臻 　　　　文字编辑：林 丹 张瑞霞
责任校对：刘 颖 　　　　　　　　装帧设计：王晓宇

出版发行：化学工业出版社（北京市东城区青年湖南街 13 号 邮政编码 100011）
印 　 装：大厂聚鑫印刷有限责任公司
787mm×1092mm 1/16 印张 17 字数 444 千字 2024 年 2 月北京第 2 版第 6 次印刷

购书咨询：010-64518888 　　　　　　售后服务：010-64518899
网 　 址：http://www.cip.com.cn
凡购买本书，如有缺损质量问题，本社销售中心负责调换。

定 　 价：49.80 元

前 言

　　本书根据"高等职业教育化工技术类专业教学基本要求"的精神,本着能力本位、素质基础、工学结合人才培养模式的需要,在第一版教材的基础上,结合现阶段高等职业教育化工技术类专业人才培养目标及化工安全技术学科发展和一体化数字化教材的最新要求修订而成。在修订和重印时持续完善。充分落实党的二十大报告中关于"着力推动高质量发展""加快建设制造强国"等要求,将新法规、新标准、新知识、新技术等内容融入教材,并在"素质目标"中融入以人为本、安全发展等理念,在"拓展阅读"中介绍行业的杰出人物、先进事迹等,通过榜样的力量,弘扬爱国情怀,树立民族自信,培养学生的职业精神和职业素养。

　　第二版教材以化工安全生产过程中涉及的物料安全、设备安全、人身安全的内容展开,每一篇由不同的情境构成,内容从简单到复杂,难度由浅入深。比如第一篇化工物料安全中选取了典型的有毒危险化学品二甲苯的安全识用与管理、腐蚀性危险化学品液氨的安全识用与管理、易燃危险化学品汽油的安全识用与管理以及化工生产过程中的"三废"安全管理与应用;第二篇化工设备安全中选取了典型的储罐静设备、锅炉静设备、釜式反应器动设备的安全操作与管理以及综合性的化工装置检修安全,由易到难,循序渐进。同时,各学习情境均以典型案例为载体,通过教学引导与讨论展开各相关情境的学习,这种内容的组织与编排方式在全国安全教材领域也是第一次尝试。

　　与第一版教材相比,内容的选取在保持第一版教材原有风格和定位的基础上,对一些章节重新进行了编排,使概念更加准确、内容更加系统,以"资源链接"的形式提供了大量的图片、动画及视频资源,使教学内容更加生动、直观。根据安全学科发展和职业能力提升的新要求,新增加的情境十二 HSE 管理体系与职业能力提升中,特别加入了已成功举办多次的全国职业院校高职 HSE(健康、安全、环保)大赛中科普知识竞赛和应用技能竞赛(包括事故应急救援桌面推演和体感式 HSE 装置操作)的新成果;新增加了情境四化工"三废"安全管理与应用;将用电安全、静电安全和雷电安全合并为情境九电气安全应用与管理;将原有的噪声安全部分并入职业病防治与管理中,不再单独设置为一个情境。此外,全书还增加了不少安全法律法规、安全新标准和新规范,大多以二维码的形式呈现;将原情境三中的人工急救内容转移到情境十一事故应急救援与现场处置中并增加了搬运、包扎、止血等应急救援环节;增设了一些正面案例以发挥案例的正面引导作用;剔除了原教材中有关压力容器部分重复的内容和一些不够贴切的词语。

　　本书由扬州工业职业技术学院王升文、沈发治、杨瑞洪、孙岳玲、陈秀清、汪洋,河北化工医药职业技术学院王贵珍、李森,长沙环境保护职业技术学院王巧玲,济源职业技术学院杨继朋,惠生(泰州)新材料科技有限公司房成余共同修订而成。王升文、沈发治担任主编,杨瑞洪、王巧玲、房成余担任副主编。具体编写分工如下:情境一、情境七(孙岳玲);情境二(杨瑞洪);情境三、情境八、附录(王升文);情境四(杨瑞洪、汪洋);情境五(房成余);情境六(杨继朋、王升文);情境九(陈秀清、王升文);情境十(王贵珍、沈发治);情境十一(王巧玲);情境十二(李森、沈发治)。全书由扬州工业职业技术学院秦建华、钱琛主审。在本书修订过程中,江苏省青蓝工程优秀教学团队也给予了大力协助,在此一并表示衷心的感谢。

　　由于编者水平所限,书中不足之处在所难免,敬请广大读者批评指正!

编者

第一版
前言

"化工安全管理与应用"是所有化学化工类专业必修的一门专业课。本课程的学习和有关安全技术基本技能的训练,能够使学生掌握化工生产过程中基本的安全知识,提高学生的安全素质,让学生自觉树立安全意识,训练规范性操作,养成良好的职业安全习惯,培养分析、解决实际问题的能力,为学生进入工厂从事化工生产打下良好基础。与以往同类教材相比,本教材以工作过程系统化为导向的人才培养模式为理念,采用任务驱动的方式,以案例教学法组织各学习情境(章节)的编写,使学生能将安全知识、技术应用与生产实际过程紧密结合,增强了学习的目的性、针对性和趣味性。教材中各学习情境均以典型案例为载体。通过教学引导案例、教学讨论案例的分析、讨论与点评引出各相关情境的学习,学生可以理解各个情境中的安全知识,学会相关的安全技能,最后通过检测对教与学的过程进行评价,巩固所学知识,深化学习的有效性。

本书共安排了十二个学习情境和多个实用的附录。十二个情境隶属于三个主情境,即化工物料安全、化工设备安全和人身安全。其中化工物料安全包括情境一对二甲苯(PX)的安全识用与中毒处理,情境二氨的安全识用与管理,情境三可燃气体或液体引发初起火灾的扑救。情境一来自中石化金陵石化分公司的PX产品;情境二来自合成氨公司的主产品,代表了一类有毒产品的管理和防毒、防腐技术的应用;情境三主要针对所有化工类企业可燃气体或液体引发初起火灾的扑救,属于消防安全的范畴。此外,情境四、情境五、情境六介绍的是企业常见又典型的釜式反应器、锅炉和贮罐的安全操作与管理,它们均属于化工设备安全领域。情境七电气安全,情境八静电安全,情境九噪声安全,情境十一职业病防治均属于人身安全领域;情境十化工装置的安全检修与管理,情境十二事故应急救援预案的编制与演练为两个综合性的情境,其目的是提高学生的安全意识和综合运用安全知识、技能解决实际问题的能力。此外,附录部分收录了国家安全生产法,金陵石化公司安全生产禁令和实验室常见安全事故的处理方法等内容。

本书由扬州工业职业技术学院化工学院的多位教师共同编写而成:情境一和情境四由孙岳玲编写,情境二由陈华进编写,情境三、情境十和附录由王升文编写,情境五由钟爱民编写,情境六由高庆编写,情境七、情境八由陈秀清编写,情境九由姜晔编写,情境十一由康小孟编写,情境十二由郭双华编写。王升文负责全书编写要求的制定、统稿和修改,沈发治负责全书编写内容的总体策划和修改。秦建华负责全书内容的审阅并提出了许多宝贵的修改意见,在此表示诚挚的谢意。

由于采用项目导向、任务驱动方式进行本教材的编写是我们在学习了以工作过程系统化为导向的人才培养模式理念后所做的一次新尝试,没有现成模式可循,因此编写中一定存在不足之处。恳请读者批评指正。我们将在教材试用过程中逐步改正不足、完善教材,为高职化工专业人才的培养做出应有的贡献。

编者
2014 年 4 月

目录

第一篇
化工物料安全

情境一

有毒危险化学品二甲苯的安全识用与管理

学习目标

知识目标	掌握二甲苯的基础特性、安全性；掌握危险化学品的概念、分类、储存、包装、运输安全要求。
能力目标	认识各种危险化学品警示标识；理解二甲苯的健康危害并掌握其中毒防护措施和中毒急救方法；能正确使用氧气呼吸器和空气呼吸器。
素质目标	培养严谨、细致的工作作风和团结协作精神，提高现场处置能力和应变能力。

 教学引导案例

船舶修理涂装作业二甲苯急性中毒事故

一、事故经过

2019 年 7 月 27 日，上海浦东某船舶修理服务队受上海某船厂的一家涂料分公司委托，进行一艘 7.3 万吨散装货船的油漆工作。7 月 28 日上船，7 月 31 日上午 8：00 该队喷漆工霍某等9人开始做准备工作，晚上22：00左右开始对船的大舱进行喷漆。该舱内面积为3000多平方米，深8m。根据工艺要求，由上而下喷漆。至8月1日凌晨1：00，霍某自感头昏、头痛，从脚手架上跌落，昏倒在舱底沙堆上。同队工友张某等人立刻下舱底救人，也感到头昏、头痛。最后，工友们用吊车将霍某吊至船坞，并立刻将霍某和张某二人送到县中心医院抢救。二人被诊断为急性二甲苯中毒，需住院治疗。

经卫生监督部门现场调查：大舱所用油漆均由货船船主指定，对其毒性和成分，施工人员不了解。该轮船大舱使用的是中涂公司生产的漂白焦油环氧漆和环氧漆硬化剂，临用前需将一桶环氧漆和一桶硬化剂搅拌调和后立即喷于舱面。大舱深8m，自然通风很差。4支喷枪同时作业，舱底毒物浓度随作业时间的增加而越来越高。现场作业时，条件十分艰苦，没有机械通风设施，工人没有使用送风头盔，只有一人戴了纱布口罩。

现场采样分析结果表明，空气中二甲苯浓度最高达4500mg/m³，最低为210mg/m³（国家标准为100mg/m³）。这是一起典型的因没有防护设施而引起的急性二甲苯中毒事故。

二、事故原因

这起急性二甲苯中毒事故表明，对于像如此特大型、长时间处于封闭状态的船舱内的喷漆作业，通风条件极差，必须加强机械通风，加强个人防护，使用送风头盔，要彻底改正用纱布口罩代替防毒口罩的错误习惯，避免类似事故再次发生。

这起事故的发生，过程简单，事实清楚，造成事故的主要原因，是企业在生产过程中没有做好安全防护工作。

三、事故教训

安全防护工作包括三个方面：一是对生产环境的安全控制，尤其是有毒有害环境安全控制；二是生产过程的安全防护；三是对作业人员的安全防护。

涂装是企业常见操作，苯系物是涂料中的常见组分，其中又以二甲苯最为常见。二甲苯具有中等毒性，对人体的危害非常大，具体如下：

（1）二甲苯急性中毒　短期内吸入较高浓度的二甲苯，会出现眼睛及上呼吸道明显受刺激症状，如眼结膜及咽部充血，甚至出现头晕、头痛、恶心、胸闷、四肢无力、意识模糊、步态蹒跚，严重者可有躁动、抽搐或昏迷，有癫症样发作的症状。

（2）二甲苯慢性中毒　会出现神经衰弱综合征，女性可导致月经异常，皮肤接触可能发生皮肤干燥、皲裂、皮炎。如需长期接触二甲苯，最好佩戴一些防护性的器具，如过滤式防毒面罩、化学安全防护镜、防毒渗透工作服等。工作完毕，要及时沐浴更衣，注意个人卫生，才能预防二甲苯对人体的危害。

生产制造企业在使用有毒有害化学品时，必须有相应的安全防护措施，这是法律法规的规定，企业必须遵守，如不采取安全防护措施，会造成严重的后果，企业也要承担包括治疗、赔偿等在内的全部责任。

一些大量使用有毒有害化学品的中小企业，往往由于缺乏相关知识、不愿意投入资金等原因，忽视了安全防护工作，由此引发许多职业伤害事故。有关部门应加强管理，严格检查，指导和督促企业做好有毒有害化学品的安全防护工作，防止化学品中毒事故的发生。

M1-1　二甲苯泄漏静电闪燃爆炸事故

四、课堂思考

① 二甲苯有哪些理化性质？工业上二甲苯主要应用在哪些领域？

② 有毒有害化学物料在使用、储存、运输过程中有何安全技术要求？

 相关知识介绍

危险化学品的安全识用

一、认识二甲苯

1. 二甲苯简介

二甲苯（dimethyl benzene）为无色透明、有芳香味的液体，是苯环上两个氢被甲基取代的产物，沸点为 137～140℃。二甲苯根据两个甲基的位置不同，分为邻二甲苯、间二甲苯、对二甲苯 3 种异构体，结构如图 1-1 所示。在工业上，二甲苯即指上述异构体及乙基苯的混合物，级别一般为净水 3℃ 和 5℃ 馏程的优级品和一级品。二甲苯与乙醇、氯仿或乙醚能任意混合，在水中不溶，广泛用于有机溶剂和合成医药、涂料、树脂、染料、炸药、农药等。

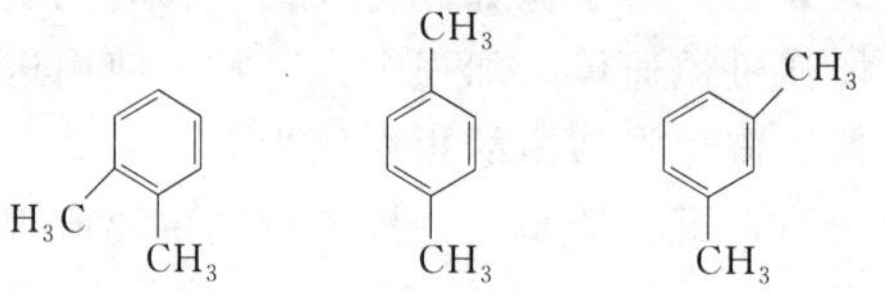

(a)邻二甲苯   (b)对二甲苯   (c)间二甲苯

图 1-1　二甲苯分子结构式

（1）二甲苯的化学性质

① 对金属无腐蚀性。二甲苯在碳酸钠水溶液和空气存在下，于 250℃、6MPa 下生成甲基苯甲酸、苯二甲酸、乙醛。

② 稳定性。稳定。

③ 禁配物。强氧化剂、酸类、卤素等。

④ 聚合危害。不聚合。

⑤ 常见化学反应。甲基能被常见氧化剂氧化。如用稀硝酸氧化生成甲基苯甲酸，继续氧化生成苯二甲酸；用酸性高锰酸钾也能将甲基氧化成羧基。甲基上的氢原子能被卤素取代。

（2）日常生活中二甲苯的来源　二甲苯的污染主要来自合成纤维、塑料、燃料、橡胶，各种涂料的添加剂以及各种胶黏剂、防水材料中，还可来自燃料和烟叶的燃烧气。

家庭和写字楼里的苯类物质主要来自建筑装饰中使用大量的化工原材料，如涂料、填料及各种有机溶剂等，都含有大量的有机化合物，经装修后挥发到室内。

（3）健康危害

① 毒性。二甲苯具有中等毒性。经皮肤吸收后，对健康的影响远比苯小。若不慎口服了二甲苯或含有二甲苯的溶剂，即强烈刺激食道和胃，并引起呕吐，还可能引起血性肺炎。

急性中毒：短期内吸入较高浓度二甲苯可出现眼及上呼吸道明显刺激症状、眼结膜及咽充血、头晕、头痛、恶心、胸闷、四肢无力、意识模糊、步态蹒跚。重者可有躁动、抽搐或昏迷。有的有癔症样发作。

慢性影响：长期接触有神经衰弱综合征，女性有可能导致月经异常。皮肤接触常发生皮肤干燥、皲裂、皮炎。

② 代谢和降解。在人和其他动物体内，吸入的二甲苯除 3％～6％ 被直接呼出外，二甲苯

的三种异构体都代谢为相应的苯甲酸（60%的邻二甲苯、80%～90%的间二甲苯和对二甲苯），然后这些酸与葡萄糖醛酸和甘氨酸起反应。在这个过程中，大量邻苯甲酸与葡萄糖醛酸结合，而对苯甲酸几乎完全与甘氨酸结合生成相应的甲基马尿酸而排出体外。与此同时，可能少量形成相应的二甲苯酚（酚类）与氢化 2-甲基-3-羟基苯酸（2%以下）。

③ 残留与蓄积。在职业性接触中，二甲苯主要经呼吸道进入身体。进入人体的二甲苯可以在人体的 NADP（转酶Ⅱ）和 NAD（转酶Ⅰ）存在下生成甲基苯甲酸，然后与甘氨酸结合形成甲基马尿酸在 18h 内几乎全部排出体外。即使是吸入后残留在肺部的 3%～6%的二甲苯，也在接触后的 3h 内（半衰期为 0.5～1h）全部被呼出体外。

④ 迁移转化。二甲苯主要由原油在石油化工过程中制造，它广泛用作颜料、油漆等的稀释剂，印刷、橡胶、皮革工业的溶剂，清洁剂和去油污剂，航空燃料的一种成分，化学工厂和合成纤维工业的原材料和中间物质，以及织物的纸张的涂料和浸渍料。二甲苯可通过机械排风和通风设备排入大气而造成污染。挥发到空中的二甲苯也可能被光解，这是它的主要迁移转化过程。

2. 二甲苯的制备与应用

二甲苯一般由分馏煤焦油的轻油部分或催化重整轻油经分馏，或甲苯经歧化而成。下面以中国石化集团公司金陵石化有限责任公司炼油厂建设的一套 85 万吨/年二甲苯及系列产品的生产过程为例说明其制备过程。

（1）二甲苯的制备　二甲苯主要有四种来源。

① 催化重整。主要用来生产芳烃，催化重整产物中二甲苯的含量为 22%（质量分数）。

② 裂解汽油。它是液态原料即石脑油、轻油和重柴油经蒸汽裂解制乙烯时的联产物，其中二甲苯的含量为 6.7%（质量分数）。

③ 煤焦油。主要是煤炭工业和冶金工业的副产物。煤在炼焦炉中高温热解生成的气态和液态产物以气态形式从炭化室逸出。这种气体称为"荒煤气"，经冷凝、气液分离就得煤焦油。每 100t 煤炼焦可得到煤焦油 4t。其中二甲苯含量为 5%（质量分数）。

④ 甲苯歧化。甲苯歧化也能得到二甲苯。

（2）二甲苯的应用　二甲苯是石化工业的基本有机原料之一，在化纤、合成树脂、农药、塑料、医药等众多化工生产领域有着广泛的用途。用它可生产精苯二甲酸（PTA）或苯二甲酸二甲酯（DMT），PTA 或 DMT 再和乙二醇反应生成聚苯二甲酸乙二醇酯（PET），即聚酯，进一步加工纺丝生产涤纶纤维、聚酯树脂以及轮胎工业用聚酯帘布。PET 树脂还可制成聚酯瓶、聚酯膜、塑料合金及其他工业元件等。除此之外，二甲苯在医药上也有用途。

3. 二甲苯的安全性

（1）燃烧爆炸危险性　二甲苯燃烧爆炸危险性及储运条件与泄漏处理如表 1-1 所示。

表 1-1　二甲苯燃烧爆炸危险性及储运条件与泄漏处理

燃烧性	易燃	燃烧分解物		一氧化碳、二氧化碳	
闪点/℃	25	爆炸上限(体积分数)/%		7.0	
引燃温度/℃	525	爆炸下限(体积分数)/%		1.0	
建筑设计防火规范火险分级	甲	稳定性	稳定	聚合危害	聚合
禁忌物	强氧化剂				
危险特性	易燃，其蒸气与空气可形成爆炸性混合物。遇明火、高热能引起燃烧爆炸。与氧化剂能发生强烈反应。流速过快，容易产生和积聚静电。其蒸气比空气重，能在较低处扩散至相当远的地方，遇明火会引着回燃				

储运条件 与泄漏处理	储运条件：储存于阴凉、通风的仓间内，远离火种、热源。保持容器密封；与氧化剂分开存放。搬运时应轻装轻卸。本品铁路运输时限使用钢制企业自备罐车装运，装运前需报有关部门批准
	泄漏处理：迅速撤离泄漏污染区人员至安全区，并进行隔离，严格限制出入。切断火源。建议应急处理人员戴自给正压式呼吸器，穿消防护服。尽可能切断泄漏源，防止进入下水道、排洪沟等限制性空间。少量泄漏：用活性炭或其他惰性材料吸收。也可以用不燃性分散剂制成的乳液刷洗，洗液稀释后排入废水系统。大量泄漏：构筑围堤或挖坑收容；用泡沫覆盖，抑制蒸发。用防爆泵转移至槽车或专用收集器内，回收或运至废物处理场所处置。迅速将被污染的土壤收集起来，转移到安全地带。对污染地带沿地面加强通风，蒸发残液，排除蒸气。迅速筑坝，切断受污染水体的流动，并用围栏等限制水面二甲苯的扩散
灭火方法	喷水冷却容器，可能的话将容器从火场移至空旷处。灭火剂：泡沫、二氧化碳、干粉、砂土

（2）毒性、健康危害及急救方法　二甲苯毒性、健康危害及急救方法如表 1-2 所示。

表 1-2　二甲苯毒性、健康危害及急救方法

侵入途径	吸入、食入、经皮吸收
毒性	LD_{50}：5000mg/kg（大鼠经口）
	LC_{50}：19747mg/m³，4h（大鼠吸入）
健康危害	对眼及上呼吸道有刺激作用，高浓度时对中枢神经系统有麻醉作用。急性中毒：短期内吸入较高浓度本品可出现眼及上呼吸道明显的刺激症状、眼结膜及咽充血、头晕、恶心、呕吐、胸闷、四肢无力、意识模糊、步态蹒跚。重者可有躁动、抽搐或昏迷，有的有癔症样发作。慢性影响：长期接触有神经衰弱综合征，女性有月经异常，工人常发生皮肤干燥、皲裂、皮炎
急救方法	皮肤接触：脱去被污染的衣着，用肥皂水和清水彻底冲洗皮肤。眼睛接触：提起眼睑，用流动清水或生理盐水冲洗。就医
	吸入：迅速脱离现场至空气新鲜处。保持呼吸道通畅。如呼吸困难，给输氧。如呼吸停止，立即进行人工呼吸。就医
	食入：饮足量水，催吐。就医

二、危险化学品

通过以上内容的学习，可以发现二甲苯若存储、使用不当会发生燃烧爆炸，也具有一定的毒性，危害人类的健康，是一种危险化学品。

危险化学品（简称"危化品"）是指具有易燃、易爆、毒害、腐蚀、放射性等危险特性，在生产、储存、运输、使用和废弃物处置等过程中容易造成人身伤亡、财产损失、环境污染的化学品。

化学品的种类近千万，危险化学品只是化学品中的一部分，如何判断某一化学品是否是危险化学品呢？

方法一：查询国家标准。目前主要的标准有：《危险货物分类和品名编号》（GB 6944—2012）；《危险货物品名表》（GB 12268—2012）；《化学品分类和危险性公示　通则》（GB 13690—2009）；国家安全生产监督管理总局等十部门联合下发的《危险化学品目录》（2015 版）。

方法二：根据理化特性判断。未列入《危险货物品名表》的其他危险化学品，就需要对其做"化学品危险性鉴别"，通过测定化学品相关的理化数据，来判断它是否是危险化学品。

（一）危险化学品分类

每一种危险化学品往往具有多种危险性，但是在多种危险性中，必有一种主要的即对人类

危害最大的危险性。在对危险化学品分类时，应掌握"择重归类"的原则，即根据该化学品的主要危险性来进行分类。

依据《化学品分类和危险性公示　通则》（GB 13690—2009）和《危险货物分类和品名编号》（GB 6944—2012）标准规定，分为九类。

1. 爆炸品

本类化学品系指在外界作用下（如受热、受压、撞击等），能发生剧烈的化学反应，瞬时产生大量的气体和热量，使周围压力急骤上升，发生爆炸，对周围环境造成破坏的物品。也包括无整体爆炸危险，但具有燃烧、抛射及较小爆炸危险，或仅产生热、光、音响或烟雾等一种或几种作用的烟火物品。

爆炸品具有以下特性：

① 爆炸性强。爆炸品都具有化学不稳定性，在一定外因的作用下，能以极快的速度发生猛烈的化学反应，产生大量气体和热量，使周围的温度迅速升高并产生巨大的压力而引起爆炸。

② 敏感度高。爆炸的难易程度取决于物质本身的敏感度，敏感度是确定爆炸品爆炸危险性的一个非常重要的标志。一般来讲，敏感度越高的物质越易爆炸。在外界条件作用下，炸药受热、撞击、摩擦、遇明火或酸、碱等因素的影响都易发生爆炸。

③ 有的爆炸品还有一定的毒性。例如梯恩梯、硝化甘油、雷汞等都具有一定的毒性。

④ 与酸、碱、盐、金属发生反应。有些爆炸品与某些化学品如酸、碱、盐、金属发生化学反应，反应的生成物是更容易爆炸的化学品。例如：苦味酸遇某些碳酸盐能反应生成更易爆炸的苦味酸盐；苦味酸受铜、铁等金属撞击，立即发生爆炸。

2. 气体

本类化学品系指压缩、液化或加压溶解的气体，并应符合下述两种情况之一：①临界温度低于50℃时，或在50℃时，其蒸气压力大于294kPa的压缩或液化气体；②温度在21.1℃时，气体的绝对压力大于275kPa，或在54.4℃时，气体的绝对压力大于715kPa的压缩气体；或在37.8℃时，雷德蒸气压大于275kPa的液化气体或加压溶解气体。

按其性质分为以下三项：

① 易燃气体。此类气体极易燃烧，与空气混合能形成爆炸性混合物。在常温常压下遇明火、高温即会发生燃烧或爆炸。

② 不燃气体（包括助燃气体）。不燃气体系指无毒、不燃气体，包括助燃气体。但高浓度时有窒息作用。助燃气体有强烈的氧化作用，遇油脂能发生燃烧或爆炸。

③ 有毒气体。该类气体有毒，毒性指标与第6类毒性指标相同。对人畜有强烈的毒害、窒息、灼伤、刺激作用。其中有些还具有易燃、氧化、腐蚀等性质。

压缩气体和液化气体特性如下：

① 可压缩性。一定量的气体在温度不变时，所加的压力越大其体积就会变得越小，若继续加压会压缩成液态。

② 膨胀性。气体在光照或受热后，湿度升高，分子间的热运动加剧，体积增大，若在一定密闭容器内，气体受热的温度越高，其膨胀后形成的压力越大。一般压缩气体和液化气体都盛装在密闭的容器内，如果受高温、暴晒，气体极易膨胀产生很大的压力。当压力超过容器的耐压强度时，就会造成爆炸事故。

③ 易燃可燃气体与空气能形成爆炸性混合物，遇明火极易发生燃烧爆炸。

④ 除具有易燃性、毒性外，还有刺激性、致敏性、腐蚀性、窒息性等。

3. 易燃液体

指易燃的液体、液体混合物或含有固体物质的液体，但不包括由于其危险性已列入其他类别的液体。其闭杯闪点等于或低于 60℃。

按闪点高低分为以下三项：①低闪点液体，指闭杯闪点低于 -18℃ 的液体；②中闪点液体，指闭杯闪点在 -18～23℃ 的液体；③高闪点液体，指闭杯闪点在 23～61℃ 的液体。

易燃液体的特性主要有以下几点：

① 易挥发性。易燃液体大部分属于沸点低、闪点低、挥发性强的物质。随着温度的升高，蒸发速率加快，当蒸气与空气达到一定浓度时，遇火源极易发生燃烧爆炸。

② 易流动扩散性。易燃液体具有流动性和扩散性，大部分黏度较小，易流动，有蔓延和扩大火灾的危险。

③ 受热膨胀性。易燃液体受热后，体积膨胀，液体表面蒸气压同时随之增加，部分液体挥发成蒸气。在密闭容器中储存时，常常会出现鼓桶或挥发现象，如果体积急剧膨胀就会引起爆炸。

④ 带电性。大部分易燃液体为非极性物质，在管道、储罐、槽车、油船的输送、灌装、摇晃、搅拌和高速流动过程中，由于摩擦易产生静电，当所带的静电荷聚积到一定程度时，就会产生静电火花，有引起燃烧和爆炸的危险。

⑤ 毒害性。大多数易燃液体都有一定的毒性，对人体的内脏器官和系统有毒性作用。

4. 易燃固体、易于自燃的物质、遇水放出易燃气体的物质

（1）易燃固体 燃点低，对热、撞击、摩擦敏感，易被外部火源点燃，燃烧迅速，并可能散发出有毒烟雾或有毒气体的固体，但不包括已列入爆炸品的物质。

① 易燃固体的主要特性是容易被氧化，受热易分解或升华，遇明火常会引起强烈、连续的燃烧。

② 与氧化剂、酸类等接触，反应剧烈而发生燃烧爆炸。

③ 对摩擦、撞击、震动也很敏感。

④许多易燃固体有毒，或燃烧产物有毒或腐蚀性。

对于易燃固体应特别注意粉尘爆炸。

（2）易于自燃的物质 自燃点低，在空气中易于发生氧化反应，放出热量而自行燃烧的物质。燃烧性是其主要特性。易于自燃的物质在化学结构上无规律性，因此就有各自不同的自燃特性：

① 黄磷性质活泼，极易氧化，燃点又特别低，一经暴露在空气中很快引起自燃。但黄磷不和水发生化学反应，所以通常放置在水中保存。另外，黄磷本身极毒，其燃烧的产物五氧化二磷也为有毒物质，遇水还能生成剧毒的偏磷酸，所以遇有磷燃烧时，在扑救的过程中应注意防止中毒。

② 二乙基锌、三乙基铝等有机金属化合物不但在空气中能自燃，遇水还会强烈分解，产生易燃的氢气，引起燃烧爆炸。因此，储存和运输必须用充有惰性气体的容器或特定的容器包装，失火时亦不可用水扑救。

对于易于自燃的物质应根据其不同特性采取相应的措施。

（3）遇水放出易燃气体的物质 遇水或受潮时，发生剧烈化学反应，放出大量的易燃气体和热量的物质，有些不需明火，即能燃烧或爆炸。

这类物质除遇水反应外，遇到酸或氧化剂也能发生反应，而且比遇到水发生的反应更为强烈，危险性也更大。因此，储存、运输和使用时，应注意防水、防潮，严禁火种接近，与其他性质相抵触的物质隔离存放。

这类物质起火时，严禁用水、酸碱泡沫、化学泡沫扑救。

5. 氧化性物质和有机过氧化物

本类物品具有强氧化性，易引起燃烧、爆炸，按其组成分为以下两项。

（1）氧化性物质　系指处于高氧化态，具有强氧化性，易分解并放出氧和热量的物质。包括含有过氧基的有机物，其本身不一定可燃，但能导致可燃物的燃烧；与松软的粉末状可燃物能组成爆炸性混合物，对热、震动或摩擦较为敏感。

氧化性物质具有较强的获得电子能力，有较强的氧化性，遇酸、碱、高温、震动、摩擦、撞击、受潮或与易燃物品、还原剂等接触能迅速分解，有引起燃烧、爆炸的危险。

（2）有机过氧化物　系指分子组成中含有过氧基的有机物，其本身易燃、易爆，极易分解，对热、震动和摩擦极为敏感。

6. 毒性物质和感染性物质

（1）毒性物质　毒性物质是指经吞食、吸入或与皮肤接触后可能造成死亡或严重受伤或损害人类健康的物质。本项包括满足下列条件之一的毒性物质（固体或液体）：

① 急性口服毒性：$LD_{50} \leqslant 300mg/kg$；

② 急性皮肤接触毒性：$LD_{50} \leqslant 1000mg/kg$；

③ 急性吸入粉尘和烟雾毒性：$LC_{50} \leqslant 4mg/L$；

④ 急性吸入蒸气毒性：$LC_{50} \leqslant 5000mL/m^3$，且在20℃和标准大气压力下的饱和蒸气浓度大于或等于 $1/5 LC_{50}$。

（2）感染性物质　感染性物质是指已知或有理由认为含有病原体的物质。

7. 放射性物质

本类化学品系指放射性比活度大于 $7.4 \times 10^4 Bq/kg$ 的物品。放射性物质放出的射线可分为四种：α射线，也叫甲种射线；β射线，也叫乙种射线；γ射线，也叫丙种射线；中子流。各种射线对人体的危害都很大。

放射性物质不能用化学方法中和使其不放出射线，只能设法把放射性物质清除或者用适当的材料予以吸收屏蔽。

8. 腐蚀性物质

本类化学品系指能灼伤人体组织并对金属等物品造成损坏的固体或液体。与皮肤接触在4h内出现可见坏死现象，或温度在55℃时，对20号钢的表面均匀年腐蚀率超过6.25mm的固体或液体。

该类化学品按化学性质分为三项：①酸性腐蚀品；②碱性腐蚀品；③其他腐蚀品。

腐蚀品的特性主要表现在以下几个方面。

① 强烈的腐蚀性。它与人体及设备、建筑物、构筑物、车辆、船舶的金属结构都易发生化学反应，而使之腐蚀并遭受破坏。

② 氧化性。腐蚀性物质如浓硫酸、硝酸、氯磺酸、漂白粉等都是氧化性很强的物质，与还原剂接触易发生强烈的氧化还原反应，放出大量的热，容易引起燃烧。

③ 稀释放热性。多种腐蚀品遇水会放出大量的热，易燃液体四处飞溅造成人体灼伤。

9. 杂项危险物质和物品，包括危害环境物质

具有其他类别未包括的危险物质和物品，如危害环境物质、高温物质、经过基因修改的微生物或组织等。

（二）危险化学品安全识用

1. 危险化学品安全警示标识

各种危险化学品警示标识见表1-3。

表 1-3　各种危险化学品警示标识

警示标识	底　色	图　形	文字颜色	文字含义
	橙红色	正在爆炸的炸弹（黑色）	黑色	该危险化学品属于1类，爆炸品
	正红色	火焰（黑色或白色）	黑色或白色	该危险化学品属于2类，易燃气体
	绿色	气瓶（黑色或白色）	黑色或白色	该危险化学品属于2类，不燃气体
	白色	骷髅头和交叉骨形（黑色）	黑色	该危险化学品属于2类，有毒气体
	正红色	火焰（黑色或白色）	黑色或白色	该危险化学品属于3类，易燃液体
	红白相间的垂直宽条（红7、白6）	火焰（黑色或白色）	黑色	该危险化学品属于4类，易燃固体
	上半部白色，下半部红色	火焰（黑色或白色）	黑色或白色	该危险化学品属于4类，自燃物品
	蓝色	火焰（黑色）	黑色	该危险化学品属于4类，遇湿易燃物品
	黄色	火焰（黑色）	黑色	该危险化学品属于5类，第一项，氧化剂
	黄色	火焰（黑色）	黑色	该危险化学品属于5类，第二项，有机氧化剂
	白色	骷髅头和交叉骨形（黑色）	黑色	该危险化学品属于6类，有毒品、剧毒品
	白色	谷物和粗型叉（黑色）	黑色	该危险化学品属于6类，有害品（远离食品）
	白色	四个圆形套环（黑色）	黑色	该危险化学品属于6类，感染性物品

警示标识	底　色	图　形	文字颜色	文字含义
	上半部黄色,下半部白色	三叶风扇(黑色)	黑色(分项为红色)	该危险化学品属于 7 类,分别为一级、二级、三级放射性物品
	上半部白色,下半部黑色	手、金属板、试管(黑色)	白色	该危险化学品属于 8 类,腐蚀品

其他警示标识主要介绍在工作场所设置的可以使劳动者对职业病危害产生警觉,并采取相应防护措施的图形标识、警示语句和文字。表 1-4 列举了部分常见警示标识。

表 1-4　部分常见警示标识

禁止类标志	警告类标志	指令类标志	提示类标志
禁止吸烟	当心腐蚀	必须戴防护眼镜	应急避难场所
禁止攀登	当心爆炸	必须戴防毒面具	可动火区
禁止放易燃物	当心裂变物质	必须戴护耳器	急救点
禁止用水灭火	当心火灾	必须穿防护服	应急电话
禁止穿带钉鞋	当心触电	必须戴防护手套	击碎板面

(1) 安全色

① 红色:一般用来标志禁止和停止,如信号灯、紧急按钮均用红色,分别表示"禁止通行""禁止触动"等禁止的信息。

② 黄色：一般用来标志注意、警告、危险，如"当心触电""注意安全"等。

③ 蓝色：一般用来标志强制执行和命令，如"必须戴安全帽""必须验电"等。

④ 绿色：一般用来标志安全无事，如"在此工作""由此攀登"等。

⑤ 黑色：一般用来标注文字、符号和警告标志的图形等。

⑥ 白色：一般用于安全标志红、蓝、绿色的背景色，也可用于安全标志的文字和图形符号。

⑦ 黄色与黑色间隔条纹：一般用来标志警告危险，如防护栏杆。

⑧ 红色与白色间隔条纹：一般用来标志禁止通过、禁止穿越等。

在使用安全色时，为了提高安全色的辨认率，使其更明显醒目，常采用其他颜色作为背景，即对比色。红、蓝、绿的对比色为白色，黄的对比色为黑色，黑色与白色互为对比色。

（2）图形标识

① 禁止类标志。一般为圆形，背景为白色，红色圆边，中间为一红色斜杠，图像用黑色。一般常用的有"禁止烟火""禁止靠近"等。

② 警告类标志。一般为等边三角形，背景为黄色，边和图形都用黑色。一般常用的有"当心触电""注意安全"等。

③ 指令类标志。一般为圆形，背景为蓝色，图像及文字用白色。一般常用的有"必须戴安全帽""必须戴护目镜"等。

④ 提示类标志。一般为矩形，背景为绿色，图像和文字用白色。

（3）警示线　安全警示线用于界定和划分危险区域，向人们传递某种注意或警告的信息，以避免人身伤害。警示线主要有红、黄、绿三色，其设置范围和地点如表 1-5 所示。

表 1-5　警示线的名称、设置范围和地点

警示线名称	设置范围和地点
红色警示线	高毒物作业场所、放射作业场所、紧邻事故危害源周边
黄色警示线	一般有毒物品作业场所、紧邻事故危害区域的周边
绿色警示线	事故现场救援区域的周边

（4）警示语句　警示语句是一组表示禁止、警告、指令或描述工作场所职业病危害的词语。警示语句可单独使用，也可与图形标识组合使用。如禁止入内、注意高温、有毒气体、当心腐蚀、戴防毒面具、注意通风等。

（5）有毒物品作业岗位职业病危害告知卡　《告知卡》是设置在使用高毒物品作业岗位醒目位置上的一种警示，它以简洁的图形和文字，将作业岗位上接触到的有毒物品的危害性告知劳动者，并提醒劳动者采取相应的预防和处理措施。《告知卡》包括有毒物品的通用提示栏、有毒物品名称、健康危害、警告标识、指令标识、应急处理和理化特性等内容。图 1-2 所示，就是一个生产单位的关于苯和环己烷的《告知卡》。

2. 危险化学品的储存、包装及运输

（1）危险化学品储存安全要求

① 危险化学品储存的基本条件。根据 GB 15603—1995《常用化学危险品贮存通则》的规定，储存危险化学品的基本安全要求是：

a. 储存危险化学品必须遵照国家法律、法规和其他有关的规定。

b. 危险化学品必须储存在经公安部门批准设置的专门的危险化学品仓库中，经销部门自管仓库储存危险化学品及储存数量必须经公安部门批准。未经批准不得随意设置危险化学品储

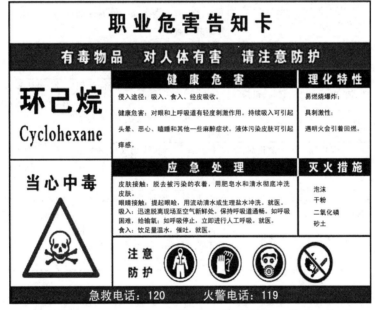

图 1-2　某生产单位的关于苯和环己烷的《告知卡》

存仓库。

c. 危险化学品露天堆放，应符合防火、防爆的安全要求，爆炸物品、一级易燃物品、遇湿燃烧物品、剧毒物品不得露天堆放。

d. 储存危险化学品的仓库必须配备有专业知识的技术人员，其库房及场所应设专人管理，管理人员必须配备可靠的个人安全防护用品。

e. 储存的危险化学品应有明显的标志。同一区域储存两种或两种以上不同级别的危险化学品时，应按最高等级危险化学品的性能标志。

f. 危险化学品储存方式分为三种：隔离储存、隔开储存、分离储存。

g. 根据危险化学品性能分区、分类、分库储存。各类危险品不得与禁忌物料混合储存。

h. 储存危险化学品的建筑物、区域内严禁吸烟和使用明火。

② 危险化学品储存场所的安全要求。

a. 储存危险品的建筑物不得有地下室或其他地下建筑，其耐火等级、层数、占地面积、安全疏散和防火间距，均应符合国家有关规定。

b. 设置储存地点及设计建筑结构，除了应符合国家有关规定外，还应考虑到对周围环境和居民的影响。

危险化学品分类储存原则如表 1-6 所示。

表 1-6　危险化学品分类储存原则

组别	物质名称	储存原则	附注
爆炸性物质	叠氮铅、雷汞、三硝基甲苯、火棉、硝铵炸药等	不准和任何其他种类的物质共同储存，必须单独隔离储存	起爆药与炸药必须隔离储存
易燃及可燃液体	汽油、苯、丙酮、乙醇、乙醚、乙醛、松节油等	不准和任何其他种类物品共同储存	如数量很少，允许与固体易燃物品隔开后储存
压缩气体和液化气体	易燃气体：如氢气、甲烷、乙烯、丙烯、乙炔、一氧化碳、硫化氢等	除惰性不燃气体外，不准和其他种类的物品共同储存	
	惰性不燃气体：如氮气、二氧化碳、二氧化硫、氟利昂等	除可燃气体、助燃气体、氧化剂和有毒物质外，不准和其他种类的物品共同储存	
	助燃气体：如氧气、压缩空气、氯气等	除惰性不燃气体和有毒物品外，不准和其他种类的物品共同储存	氯气兼有毒害性
遇水或空气能自燃的物质	钾、钠、电石、黄磷、锌粉、铝粉等	不准和其他种类的物品共同储存	钾、钠需浸入煤油或石蜡中储存，黄磷浸入水中储存
易燃固体	赤磷、萘、硫黄、樟脑等	不准和其他种类的物品共同储存	
氧化剂	能形成爆炸混合物的氧化剂：如氯酸钾、硝酸钾、次氯酸钙、过氧化钠等	除压缩气体和液化气体中的惰性气体外，不准和其他种类的物品共同储存	过氧化物遇水有发热爆炸危险，应单独储存。过氧化氢应储存在阴凉处
	能引起燃烧的氧化剂：如溴、硝酸、硫酸、高锰酸钾等	不准和其他种类的物品共同储存	与氧化剂中能形成爆炸混合物的物品亦应隔离
毒害物质	光气、五氧化二砷、氰化钾、氰化钠等	除压缩气体和液化气体中的惰性不燃气体和助燃气体外，不准和其他种类的物品共同储存	

c. 储存场地的电气安装要求。危险品储存建筑物、场所内的消防用电设施应充分满足消防用电的需要，并符合《建筑设计防火规范》（GB 50016—2014）中的有关规定；危险品储存区域或建筑物内的电气系统（包括设备、设施、开关、仪表、线路等）均应符合国家有关电气安全的规定。特别是易燃、易爆危险品储存场所的电气系统，应符合爆炸场所电气安全规定；储存易燃、易爆危险品的建筑，必须安装避雷设施。

d. 储存场所通风及温度调节（GB 15603—1995）。储存危险化学品的建筑必须安装通风设备，并注意设备的防护措施；储存危险化学品的建筑通排风系统应设有导除静电的接地装置；通风管应采用非燃烧材料制作；通风管道不宜穿过防火墙等防火分隔物，如必须穿过时，应用非燃烧材料分隔；储存危险化学品建筑采暖的热媒温度不应过高，热水采暖不应超过80℃，不得使用蒸汽采暖和机械采暖；采暖管道和设备的保温材料，必须采用非燃烧材料。

（2）危险化学品包装的安全要求　危险化学品的包装必须符合国家有关规定要求，例如

《危险货物包装标志》（GB 190—2009）、《危险货物运输包装通用技术条件》（GB 12463—2009）、《危险货物运输包装类别划分方法》（GB/T 15098—2008）和《包装容器　危险品包装用塑料桶》（GB 18191—2008）等。

① 危险化学品包装的基本要求。

a. 危险化学品的包装应结构合理，具有一定强度，防护性能好。包装的材质、型式、规格、方法和单件质量（重量），应与所装危险化学品的性质和用途相适应，并便于装卸、运输和储存。

b. 包装质量良好，其构造和封闭形式应能承受正常储存、运输条件下的各种作业风险，不应因温度、湿度或压力的变化而发生任何渗（撒）漏；包装表面清洁，不允许黏附有害的危险物质。

c. 包装与内装物直接接触部分，必要时应有内涂层或进行防护处理，包装材质不得与内装物发生化学反应而形成危险产物或导致削弱包装强度。

d. 内容器应予固定。如属易碎性的应使用与内装物性质相适应的衬垫材料或吸附材料衬垫妥实。

e. 盛装液体的容器，应能经受在正常储存、运输条件下产生的内部压力。灌装时必须留有足够的膨胀余量（预留容积），一般应保证其在55℃时内装液体不致完全充满容器。

f. 包装封口应根据内装物性质采用严密封口、液密封口或气密封口。

g. 盛装需浸湿或加有稳定剂的物质时，其容器封闭形式应能有效地保证内装液体（水、溶剂和稳定剂）的百分比，在储运期间保持在规定的范围以内。

h. 有降压装置的包装，其排气孔设计和安装应能防止内装物泄漏和外界杂质进入，排出的气体量不得造成危险和污染环境。

i. 所有包装（包括新型包装、重复使用的包装和修理过的包装）均应符合有关危险化学品包装性能试验的要求。

j. 包装所采用的防护材料及防护方式，应与内装物性能相容且符合运输包装件总体性能的需要，能经受运输途中的冲击与震动，保护内装物与外包装，当内容器破坏、内装物流出时也能保证外包装安全无损。

② 危险化学品包装容器及其安全要求。不同的包装容器，除应满足包装的通用技术要求外，还要根据其自身的特点，满足各自的安全要求。常用的包装容器材料有钢、铝、木材、各种纤维板、塑料、编织材料、多层纸、金属（钢、铝除外）、玻璃、陶瓷以及柳条、竹篾等，其中作为危险化学品包装容器的材质，钢、铝、塑料、玻璃、陶瓷等用得较多。容器的形状也多为桶、箱、罐、瓶、坛等。在选取危险化学品容器的材质和形状时，应充分考虑所包装的危险化学品的特性，例如腐蚀性、反应活性、毒性、氧化性和包装物要求的包装条件，例如压力、温湿度、光线等，同时要求选取的包装材质和所形成的容器要有足够的强度，在搬运、堆叠、震动、碰撞中不能出现破坏而造成包装物的外泄。

（3）危险化学品运输的安全要求　化学品在运输中发生事故比较常见，全面了解化学品的安全运输，掌握有关化学品的安全运输规定，对降低运输事故具有重要意义。

① 国家对危险化学品的运输实行资质认定制度，未经资质认定，不得运输危险化学品。

② 托运危险物品必须出示有关证明，在指定的铁路、交通、航运等部门办理手续。托运物品必须与托运单上所列的品名相符，托运未列入国家品名表内的危险物品，应附交上级主管部门审查同意的技术鉴定书。

③ 危险物品的装卸人员，应按装运危险物品的性质，佩戴相应的防护用品。装卸时必须

轻装、轻卸，严禁摔拖、重压和摩擦，不得损毁包装容器，并应注意标志，堆放稳妥。

④ 危险物品装卸前，应对车（船）等搬运工具进行必要的通风和清扫，不得留有残渣。对装有剧毒物品的车（船），卸车后必须洗刷干净。

⑤ 装运爆炸、剧毒、放射性、易燃液体、可燃气体等物品，必须使用符合安全要求的运输工具，禁止用电瓶车、翻斗车、铲车、自行车等运输爆炸物品。运输强氧化剂、爆炸品及用铁桶包装的一级易燃液体时，若没有采取可靠的安全措施，不得用铁底板车及汽车挂车；禁止用叉车、铲车、翻斗车搬运易燃、易爆液化气体等危险物品；在温度较高地区装运液化气体和易燃液体等危险物品，要有防晒设施；放射性物品应用专用运输搬运车和抬架搬运，装卸机械应按规定负荷降低25%；遇水燃烧物品及有毒物品，禁止用小型机帆船、小木船和水泥船承运。

⑥ 运输爆炸、剧毒和放射性物品，应指派专人押运，押运人员不得少于2人。

⑦ 运输危险物品的车辆，必须保持安全车速，保持车距，严禁超车、超速和强行会车。运输危险物品的行车路线，必须事先经当地公安交通管理部门批准，按指定的路线和时间运输，不可在繁华街道行驶和停留。

⑧ 运输易燃、易爆物品的机动车，其排气管应装阻火器，并悬挂"危险品"标志。

⑨ 运输散装固体危险物品，应根据其性质，采取防火、防爆、防水、防粉尘飞扬和遮阳等措施。

⑩ 禁止利用内河以及其他封闭水域运输剧毒化学品。通过公路运输剧毒化学品的，托运人应当向目的地的县级人民政府公安部门申请办理剧毒化学品公路运输通行证。办理剧毒化学品公路运输通行证时，托运人应当向公安部门提交有关危险化学品的品名、数量、运输始发地和目的地、运输路线、运输单位、驾驶人员、押运人员、经营单位和购买单位资质情况的材料。

⑪ 运输危险化学品需要添加抑制剂或者稳定剂的，托运人交付托运时应当添加抑制剂或者稳定剂，并告知承运人。

M1-2 危险
化学品运输

⑫ 危险化学品运输企业，应当对其驾驶员、船员、装卸管理人员、押运人员进行有关安全知识培训。驾驶员、装卸管理人员、押运人员必须掌握危险化学品运输的安全知识，并经所在地设区的市级人民政府交通部门考核合格，船员经海事管理机构考核合格，取得上岗资格证，方可上岗作业。

（三）危险化学品安全管理

"安全第一、预防为主、综合治理"是我国的安全生产方针，因而，抓好危化品安全监管工作，尤为重要。危化品大多具有易燃、易爆特性，还有毒性、腐蚀性；工艺过程复杂，工艺条件苛刻，涉及高温、高压、深度冷冻等。危化品使用单位应从危化品购买、作业场所、储存、运输等环节加强安全监管，保证必要的安全生产投入，配备符合标准的设备、设施，为从业人员配备符合国家或行业标准的劳动防护用品，加强职业病的防治。必须建立、健全危险化学品使用的安全管理规章制度，保证危险化学品的安全使用和管理。

（1）严格职责、分级监管、各司其职　危化品安全监控工作，必须要有切实可行的制度作保障，建立适合自身实际的"安全生产责任制"。推动企业安全主体责任的落实，各级分别签订安全生产责任书，将安全责任层层分解，具体地落实到各岗位、落实到每个人，进一步明确企业安全监管人员的监管责任，严格划分责任，各司其职、齐抓共管，形成安全监管的合力。

（2）完善安全生产管理制度和重点岗位操作规程　完善厂部、车间、岗位的安全生产管理制度，完善重点岗位的操作规程，做到有岗就有安全管理制度，员工严格按规程操作，全面规范作业人员的生产操作行为。

对于危险化学品中毒、污染事故应采取的预防控制措施有：替代、变更工艺，隔离、通风，注意个体防护、卫生。

对于危险化学品火灾爆炸事故应采取的预防控制措施有：防止可燃可爆系统的形成、工艺参数的安全控制、消除点火源、限制火灾爆炸蔓延扩散。

（3）深入开展隐患排查治理　认真落实好定期综合性检查、季度安全检查、专项治理行动、重点时段及节日的安全检查、企业安全管理人员和车间班组的日常检查，把隐患排查治理纳入企业的日常管理，形成全面覆盖、全员参与、全时段的隐患排查工作机制。对危化品生产企业安全生产管理制度及操作规程进行专项检查，对查出的安全隐患，针对性制订整改方案，限期整改，并对隐患整改情况跟踪督查，切实加大隐患排查治理的力度。

（4）继续推动危险化学品企业生产标准化工作　按照市安监局推动企业安全生产标准化工作的要求，着力推动危化品生产企业安全生产标准化进程，努力争取达标。

（5）工艺控制

① 推动危险工艺自动化控制改造，如工艺指标的超限报警、生产装置的安全联锁停车等系统的建立。

② 针对危化品生产企业的危险性工艺及有毒、易燃气体的生产工艺进行自动化控制改造。

③ 参与新产品产业化前的安全评估工作，通过对新产品的生产场所选址、使用的原辅料、生产工艺、危险化学品的使用和储存、安全装置、操作规程、应急预案、人员配备等一系列资料进行安全生产评估，得出初步安全状况报告和保障安全的建议，提供给厂部领导参考。

④ 参与车间、部门的安全操作规程的修改，不断完善和提高操作的合理性和安全性。

（6）加大职业健康的监管力度　推动生产企业职业病危害因素申报工作，完善作业场所职业危害防护设施，确保员工防护用品的足量发放，完善职业危害警示牌和告知牌的设置。安全部门应深入生产现场，指导、督促员工正确使用劳动防护用品，并对劳动防护用品的质量情况进行跟踪，以便及时发现问题及时整改。对从事高温、粉尘、有毒有害等作业的职工进行健康体检，并建立员工健康档案。

（7）切实加大安全生产教育的培训力度　完善安全生产培训及"三级教育"制度，加强危险化学品安全生产法制宣传教育，加大企业安全文化的氛围。对厂长（经理）、企业中层干部、班组长、安全管理员、危险化学品从业人员和特种作业人员等，都应安排参加相应的培训。

（8）进一步强化重大危险源监控　建立重大危险源台账，进一步完善标识。针对重大危险源的主要危害因素和可能危害程度，制订针对性的事故处置应急预案，配备必要的应急器材，定期组织演练，提高应急能力。

（9）完善安全监管台账，推动建档工作　健全和完善安全检查、隐患排查治理、技术改造等各方面的管理台账，分类建档、备案，落实专人管理，逐步规范安全生产档案管理。

（10）加强设施维护、检修。

（11）加强车辆管理　加强日常的车辆检查，同时要求企业和租车单位签订安全协议，明确责任。

（12）落实安全值班，加强信息报告　认真做好安全值班工作，制订好危化品相关的应急预案，并对参与值班的人员进行应急预案等方面的培训。同时，要求各部门负责人手机24h开机，以应对突发事件。

（13）危化品的储存管理

①危险化学品的使用单位应当根据危险化学品的种类、特性，在车间、库房等作业场所设置相应的安全装置，并按照国家有关标准、规定进行维护、保养，保证处于良好状态。使用危险化学品气瓶应定期检查、建立检验制度；气瓶连接软管定期检查、建立检验制度。使用氯、

氨、剧毒和易燃易爆化学品等危险化学品的应编制应急预案和定期演练，准备应急器材。

②剧毒化学品的使用单位，应当对剧毒化学品的流向、储存量和用途如实记录，并采取必要的保安措施。储存剧毒化学品及构成重大危险源的其他危险化学品的单位，其储存剧毒化学品及危险化学品的数量、地点及管理人员情况应报安监部门备案。

③不得使用国家明令禁止的危险化学品。购进危险化学品时，必须核对包装（容器）上的安全标签；需要将危险化学品转移或分装到其他容器时，应标明其内容，并在转移或分装后的容器上加贴安全标签；盛装危险化学品的容器在净化处理前，不得更换原安全标签。使用单位应选用无毒或低毒的化学品代替。

④危险化学品储存必须专库专存；危险化学品储存仓库实行双人收发、双人保管制度；危险化学品出入库进行核查登记，查储存仓库及出入库登记记录。危险化学品专用仓库应设有明显的安全标志，并保存专用仓库收发、保管记录。

M1-3 危险
化学品安全管理

⑤使用剧毒化学品的单位，应当对本单位的生产、储存装置每年进行一次安全评价；使用其他危险化学品的单位，应当对本单位的生产、储存装置每两年进行一次安全评价。安全评价报告应当对生产、储存装置存在的安全问题提出整改方案。安全评价中发现生产、储存装置存在现实危险的，应当立即停止使用，予以更换或者修复，并采取相应的安全措施。安全评价报告应当报所在地设区的市级人民政府负责危险化学品安全监督管理综合工作的部门备案。

⑥进一步加强安全培训工作，确保持证上岗。应将危险化学品的有关安全卫生资料向员工公开，教育员工识别安全标签、了解安全技术说明书、掌握必需的应急处理方法和自救措施，并经常对员工进行工作场所安全使用危险化学品的教育和培训，定期组织有针对性的演练，确保安全。

 相关技术应用

有毒化学品的中毒处理

一、二甲苯泄漏及中毒处理

1. 泄漏应急处理

迅速撤离泄漏污染区人员至安全区，并进行隔离，严格限制出入。切断火源。建议应急处理人员戴自给正压式呼吸器，穿消防防护服。尽可能切断泄漏源，防止进入下水道、排洪沟等限制性空间。

少量泄漏：用活性炭或其他惰性材料吸收。也可以用不燃性分散剂制成的乳液刷洗，洗液稀释后排入废水系统。

大量泄漏：构筑围堤或挖坑收容；用泡沫覆盖，抑制蒸发。用防爆泵转移至槽车或专用收集器内，回收或运至废物处理场所处置。迅速将被二甲苯污染的土壤收集起来，转移到安全地带。对污染地带沿地面加强通风，蒸发残液，排除蒸气。迅速筑坝，切断受污染水体的流动，并用围栏等限制水面二甲苯的扩散。

2. 毒物防护

当出现二甲苯泄漏事故时，需要用到的呼吸防护系统的安全措施有哪些呢？根据相关经验，面对不同的毒气泄漏情况，应急人员所采用的防护措施也是有区别的。

（1）呼吸系统防护　空气中浓度较高时，佩戴过滤式防毒面具（半面罩）。紧急事态抢救或撤离时，建议佩戴氧气呼吸器。

当二甲苯毒气达到一定的浓度，也就是整个被污染区的毒气浓度比较大时，首先要将工作人员全部安全转移到安全的地方，然后应急人员需要佩戴防毒面具，最好是选择过滤式的半面罩工具；如果是在紧急状态的撤离情况下，则需要采用空气呼吸器，才可以达到真正的过滤效果。

（2）眼睛防护　戴化学安全防护眼镜。防化学溶液的防护眼镜，主要用于防御有刺激或腐蚀性的溶液对眼睛的化学损伤。可选用普通平光镜片，镜框应有遮盖，以防溶液溅入。一般医用眼镜即可通用。

M1-4　防毒面罩佩戴

（3）身体防护　为了避免皮肤受到损伤，可以采用带面罩式胶布防毒衣、连衣式胶布防毒衣、橡胶工作服、防毒物渗透工作服、透气型防毒服等。

（4）手防护　为了保护手不受损害，可以采用橡胶手套、乳胶手套、耐酸碱手套、防化学品手套等。

（5）其他　工作现场禁止吸烟、进食和饮水。工作毕，淋浴更衣。注意个人清洁卫生。

3. 中毒急救

（1）催吐　对轻度中毒者，立即给予自饮大量清水或生理盐水后催吐，反复进行直至洗出液清澈无味为止。

（2）洗胃　及时彻底地洗胃是抢救急性二甲苯中毒的重要环节。洗胃溶液应首先采用 $1:5000$ 的高锰酸钾溶液 6000mL，因为高锰酸钾溶液能氧化二甲苯的代谢产物，减轻毒物在体内的吸收，然后采用生理盐水或冷开水 2000mL 洗胃。

（3）禁食　由于患者反复洗胃、呕吐，胃黏膜有不同程度的损伤，需要禁食 24～72h。

（4）快速输液　在洗胃的同时，尽早建立静脉通道。按照医嘱大量补充液体以稀释体内毒物的浓度。补液以 10% 葡萄糖为主，加维生素 C、肝太乐等药物，促进肝脏解毒，促进二甲苯代谢产物与葡萄糖酸结合，加速毒物的排泄，连续使用地塞米松 3 天，每天 10～20mg，加入 50% 葡萄糖液中静脉推注，以稳定细胞膜及溶酶体膜，防止肝细胞、肾细胞大量变性。同时遵医嘱使用保护心、脑等重要脏器的药物，并少量多次输一些白蛋白以增强机体抵抗力。

二、氧气呼吸器的使用

在化工生产现场，佩戴必要的防护用具是必不可少的。其中氧气呼吸器是有毒有害产品生产现场常见的防护器材之一。

氧气呼吸器又称隔绝式压缩氧呼吸器。呼吸系统与外界隔绝，仪器与人体呼吸系统形成内部循环，由高压气瓶提供氧气，有气囊存储呼、吸时的气体。使用量大面广，性能稳定可靠，广泛适用于石油、化工、冶金、煤炭、矿山、实验室等行业（部门），供经过专门训练的人在有毒、有害气体环境中（普通大气压）进行抢险、事故处理、救护或作业时佩戴使用。

1. 氧气呼吸器的分类及国内常见型号

氧气呼吸器分为氧气呼吸器和贮气式氧气呼吸器。氧气呼吸器按氧气供给的方式不同分为生氧式和贮气式。贮气式氧气呼吸器分为正压式氧气呼吸器和负压式氧气呼吸器。具体分类和型号如表 1-7 所示。

表 1-7　氧气呼吸器的分类及国内常见型号

型　式	分　类	国内常见型号
氧气呼吸器	生氧式	WF013.02
	贮气式（氧气瓶）	
贮气式氧气呼吸器	正压式氧气呼吸器	HYZ4
		HYZ4(B)
		HYZ4(C)
		HYZ2
		BG4（德国 Draeger）
		Biopak240（美国）
	负压式氧气呼吸器	AHG-4
		AHG-2
		AHY6

2. 氧气呼吸器的结构

图 1-3 是氧气呼吸器的结构示意图。氧气呼吸器主要由供氧系统、循环系统和辅助部分三大部分组成。

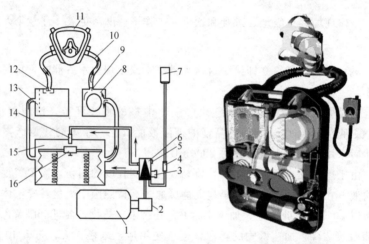

图 1-3　氧气呼吸器的结构示意图

1—高压氧气瓶；2—气瓶开关；3—手动补给阀；4—压力表关闭阀；5—安全阀；6—减压阀；7—压力表；8—冷却罐；
9—吸气阀；10—呼气软管；11—全面罩；12—呼气阀；13—清净罐；14—自动补给阀；15—气囊；16—排气阀

供氧系统由高压氧气瓶、减压阀（主减压器）、定量供氧阀（含二级稳压器）、手动补给阀、自动补给阀等部件通过高、中压管路连接组成。

循环系统由全面罩、呼气阀、呼气软管、清净罐、呼吸舱（或气囊）、稳压膜片、正压弹簧、排气阀、连接软管、冷却罐（内含蓄冷器）、吸气阀、吸气软管等组成。

辅助部分主要由安全及报警系统和壳体背带系统组成。其中安全及报警系统由氧气瓶压力表、气瓶阀（内含安全膜片）、安全阀、胸前压力表、高压单向限流阀、报警器（开、关提示报警及余压报警）等组成。壳体背带系统由上、下壳体背带及锁定销等组成。

3. 氧气呼吸器的工作原理

氧气呼吸器向气囊中供氧的三种方式如下。

① 定量供氧。通过减压器定量孔供氧，是一种连续供氧方式，供氧压力 0.4MPa，供氧流量 1.4～1.7L/min。

② 自动补给供氧。是一种定压自动补氧方式，气囊内压力降至 150~250Pa 时，自动补给阀门开启，氧气便以不低于 80L/min 的流量快速充入气囊。

③ 手动补给供氧。若呼吸器气囊内氮气聚集过多需要清除或者减压器工作失灵，可用手按压手动补给按钮，便能开启减压器的自动补给阀门，起到快速补氧或冲淡气囊中多余氮气的作用，放开按钮时，氧气就停止进入气囊，供氧流量不小于 50L/min。

氧气呼吸器的工作过程为：打开气瓶阀，氧气经减压阀减压后通过供氧系统供给呼吸舱。当使用者吸气时，气体从呼吸舱（或气囊）流入冷却罐，被冷却后的气体通过吸气软管打开吸气阀进入面罩供人使用。当使用者呼气时，气体由面罩打开呼气阀进入呼气软管，再通过清净罐与氢氧化钙反应吸收呼气中的二氧化碳 [化学反应式：$Ca(OH)_2 + CO_2 \longrightarrow CaCO_3 + H_2O + Q$]，同时通过定量供氧阀补给新鲜氧气，混合成含有富氧的气体进入呼吸舱（或气囊），供吸气使用，完成一次循环。此过程中，由于呼气阀和吸气阀都是单向阀，保证了呼吸气流始终单向循环流动。

4. 氧气呼吸器的使用

（1）使用前检查

① 确认氧气瓶阀上系有日常维护记录卡，证明检修日期在 3 个月之内。

② 将冷冻好的蓄冷器放入呼吸舱中。

③ 呼吸器常规检查。

④ 确认呼吸器氧气瓶压力表读数为 18~20MPa。

⑤ 面罩视窗上贴上保明片或涂上防雾剂或用防雾布擦面罩视窗内侧，轻擦透镜，直到清晰可见。

⑥ 现在呼吸器已处于备用状态。

（2）佩戴呼吸器　图 1-4 为佩戴呼吸器的步骤。

1.将气瓶阀门和减压器阀门连接

2.将供气阀安装在面罩卡口处

3.连接中压导管接头和供气阀快速接头

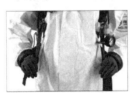
4.背起空气呼吸器，调节背带

5.扣上腰带扣并调节腰带长度

6.带好面罩，使面罩与面部紧密贴合

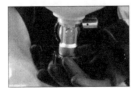
7.逆时针打开气瓶阀门，呼吸顺畅后进行作业

8.顺时针拧紧气瓶阀门

9.按住供气阀底部排出残余空气

图 1-4　佩戴呼吸器的步骤

佩戴呼吸器的注意事项如下。

① 把呼吸器背部朝上，顶部朝向自己，将肩带调整为 $50\sim70mm$。

② 握住呼吸器外壳两侧，使肩带位于手臂外侧，背部朝向使用者，同时顶部朝下，把呼吸器举过头顶，绕到后背并使肩带划到肩膀上。

③ 上身稍向前倾，背好呼吸器，两手向下拉住肩带调整端，身体直立，把肩带拉紧。

④ 调整肩带，使呼吸器的重量落在臀部而不是肩部。根据个人情况调整腰带并扣紧。

⑤ 连接胸带，但不要拉得过紧，以免限制呼吸。

⑥ 佩戴面罩。检查面罩与面罩连接件气密性，连接面罩。

⑦ 面罩连接好后，逆时针方向完全打开氧气瓶阀门，并回旋 1/4 圈，当听到报警器的瞬间鸣叫声，以示瓶阀开启。如果报警器不工作，应更换一台呼吸器。

⑧ 核实胸前压力表的压力为 $18\sim20MPa$。

⑨ 扯下日常维护记录卡，便可投入使用。

（3）呼吸器的应急操作

① 自动补给阀和定量供氧装置出现故障时，表现为供气不足，吸气阻力增大，此时可按手动补给阀按钮，每次按 $1\sim2s$，所补给的氧气直接进入呼吸舱。

② 呼吸器发生供气故障时，使用手补阀供氧，撤离灾区，更换呼吸器。

③ 呼吸舱内自动补给阀"动作过频"时，有两种可能：a. 面罩没有佩戴好，处理方法为调整面罩；b. 呼吸系统漏气，处理方法为退出灾区，更换呼吸器。

（4）呼吸器的摘脱

① 关闭氧气瓶瓶阀。

② 把面罩两条底带松开，再把面罩向上推举过头顶摘下。

③ 放开胸带和腰带，腰部稍向前挺。

④ 松开一个肩带，使另一个肩带从肩膀上滑下，把呼吸器转到身前。

⑤ 取下呼吸器。

三、空气呼吸器的使用

空气呼吸器广泛应用于消防、化工、船舶、石油、冶炼、仓库、试验室、矿山等部门，供消防员或抢险救护人员在浓烟、毒气、蒸气或缺氧等各种环境下安全有效地进行灭火、抢险救灾和救护工作。

1. 使用前准备

① 检查空气呼吸器各组（部）件是否齐全，无缺损，接头、管路、阀体连接是否完好。

② 检查空气呼吸器供气系统气密性和气源压力数值。

③ 关闭供气阀的旁路阀和供气阀门，然后打开瓶阀开关，将全面罩正确地戴在头部，深吸一口气，供气阀的阀门应能自动开启并供气。

④ 检查气瓶是否固定牢固。

2. 佩戴方法

① 将断开快速接头的空气呼吸器瓶阀向下背在人体背部；不带快速接头的空气呼吸器，将全面罩和供气阀分离后，将其瓶阀向下背在人体背部；根据身高调节好调节带的长度，根据腰围调节好腰带的长度后，扣好腰带。将压力表调整到便于佩戴者观察的位置。

② 将快速接头插好，供气阀和全面罩也要连接好，没有快速接头的空气呼吸器要将全面

罩的脖带挂在脖子上。

③ 将瓶阀开关打开一圈以上，此时应有一声响亮的报警声，说明瓶阀打开后已充满压缩空气；压力表的指针也应指示相应的压力。

④ 佩戴好全面罩，深吸一口气，供气阀供气后观察压力表，如果有回摆，说明瓶阀开关的开气量不够，应再打开一些，直到压力表不回落为止。

M1-5 空气呼吸器
的佩戴1

3. 脱下空气呼吸器的方法

① 松开全面罩系带，关闭供气阀阀门。

② 从头上取下全面罩，将脖带挂在脖子上。

③ 关闭瓶阀阀门。

④ 解开腰带卡子，为便于从人体上取下呼吸器，扳动调节带卡子，调节带自动拉长。

M1-6 空气呼吸器
的佩戴2

⑤ 从人体上取下空气呼吸器，放在清洁无污染的地方。

 拓展阅读

无私奉献、科技报国——"两弹元勋"邓稼先

邓稼先，1924 年出生于安徽省怀宁县，自小便将科技报国的良愿扎根于心底。1948—1950 年，他在美国留学，获得物理学博士学位。毕业当年，他毅然回国，到中国科学院工作。

新中国启动了以"两弹一星"为代表的国防尖端科研试验工程后，他参加、组织和领导了我国核武器的研究、设计工作，成为我国核武器理论研究工作的奠基者之一，并默默无闻地为中国的核武器奋斗了 28 年，作出了卓越贡献。

核弹的研究过程，荆棘丛生，历尽千难万险。有一次航投试验时发生了事故，原子弹坠地时被摔裂。为了找到真正的原因，必须有人到那颗原子弹被摔碎的地方去，找回一些重要的部件。每个人都深知危险，邓稼先说："谁也别去，我进去吧。你们去了也找不到，白受污染。我做的，我知道。"他坚持亲自去查看情况，一个人走进了那片意味着死亡之地的区域，翻看碎片，把摔破的原子弹碎片拿到手里仔细检验。很快，他找到了核弹头，用手捧着，走了出来。

出来后，他表情轻松，第一句话是："没事了"。这个"没事了"的意思是说，经过他的查看，发现弹体破裂程度不严重，大部分核材料没泄漏，不会对周边环境造成污染，也不会对下风区域的人民群众身体健康造成危害。可他自己的身体，却因此承受了远超人类能承受的辐射计量。

那天，走向核弹靶场时，他知不知道自己可能会患癌而死？作为世界最顶级的核物理学家，他当然知道。但他还是微笑着说："没事了。"最后证实，这次事故是因为降落伞的问题。但就是这一次手捧"脏弹"，埋下了他死于射线之下的死因。

身为医学教授的妻子得知此事，在邓稼先回北京时，强拉他去检查。结果发现在他的小便中带有放射性物质，肝脏受损，骨髓里也侵入了放射物。拿到医疗报告时，数据把医生都搞蒙了——这得是多严重的辐射导致的？

邓稼先是我国杰出的科学家，中国知识分子的优秀代表！1999 年，中华人民共和国成立50 周年之际，他被追授"两弹一星"功勋奖章。2009 年，被评为"100 位新中国成立以来感动中国人物"之一。

"邓稼先，他就像古城清早的阳光，明亮而不刺眼，温暖着他所照耀的地方；就像关中绵延的秦岭，伟岸而不张扬，养育着山脚下的家家户户。隔着几十年的时光，我们依然能触摸到他的脉搏，西去两千里，我们依然能看到他生命的延续。"这是人们对他发自内心的赞誉。虽已逝世多年，"两弹一星"元勋邓稼先依然活在国人心中，他的先进事迹在中华大地上传颂，激励着一代代科技工作者爱国奋斗，争当中国脊梁。

 检查与评价

1. 学生对二甲苯的理解，包括制备、安全性的熟悉。
2. 学生对危险化学品的理解，对分类、储存、运输的安全性的掌握。
3. 学生对危险化学品警示标识的判断和理解。
4. 学生能掌握二甲苯中毒防护措施和中毒急救方法。
5. 学生能正确使用氧气呼吸器和空气呼吸器。

 课外作业

1. 网络作业（见智慧职教网 http：//www.icve.com.cn/）。
2. 什么是危险化学品？危险化学品的分类有哪些？
3. 危险化学品储存场所的安全要求有哪些？
4. 危险化学品运输的安全要求有哪些？
5. 如果二甲苯泄漏，应该如何应急处理？所采用的防护措施有哪些？
6. 怎样正确使用氧气呼吸器或空气呼吸器？
7. 请解释图 1-5 有毒物品作业岗位职业病危害告知卡的含义。

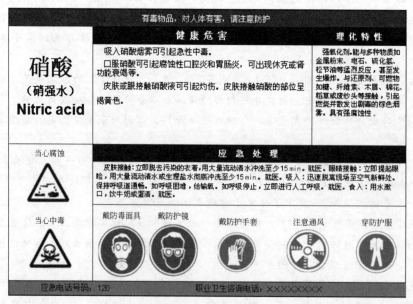

图 1-5 有毒物品作业岗位职业病危害告知卡

情境二

腐蚀性危险化学品液氨的安全识用与管理

知识目标 掌握液氨的特性；掌握重大危险源的辨识方法；掌握腐蚀性化学品特性。

能力目标 掌握液氨泄漏的处置方法；掌握液氨储罐的腐蚀机理与防护措施。

素质目标 树立严谨的工作态度和坚守操作细节、追求卓越的工匠精神，提升现场处置能力、应变能力和职业素养。

教学引导案例

某公司连接管腐蚀老化导致的液氨泄漏事故

一、事故经过

2019年4月8日上午约9时30分，某公司发生一起因氨制冷系统氨泵与压差控制器连接管腐蚀老化而爆裂导致的液氨泄漏事故。发生液氨泄漏后，企业组织人员疏散，报警求助，当地政府及有关部门及时赶赴现场，实行区域人员管制、用火用电管制、进入现场堵漏，经妥善处置，未造成燃爆和人员伤亡。

二、事故原因

1. 直接原因

这是一起因企业设备检查与维护不力、擅自启用未经检验合格的特种设备而导致的事故。

2. 间接原因

事故充分暴露出：企业主体责任不落实，制度不健全；主要负责人履职不到位，安全意识淡薄、思想麻痹大意；设备维护管理不到位，未按规定对特种设备定期进行维护、保养和检验，导致制冷系统设备设施落后残旧、年久失修而造成事故。

2003年以来，我国涉氨制冷企业液氨泄漏事故不断，通过综合分析发现，涉氨压力容器压力管道严重锈蚀、阀门焊接处存在缺陷、管道强度降低及破裂、管帽及封头脱落是导致液氨泄漏并引发重特大事故的主要原因。尤其是在各地涉氨制冷企业生产进入高峰期时，生产压力大，设备运转时间长，安全风险增高，更应引以为鉴、高度重视。

三、事故教训

液氨又称无水氨，是一种无色液体，有强烈的刺激性气味。和氨水相比，液氨的危险性要大很多。液氨在工业上应用广泛，具有腐蚀性且容易挥发，因此其化学事故发生率很高，各生产经营单位应格外注意。

各类生产经营单位，尤其是从事危险作业的单位，一是要严格执行领导和工程技术人员值班值守制度，严格生产、开停车安全管理和泄漏安全管理，加强现场巡检和重要参数监控；二是要严格贯彻设备装置的维护保养制度，杜绝各种"跑、冒、滴、漏"现象；三是要切实加强安全教育培训工作，进一步加强从业人员安全教育培训，尤其要加强对危险化学品从业单位、作业人员和救援人员（含劳务派遣人员）的安全生产和应急知识培训，使其了解中毒、窒息等可能发生的事故的特点、危害性，掌握自救、互救知识，提高安全意识和应急处置能力。

M2-1 液氨
泄漏中毒案例

四、课堂思考

① 液氨有哪些理化性质？工业上液氨主要应用在哪些领域？

② 本次事故的主要原因有哪些？液氨在使用、储存、运输过程中有哪些安全技术要求？

教学讨论案例

某氟化工有限责任公司氢氟酸腐蚀致亡事故

一、事故经过

2020年1月2日，某氟化工有限责任公司无水氟化氢厂粗冷凝器内部管道腐蚀穿孔，停产检修，更换了粗冷凝器，并检修整条粗冷循环系统。1月5日上午7时40分，技术部主任严某发现一线粗冷循环系统两台水泵无法启动，机修班班长刘某、设备技术主管胡某确认循环水泵出现故障，严某命刘某安排人员对该设备进行检修。8时20分左右，刘某安排机修工汪某、刘某某二人到一线粗冷循环系统水泵（B泵）进行检修作业。设备技术主管胡某在机修工汪某、刘某某还未到现场的情况下，先到达作业现场，在未确认故障水泵（B泵）进出水管阀门关闭到位的情况下，开始维修作业。8时30分，汪某、刘某某到达作业现场，一同作业。在作业前，未将池外两台循环水泵管路内的氢氟酸同时清理或置换，且三人均未按要求穿戴劳动防护用品。9时12分，公司领导文某到达现场，察看检维修作业。文某未穿戴任何劳动防护用品，并违章进入作业区域近距离察看。9时13分，胡某和汪某将故障水泵（B泵）泵盖撬开时，连接处喷出大量含有氢氟酸的循环水，并直接喷射到近距离察看且未穿戴任何防护用品的文某脸部及嘴上，少量溅到汪某脚上，几人迅速逃离现场。

文某立即到附近的卫生间，用大量清水冲洗全身。9点15分，文某跑到办公室用药品去氟灵紧急处理；在服用牛奶后，乘车至卫生院进行紧急救治；9点56分，乘坐救护车转送至县人民医院接受治疗；12点30分左右，经抢救无效死亡。汪某在事故中右脚灼伤（轻伤），治愈后出院。

本次事故造成直接经济损失约170万元。

二、事故原因

根据事故调查组认定，此次事故是一起生产安全责任事故。

1. 直接原因

事故调查组通过深入调查和综合分析认定，检维修作业中，未按要求关闭循环水泵阀门，未佩戴劳动防护用品，违章冒险作业，导致大量含有氢氟酸的循环水直接喷射到正在察看的文某脸部及嘴上，并溅到汪某脚上，是事故发生的直接原因。

2. 间接原因

（1）企业主体责任履职不到位　该公司落实安全生产责任制不力，公司领导、相关管理部门及作业人员未有效履行安全责任制；员工未严格遵守安全生产法律法规、本单位的安全生产规章制度、安全操作规程，检修现场管理混乱，未制定有效的安全防范措施和应急处置方案。

（2）检维修作业制度执行不到位　未制定检维修方案，未明确安全措施和应急处置预案，未执行作业审批制度。

（3）安全风险识别不到位　在检修作业前，未开展有效的安全风险辨识，对循环水泵管路内存在氢氟酸产生的后果认识不足，未对检修作业现场采取切实有效的安全防范措施；未监督、教育检修人员按照使用规则佩戴、使用劳动防护用品。

（4）安全意识淡薄　企业安全管理人员及作业人员安全意识淡薄，在未确认安全条件下及未按要求穿戴劳动防护用品情况下，违章冒险检维修作业。

三、事故教训

应从以下几方面深刻吸取本次事故教训：

（1）严格执行检维修作业安全管理制度　严格执行国家有关安全生产法律法规和标准规范要求，完善并严格执行检修管理制度、安全作业管理制度、教育培训制度，明确设备装置（系统）停车检修的范围和时间要求，制定检修计划和方案，建立完善的检维修记录、档案，特别是检维修方案中要充分考虑长期处于备用、停用状态设备的安全性、可靠性，按照规章制度做好备用、停用状态设备的安全应急处置工作。

（2）强化检修作业前的风险辨识工作　严格执行检维修过程安全风险自查制度，强化关键环节作业安全管理，严格作业安全许可。认真开展作业前的风险辨识，检查确认作业安全条件，对进入受限空间、动火等特殊作业和长期备用、停用设备，要实施升级管理，分管负责人及安全管理人员必须亲自组织现场作业安全条件确认，采取坚决措施，降低、消除事故发生的可能性。要加强检修作业现场管理，特别是高危作业现场的安全控制，严格控制检修作业现场人员数量，同时检修作业人员、监护人员应选择安全的工作位置，做好撤离、疏散、救护等应急准备工作。

（3）强化对员工的安全教育培训　组织开展经常性反"三违"活动，强化企业三级安全培训教育，提高全员安全风险意识。要强化企业安全生产执行力，强化生产作业过程中各级各类管理人员和从业人员安全生产责任制、安全生产规章制度和操作规程等安全生产执行力，督促本公司从业人员强化自我防护意识，杜绝违章指挥和冒险作业。同时要强化对从业人员应急救援知识培训，完善各类应急预案，定期组织演练。

（4）加强对设备设施的管理　坚决杜绝设备带病运行，强化事故隐患排查治理，定期对生产装置、储存设备、工艺管道及连接件巡回检查，发现泄漏和异常情况要及时处理，对于失灵或失效部件要立即维修或更换。

（5）加强安全生产培训工作　严格执行安全生产法律法规中有关安全生产培训教育的规定，强化对生产经营单位的主要负责人、安全管理人员和特种作业人员的培训教育，必须取得安全生产资格证，做到持证上岗。

四、课堂讨论

① 本次事故发生的主要原因是什么？间接原因是什么？
② 安全生产的重要性如何落实？

 相关知识介绍

腐蚀性化学品的安全识用

一、认识氨

1. 氨的理化性质

液氨为液化状态的氨气，在适当压力下由氨气液化而成，一般储存于钢瓶或储罐中，是一种有刺激性臭味的无色有毒气体，极易溶于水。氨在20℃水中的溶解度为34％，水溶液呈碱性，易液化，一般液氨可作致冷剂，接触液氨可引起严重冻伤。氨作为一种重要的化工原料，应用广泛，为运输及储存便利，通常将气态的氨气通过加压或冷却得到液态氨。液氨在工业上应用广泛，而且具有腐蚀性，且容易挥发，液氨的火灾危险性分类应定性为乙类第2项，其化学事故发生率相当高。氨气与空气或氧气混合会形成爆炸性混合物，由于液氨（无水氨）是液体，$1m^3$ 液氨汽化后可形成 $849.8m^3$ 的气体（液氨的密度为 $0.603g/mL$，$25℃$），因此要保证储罐的气密性和耐高压性，储存容器受热时也极有可能发生爆炸。由于氨气具有还原性，因此严禁与卤素、酰基氯、酸类、氯仿、强氧化剂接触，以免发生剧烈的化学反应。与空气混合形成爆炸性的混合气体，遇明火、高温易引起燃烧爆炸。氨气能侵袭湿皮肤、黏膜和眼睛，可引起严重咳嗽、支气管痉挛、急性肺水肿，甚至会造成失明和窒息死亡。在储存、运输、使用等环节，应当采取必要的防火措施，防止发生泄漏爆炸事故。氨的主要理化性质如下：

分子式：NH_3　　　　　气氨相对密度（空气＝1）：0.59

分子量：17.04　　　　　液氨相对密度（水＝1）：0.7067（25℃）

CAS 编号：7664-41-7　　自燃点：51.11℃

熔点：－77.7℃　　　　　爆炸极限：16％～25％

沸点：－33.4℃　　　　　1％ 水溶液 pH 值：11.7

蒸气压：882kPa（20℃）

2. 氨的特性

氨（含氨量≥50％）主要有如下特性：

① 受热后瓶内压力增大，有爆炸危险。

② 受热后容器内压力增大，泄漏物质可导致中毒。

③ 对眼、黏膜或皮肤有刺激性，有烧伤危险。

④ 有毒，不燃烧。

⑤ 有特殊的刺激性气味。

这里的不燃烧是指其在液化状态下（即－33.4℃以下）的不燃烧，－33.4℃是其蒸发温度，一旦泄漏在室外条件下可马上形成气态氨气，所以仍有燃烧爆炸危险。

二、合成氨工艺

生产合成氨，首先必须制备氢、氮原料气。氮气来源于空气。可以在低温下将空气液化、分离而得，或者在制氢过程中直接加入空气来解决。氢气来源于水或含有烃类的各种燃料。最简便的方法是将水电解，但此法由于电能消耗大、成本高而受到限制。现在工业上普遍采用以焦炭、煤、天然气、重油等原料与水蒸气作用的方法。主要包括以下步骤：①原料气的制取；②原料气净化，分为脱硫、变换、脱碳、甲烷化四步；③压缩和合成；④冷冻。

三、氨站的管理

1. 日常管理

对氨区做相应的隔离防护网，禁止车辆和无关人员靠近。在氨站周围 10m 内严禁堆放易燃、易爆物品。人员进出氨站应关闭手机等通信设备。

储量超过 10t 的液氨罐进出口管线，设置具有远程控制能力的紧急切断阀。

液氨罐的储氨量应严格控制在储罐最大容积的 85％ 以内，避免因环境以及温度等的变化而引起的爆罐。

配备至少 1 名液氨专职安全员，负责氨站的安全管理。运行期间，氨站设置取得资格证的专职值班员，负责整个氨站的日常管理和运行。

检修等其他人员在氨站作业时，禁止使用铁质或铝制工具，应使用铜质工具，防止火花的产生。

液氨接卸应采用金属万向管道冲装系统，禁止使用软管接卸。且金属万向管道应设置在储罐围栏内部，禁止单独置于围栏外、通道旁。

所有液氨输送的管道法兰垫片应参照《石油化工常用法兰垫片选用导则》（SHB-S01）选用耐用、安全性能高的垫片，禁止使用石棉橡胶垫片。

液氨储罐区主要的参数，包括罐内介质的液位、温度、压力等，应具备实时远方监视和高限、低限报警功能。

液氨储罐区和液氨蒸发区域，设置固定式的氨气浓度报警仪和视频监控系统，信号传输至相应的值班室。

显眼的高处设置风向标，便于周围 300m 范围内的人员能够明显地看到。设置相应的事故报警装置。氨区的围栏设置应满足在紧急事故下人员的快速、安全撤离，并设置不少于 3 个逃生出口。

液氨储区和蒸发区设置洗眼器、淋浴器等安全卫生防护设施。洗眼器和淋浴器的水源应为饮用水水质，并定期放水冲洗管道。

在氨站相应的管道和设备上悬挂明显的警示标识。在氨区醒目处设置明显的警示标识，注明液氨的特性、危害、现场泄漏后的应急措施、报警电话等，同时设置管理制度牌，对氨站的出入、液氨的接卸、维护作业等进行规定。接卸制度应单独设置在接卸区，制度中明确企业和运输单位的双方负责的事项和操作步骤流程，内容简介明确。

涉及液氨的使用工艺等操作过程以及液氨自动化仪器的安装、运行等作业的人员，应严格按照特种作业人员要求，取得特种工作操作证后，方可上岗。在氨站现场施工或者动火应严格执行动火工作制度，办理动火工作票。且要有运行人员进行现场监督。

氨站所有设备、管道要标出明显的颜色，对管道内的介质流向做出明显的指示，便于操作和事故处理。

氨站相应的负责人员，要对氨站进行定时巡检，检查液氨罐的液位，液氨输送管道是否通畅，阀门开度，液氨蒸发罐的温度和压力，缓冲罐的液位以及相应的压力，并及时记录汇报相关负责人。巡检的时间间隔最好为 2h 一次，相关人员出入也要建立相应的出入登记表，及时记录在册。

氨站投运后，做好日常的监督检查，做到每月一次安全检查，每年一次年度检查，压力容器使用满 3 年做安全质量检验。液氨压力管道要进行定期的维护保养，每年至少进行一次在线检验。

液氨输送管道安装或者维修后的焊接缝应进行 100% 无损检测，并进行泄漏实验。泄漏实验时，应重点检查阀门、法兰或者螺纹连接处、放空阀、排气阀、排污阀等。验收移交时，还应对安装焊缝进行不少于 20% 的无损检测复查。

压力表和压力变送器、安全阀、液位计、液位变送器、温度计、紧急切断装置等安全附件，应按规定进行定期的维护和定期的校检。安全阀入口处应安装切断阀，正常运行时，该阀必须保证全开并加铅封，切断阀的直径不小于安全阀的入口直径；压力表的刻盘上应当划出指示最高压力工作的压力红线；液位计上的最高和最低安全液位，应当做出明显标志。

氨区设备、液氨输送管道在检修处理后或重新投运前，要对管道或者罐体进行氮气置换，每次冲氮至系统压力达 0.4MPa 左右时排空，重复数次，且每次检测时间间隔为 15min，直到系统中空气的含氧量低于 1% 为止。

2. 接卸管理

选择性能优良、设备安全可靠、具有相应资质的厂家作为液氨的供货商和承运商。供货厂家对液氨的运输应做到专人专车押送。

当液氨罐车进入厂区时，应有专人引导，按照规定的路线行车，并在指定的地点停车和等待。等待过程中要避免阳光的照射，并且远离热源和火源，与其他车辆也要保持一定的安全距离。液氨卸车入罐也要有专人专项负责，避免其他人员的违规操作，并且要有安保人员的全程监督和维护，避免其他无关人员的靠近。卸车前操作人员要持有相应的液氨接卸安全交底单，液氨接卸严格按规程进行操作、并对运输车辆所在的单位以及驾驶员和押运员的资质、车辆状况进行检查和确认。检查储氨罐车是否超压，氨同液化石油气一样属于低压液化气体，具有较高的气体膨胀系数，在拆装状态下温度每升高 1℃，升压速度为正常状态的数十倍甚至百倍，很容易超过罐体的承受压力而爆炸。

液氨车有以下情况之一时，不得卸车：

① 提供的文件和资料与事实不符；

② 罐车未按规定进行定期检验；

③ 安全附件（包括紧急切断装置等）不全、损坏或者有异常；

④ 其他有安全隐患的情况。

在卸车过程中，操作人员要穿戴防护用品，严格执行接卸安全操作规程。开关阀门的过程中速度要缓，罐车停放位置要固定，发动机处于灭火状态，且要对车辆采取防滑措施，规范接好接地引线。卸车时，要对金属管道充装系统、密封件快速切断阀门等进行检查，有问题及时处理，避免重大隐患。卸车过程中随时观察罐体有无变形、泄漏，压力、温度急剧变化及其他的异常情况。卸车过程中驾驶员、押运员要和卸车操作人以及安全监督维护人员同时在场，且驾驶员要离开驾驶室。卸车过程中当槽车压力和液氨储罐的压力一致时，液氨停止自流，此时需要启动卸氨压缩机直到槽车压力小于 0.3MPa 为止。卸车完毕后，应静置 10min 后再拆卸除静电的地线。液氨的接卸应避免在夜间进行。

3. 设备管理

液氨储罐、管道、使用、检验检测及其监督检查等必须符合《特种设备安全监察条例》《压力容器安全技术监察规程》等相关规定。压力表和安全阀、截止阀等与氨接触的部件应当与氨介质相适应，宜选用氨专用压力表和氨专用阀门，不应采用灰口铸铁材料的阀门和使用含铜材质和镀锌镀锡零部件。

液氨储罐使用前或检修后应做气密性能试验，做气密性能试验时应满足以下要求：

① 液氨储罐、液氨槽罐车的液面计、压力计、温度计、安全阀等安全附件应完整、灵敏可靠。

② 氨气体浓度报警仪应具有生产厂家的测试报告；报警仪复检周期不应超过一年，检测报告存档备查。

③ 储量 1t 以上的储罐基础，每年应测定基础下沉状况。

④ 生产操作要求储罐内需要保持一定的压力时，应设置稳压设施。

⑤ 严格执行安全操作规程、安全检修规程，保证安全运行，保证作业环境和排放的有害物质浓度符合国家标准和国家有关规定。

⑥ 液氨储存、装卸区域所需的消防水泵用电设备的电源，应满足现行国家标准《供配电系统设计规范》所规定的二级负荷供电要求。用电设备的配电线路应满足火灾时连续供电的需要。

⑦ 液氨储存、液氨蒸发区域的照明灯具和控制开关应采用防爆、密闭型的。

⑧ 液氨储罐和蒸发区域顶部应安装喷淋系统，并与压力、温度、氨气泄漏检测装置联锁。当罐内压力超过 1.8MPa 或者温度超过 42℃ 时喷淋自动投运，冷却罐体、降低压力或者在罐体发生泄漏时吸收氨气。

4. 消防、防雷与防静电

液氨储存和装卸场所应设消火栓，消防用水与厂用工业水连接。液氨储存和装卸场所应根据有关标准、规范设置防雷装置和设施，安装避雷针或者包裹避雷网。液氨储存、装卸场所的所有金属装置、设备、管道、储罐等都必须进行静电连接并接地。液氨汽车罐车、储氨罐和装卸栈台，应设静电专用接地线。为消除人体静电，在扶梯进口处，应设置接地金属棒，或在已接地的金属栏杆上留出一米长的裸露金属面。

四、补充材料

1. 现代化工生产特点

化工生产具有易燃、易爆、易中毒、高温、高压、有腐蚀等特点，因而较其他许多工业部门有更大的危险性。在整个行业中，其危险程度紧随矿山、建筑，居第三位。化工生产的特点如下：

(1) 化工生产物料多数具有潜在的危险性　化工生产中生产一种主要产品可以联产或副产几种其他产品。同时又需要多种原料和中间体来配套。同一种产品往往可以使用不同的原料和采用不同方法制得。如苯的主要来源有四个：炼厂副产、石脑油铂重整、裂解制乙烯时的副产以及甲苯经脱烷基制取苯。而用同一种原料采用不同生产方法可得不同的产品。如从化工基本原料乙烯开始，可以生产出多种化工产品。

化工生产使用的原料、半成品、成品种类繁多，绝大部分是易燃、易爆、有毒性、有腐蚀的危险化学品。我国已列出的常用易燃、易爆物品共计 1243 种，世界常见毒物达 63000 多种。随着化学工业的发展，涉及的化学物质种类和数量越来越多。操作不当或设备发生故障外泄时，或者空气（或氧气）混入系统时，容易发生燃烧爆炸事故，造成操作人员的人身伤亡，这就决定了化学工业生产事故具有多发性和严重性。因此对生产中所涉及的原材料、燃料、中间产品和成品的储存和运输提出了许多特殊的要求。

(2) 生产工艺苛刻　化工生产过程复杂，对整个工艺条件要求苛刻。很多反应是在高温、高压下进行的，而有些反应则是在低温、高真空条件下进行的。如由轻柴油裂解制乙烯，进而生产聚乙烯的过程中，轻柴油在裂解炉中的裂解温度为 800℃；裂解气要在深冷（−96℃）条件下进行分离；纯度为 99.99% 的乙烯气体在 294MPa 压力下聚合，制取高压聚乙烯树脂。稍有不慎就会因未能满足条件而发生事故，如果反应器、压力容器发生爆炸或者燃烧产生的传播速度超过声速的爆轰，就会产生破坏力极强的冲击波，导致周围厂房、建筑物倒塌，生产装置、储运设备破坏以及人员伤亡。如果是室内爆炸，极易引发二次或多次爆炸，爆炸压力叠加，可能造成更为严重的后果。采用高温、高压、深冷、真空等工艺参数，可以提高单机效率和产品收率，缩短产品生产周期，使化工生产获得更佳的经济效益。

(3) 生产规模的大型化、生产连续性强　自 20 世纪 50 年代以来，化工生产装置向规模大型化迅速发展。以化肥为例，我国 50 年代合成氨的最大规模为 6 万吨/年，70 年代发展为 54 万吨/年，目前已达百万吨级。我国乙烯装置的最大规模 50 年代为 10 万吨/年，70 年代为 50 万吨/年，目前已达 140 万吨/年，增长速度惊人。生产装置的大型化造成化工装置的大型化，导致储存危险物料的量增多，并且物料处于工艺过程中，增加了外泄的危险性，因此发生事故造成的后果往往会更严重。

化工生产从原料输入到产品输出具有高度的连续性，前后单元息息相关，相互制约，某一环节发生故障就会影响整个生产的正常进行。由于装置规模大且工艺流程长，因此使用设备的种类和数量都非常多。例如年产 30 万吨乙烯的装置含有裂解炉、加热炉、反应器、换热器、塔、槽、泵、压缩机等设备 500 多台（件），管道上千根，还有各种控制和检测仪表，这些设备如维修保养不良，很容易引起事故的发生。

(4) 化工生产过程的自动化程度高　由于装置大型化、连续化、工艺过程复杂化和工艺参数要求苛刻，因此现代化工生产过程许多工艺控制不能单纯依靠手动控制操作，必须采用自动化程度较高的控制系统。近年来随着计算机技术的发展，化工生产中普遍采用了 DCS（distributed control system）集散型控制系统，对生产过程的各种参数及开停车实行监视、控制、管理，从而有效地提高了控制的可靠性。与此同时，如果对控制系统和仪器仪表维护不好，致使其性能下降，就有可能因检测或控制失效而发生事故。

一方面，自动化程度的提高大大降低了操作者的劳动强度，但对操作人员的知识技术水平提出了更高的要求。另一方面，自动化程度的提高，容易使人产生对自动控制系统的依赖，麻痹大意。生产中按要求严格巡查各设备和工艺参数是非常必要的，否则一旦自动控制设备失效，发生事故，后果很严重。

2. 安全与安全生产

安全是指在生产活动过程中，能将人员伤亡或财产损失控制在可接受水平之下的状态。"安全是相对的，风险是绝对的。"因此，只可能有相对安全，"绝对安全"不过是一种理想状态，因为经济、技术的先进性只能是逐步发展的，不能跨越历史条件。但完全有可能无限趋近"绝对安全""本质安全"。

安全也可以理解为通过把风险降低到可容许的程度来达到安全。"可容许风险"也是一个相对概念，它既要相对法律、法规、社会价值取向的规定，又要相对"对象"的要求的满足，是一种变化中的、动态的平衡，因为法律、社会在变，人的认识水平、要求也在变。这种平衡的最佳平衡点，就是我们寻求的、当下的安全最佳状态、合"理"状态。其特点是需要不断地、反复地进行平衡，才能满足人、机、物、环等诸要素各自的"安全可靠"与相互的和谐统一。不同的时代，不同的生产领域，可接受的损失水平是不同的，因而衡量是否安全的标准也不同。

安全生产是指在生产过程中保障人身安全和设备安全。消除危害人身安全健康的一切不良因素，保障职工的安全和健康，舒适地工作，称之为人身安全；消除损坏设备、产品和其他财产的一切危险因素，保证生产正常进行，称之为设备安全。总之，要使生产过程在符合安全要求的物质条件和工作秩序下进行，以防止人身伤亡和设备事故及各种危险的发生，从而保障劳动者的安全健康，以促进生产率的提高。国家、企业与车间在生产建设中围绕保护职工人身安全和设备安全，为搞好安全生产而开展的一系列活动，叫安全生产工作。

安全生产工作和劳动保护工作是两个含义不同的概念，两者既有联系又有区别。劳动保护是保护劳动者在生产过程中的安全和健康。我国的劳动保护法规属于劳动法的系列，是指国家为改善劳动条件、保护劳动者在生产过程中的安全和健康而制定的规章制度。它包括安全技术规程和劳动卫生规程、作息时间、休假制度，以及对女工和未成年工的特殊保护等各种规章制度。劳动保护工作是企业安全生产整体管理工作中的一个部分。企业的安全生产管理，除了保护劳动者的安全与健康外，还包括对设备、财产、环境的安全性进行管理，包括企业一旦发生事故，尽快采取安全措施，并组织抢修，恢复生产，保障企业生产持续、稳定、协调发展等方面的工作。安全生产管理，是社会主义企业管理的一个重要组成部分，是一项政策性强、需要运用多种学科知识进行综合管理的工作。

事故是指造成人员伤亡、伤害、职业病、财产损失或其他损失的意外事件。事故的发生是多种因素相互作用的结果，有技术上的原因、设备上的原因以及管理上的原因，也有人员素质方面的原因，如精神状态、缺乏知识、安全意识观念不强、麻痹大意、劳动纪律松弛、规章制度执行不严等。这些都会直接影响企业整体的安全性，有可能导致事故发生，影响企业的经营决策、方针目标及其各项经济技术指标的实现。

（1）安全生产的重要性　化工安全生产是确保企业提高经济效益和促进生产迅速发展的唯一保证。如果一个化工企业经常发生事故，特别是发生灾害性事故，就无法提高经济效益，更谈不上生产的发展。

化工生产的特点决定了化工生产过程中不安全因素多。化工生产中各个环节不安全因素较多，且相互影响，一旦发生事故，危险性和危害性大，后果严重。所以，化工生产的管理人员、技术人员及操作人员均必须熟悉和掌握相关的安全知识和事故防范技术，并具备一定的安全事故处理技能。

生产的目的是满足人们物质和文化生活的需求，而安全生产是为了保护劳动者的生命和健康，保证生产资料免遭损失，保证和促进生产正常进行，以及创造更丰富更好的产品。安全生产也是国家的一项重要政策。我们必须认识到，没有一个可靠的安全生产基础，是不可能实现正常的化工生产的。生产必须安全，安全促进生产。

每个员工从进入公司第一天起到退休，一生中大部分时间是在生产过程中度过的，每个人都希望在安全、卫生的条件下顺利地进行工作。每个家庭都希望自己的亲人能高高兴兴上班，平平安安回家。但是，如果忽视了安全工作，以致有的人麻痹大意，不遵守劳动纪律，或者不懂得安全知识，盲目蛮干，违章作业，那么就容易发生事故。

（2）安全生产方针　安全生产方针是对安全生产工作的总要求，它是安全生产工作的方向。我国安全生产方针是"安全第一、预防为主、综合治理"。

我国安全生产方针经历了一个从"安全生产"到"安全第一、预防为主、综合治理"的产生和发展过程，且强调在生产中要做好预防工作，尽可能将事故消灭在萌芽状态之中。因此，对于我国安全生产方针的含义，应从这一方针的产生和发展去理解，归纳起来主要有以下几方面的内容。

① 安全第一的含义。生产过程中的安全是生产发展的客观需要，特别是现代化生产，更不允许有所忽视，必须强化安全生产，在生产活动中把安全工作放在第一位，尤其当生产与安全发生矛盾时，生产服从安全，这是安全第一的含义。

② 安全与生产的辩证关系。在生产建设中，必须用辩证统一的观点去处理好安全与生产的关系。这就是说，项目领导者必须善于安排好安全工作与生产工作，特别是在生产任务繁忙的情况下，安全工作与生产工作发生矛盾时，更应处理好两者的关系，不要把安全工作挤掉。越是生产任务忙，越要重视安全，把安全工作搞好，否则，就会招致工伤事故，既妨碍生产，又影响企业信誉，这是多年来生产实践证明了的一条重要经验。

长期以来，在生产管理中往往出现生产任务重，事故就多，反之均衡生产，安全情况就好的现象，被人们称为安全生产规律。前一种情况其实质是反映了项目领导在经营管理上的思想片面性。只看到生产数量的一面，看不见质量和安全的重要性；只看到一段时间内生产数量增加的一面，没有认识到如果不消除事故隐患，这种数量的增加只是一种暂时的现象，一旦条件具备了就会发生事故。这是多年来安全生产工作中的一条深刻的教训。总之，安全与生产是互相联系、互相依存、互为条件的。要正确贯彻安全生产方针，就必须按照辩证法办事，克服思想的片面性。

③ 安全生产工作必须强调预防为主。安全生产工作的预防为主是现代生产发展的需要。现代科学技术日新月异，而且往往又是多学科综合运用，安全问题十分复杂，稍有疏忽就会酿成事故。预防为主，就是要在事前做好安全工作，防患于未然。依靠科技进步，加强安全科学管理，搞好科学预测与分析工作；把工伤事故和职业的危害消灭在萌芽状态中。"安全第一、预防为主"，两者是相辅相成、互相促进的。"预防为主"是实现"安全第一"的基础。要做到

"安全第一"，首先要搞好预防措施。预防工作做好了，就可以保证安全生产，实现"安全第一"，否则"安全第一"就是一句空话，这也是在实践中所证明了的一条重要经验。

（3）化工生产中的重大危险源　重大事故的不断发生使人们痛苦地认识到，现代工业生产，特别是现代化的大工业生产潜藏着巨大的危险性。一旦发生事故，不仅工厂内部，而且相邻地区人们的生命、财产和环境都遭到巨大的危害。因此，20世纪70年代以来，预防重大工业事故已成为世界各国社会、经济和技术发展的重点研究对象之一，引起了国际社会的广泛关注、高度重视。随之产生了"重大危险""重大事故""重大危险控制"等概念。控制重大危险源是企业安全管理的重点，控制重大危险源的目的，不仅仅是预防重大事故的发生，而且要做到一旦发生事故，能够将事故限制到最低程度，或者说能够控制到人们可接受的程度。要想有效地预防和控制重大工业事故的发生，首先要辨识确认高危险性的工业设施（危险源）。一般由政府主管部门和权威机构在物质毒性、燃烧、爆炸特性的基础上，制订出危险物质及其临界量标准，确定哪些是可能发生事故的潜在危险源。

① 重大危险源的定义。根据《危险化学品安全管理条例》，重大危险源是指生产、运输、使用、储存危险化学品或者处理废弃危险化学品，且危险化学品的数量等于或超过临界量的单元（包括场所和设施）。危险化学品是指一种或多种化学品的混合物，由于其化学、物理或毒性特性，具有易导致火灾、爆炸或中毒的危险。单元指一个（套）生产装置、设施或场所，或同属一个工厂的边缘距离小于500m的几个（套）生产装置、设施或场所。临界量是指对于某种或某类危险物质规定的数量，若单元中物质数量等于或超过该数量，则该单元是重大危险源。

② 重大危险源的范围。确定重大危险源的原则：凡能引发重大工业事故并导致严重后果的一切危险设备、设施或工作场所都应列入重大危险源的管理范围。共有七大类：a. 储罐区（储罐），包括可燃液体、气体和毒性物质三种储罐区或储罐。b. 库区（库），可分为火炸药、弹药库区（库）、毒性物质库区（库），易燃、易爆物品库区（库）。c. 生产场所，包括具有中毒危险的生产场所和具有爆炸、火灾危险的生产场所。d. 企业危险建（构）筑物，限用于企业生产经营活动的建（构）筑物，已确定为危险建筑物，且建筑面积≥1000m²，或经常有100人以上出入的建（构）筑物。e. 压力管道，包括三类：输送毒性等级为剧毒、高毒或火灾危险性为甲、乙类介质，公称直径为100mm，工作压力为10MPa的工业管道；公用管道中的中压或高压燃气管道，且公称直径≥200mm；公称压力≥0.4MPa，且公称直径≥400mm的长输管道。f. 锅炉，额定蒸汽压力≥2.45MPa、额定出口水温≥120℃，且额定功率≥14MW的热水锅炉。g. 压力容器，储存毒性等级为剧毒、高毒及中等毒性物质的三类压力容器。最高工作压力≥0.1MPa，几何容积≥1000m³，储存介质为可燃气体的压力容器。液化气体陆路罐车和铁路罐车。

③ 重大危险源的类型。根据事故类型可将重大危险源分为两大类，生产场所的危险源和储存区的危险源。生产场所指危险物质的生产、加工及使用等的场所，包括生产、加工、使用等过程中的中间储罐存放区及半成品、成品的周转库房。储存区是专门用于储存危险物质的储罐或仓库组成的相对独立的区域。根据物质不同的特性，生产场所重大危险源按爆炸性物质、易燃物质、活性物质和有毒物质四大类的品名（品名引用《危险货物品名表》GB 12268—2012）及其临界量加以确定。储存区的重大危险源的确定方法与生产场所的重大危险源基本相同，由于工艺条件较为稳定，所以临界量数值较大。

④ 重大危险源的辨识指标。我国重大危险源辨识是根据《危险化学品重大危险源辨识》（GB 18218—2018），辨识依据是物质的危险特性及其数量。单元内存在危险化学品的数量等

于或超过相关的临界量，即被定为重大危险源。单元内存在的危险化学品的数量根据处理危险化学品种类的多少区分为以下两种情况：

第一种是单元内存在的危险化学品为单一品种时，则该危险化学品的数量即为单元内危险化学品的总量，若等于或超过相应的临界量，则定为重大危险源。

第二种是单元内存在的危险化学品为多品种时，按式（2-1）计算，若满足式（2-1），则定为重大危险源：

$$q_1/Q_1 + q_2/Q_2 + \cdots + q_n/Q_n \geqslant 1 \qquad (2-1)$$

式中　q_1，q_2，$\cdots$，q_n——每种危险化学品实际存在量，t；

$\quad\quad\quad Q_1$，Q_2，$\cdots$，Q_n——与各危险化学品相对应的临界量，t；

$\quad\quad\quad n$——单元中危险物质的种类。

为掌握重大危险源的状况及其分布，为重大危险源评价、分级、监控和管理提供基础数据，生产单位需要按规定填写重大危险源申请表。重大危险源申报表分为三类：第一类为生产经营单位基本情况表；第二类为各类重大危险源基本特征表；第三类为重大危险源周边环境基本情况表。

 相关技术应用

腐蚀性化学品的处理

一、概述

1. 腐蚀品的概念

腐蚀品指能灼伤人体组织，并对金属等物品造成损坏的固体或液体。其区分标准是：与皮肤接触在 60min 以上 4h 以内的暴露期后至 14 天的观察期内，能使完好的皮肤组织出现可见坏死现象；或温度在 55℃时，对 20 号钢表面的均匀年腐蚀量超过 6.25mm 的固体或液体。

2. 腐蚀品的分类

腐蚀品的特点是能灼伤人体组织，并对动物、植物体、纤维制品、金属等造成较为严重的损坏。由于腐蚀品酸碱性各异，相互间易发生反应，为了便于运输时合理积载，以及发生事故时易于迅速地采取急救措施，按酸碱性进一步分为 3 项。

（1）酸性腐蚀品　如硝酸、发烟硝酸、发烟硫酸、溴酸、含酸不大于 50％的高氯酸、五氯化磷、己酰氯、溴乙酸等均属此项。酸性腐蚀品按其化学组成还可分为无机酸性腐蚀品和有机酸性腐蚀品两个子项。

① 无机酸性腐蚀品。指具有酸性的无机品。该项物品中很多具有强氧化性，如硝酸、氯磺酸等；其中还有不少遇湿能生成酸的物质，如三氧化硫、五氧化二磷等。

② 有机酸性腐蚀品。指具有酸性的有机品。该项物品绝大多数是可燃物，且有很多是易燃的。

如乙酸闪点 42.78℃，丙烯酸闪点 54℃；溴乙酰闪点 1℃，与水激烈反应，放出白色雾状的具有刺激性和腐蚀性的溴化氢气体，与具有氧化性的酸性腐蚀品相混合引起着火或爆炸。

所以同是酸性腐蚀品，具有强氧化性的无机酸与具有还原性的可燃的有机酸，绝不能认为都是酸性腐蚀品而可以同车配载或同库混存。

（2）碱性腐蚀品　如氢氧化钠、烷基醇钠类（乙醇钠）、含肼不大于 64％的水合肼、环己烷、二环乙胺、蓄电池（含有碱液的）均属此项。由于碱性腐蚀品中没有具有氧化性的物质，所以没有必要把腐蚀品再分为无机碱和有机碱两个子项。但碱性腐蚀品中的水合肼等有机碱是强还原剂，其易燃蒸气会爆炸，故对有机碱性腐蚀品应注意其易燃危险性。

（3）其他腐蚀品　指酸性和碱性都不太明显的腐蚀品。如木馏油、蒽、塑料沥青、含有效氯大于 5％的次氯酸盐溶液（如次氯酸钠溶液）等均属此项。其他腐蚀品也有无机和有机之分。其中无机的次氯酸钠等都有一定的氧化性，有机的甲醛等都有一定的还原性。如甲醛闪点 50℃，爆炸极限 7％～73％，还原性极强，二者是不能混储混运的。所以该项物品的火灾危险性也是不能忽视的。

3. 腐蚀品的分级

腐蚀品的划分标准是以以往的经验为基础的，并考虑到呼吸的危险性、遇水反应性等。对新的物质（包括其混合物）来说，则是根据接触皮肤后引起皮肤明显坏死所需时间的长短来判定的。按国际包装类别的区分标准，腐蚀品可分为以下三级。

（1）一级腐蚀品　指在试验时与动物完好皮肤接触，在不超过 3min 的暴露期至 60min 的观察期内，即可在接触处导致完好皮肤组织出现明显坏死现象的物质。

（2）二级腐蚀品　指在试验时与动物完好皮肤接触，在超过 3min 至 60min 的暴露期后开始至 14 天的观察期内，即可在接触处导致完好皮肤组织出现明显坏死现象的物质。

（3）三级腐蚀品　指不会在完好的动物皮肤上引起可见坏死现象，但在 55℃ 的试验温度下，对钢或铝的表面的均匀年腐蚀量大于 6.25mm 的物质。

二、腐蚀品危险特性

1. 腐蚀性

当一种物品与其他物质接触时，会使其他物质发生化学变化或电化学变化而受到破坏，这种物品就具有腐蚀性，这是腐蚀性物品的主要危险特性。其特点如下。

（1）对人体的伤害　腐蚀性物品的形态有液体和固体（晶体、粉状）两种，当人们直接触及这些物品后，会引起灼伤或发生破坏性创伤以至溃疡等；当人们吸入这些物品挥发出来的蒸气或飞扬到空气中的粉尘时，呼吸道黏膜便会受到腐蚀，引起咳嗽、呕吐、头痛等症状；特别是接触氢氟酸时，能发生剧痛，使组织坏死，如不及时治疗，会导致严重后果；人体被腐蚀性物品灼伤后，伤口往往不容易愈合。故在储存、运输过程中，应特别注意防护。

（2）对有机物质的伤害　腐蚀性物品能夺取木材、衣物、皮革、纸张及其他一些有机物质中的水分，破坏其组织成分，甚至使之炭化，浅色透明的酸液会变黑就是这个道理；浓度较大的氢氧化钠接触棉质物，特别是接触毛纤维成分，即能使纤维组织受破坏而溶解。这些腐蚀性物品在储运过程中，若渗透或挥发出气体（蒸气）还能腐蚀库房的屋架、门窗、苫垫用品和运输工具等。

（3）对金属的腐蚀　在腐蚀品中，不论是酸性还是碱性的，对金属均能产生不同程度的腐蚀作用。浓硫酸虽然不易与铁发生作用，当储存日久、吸收空气中的水分后浓度变稀薄时，也能与铁发生作用，使铁受到腐蚀；有些腐蚀品，特别是无机酸类，挥发出来的蒸气对库房建筑物的钢筋、门窗、照明用品、排风设备等金属物料和库房结构的砖瓦、石灰等均能发生腐蚀作用。

2. 毒害性

在腐蚀品中，有一部分能挥发出具有强烈腐蚀和毒害性的气体。如氢氟酸的蒸气在空气中的摩尔分数达到0.005%~0.025%时，即便短时间接触也是有害的；甲酸蒸气（在空气中的最高允许摩尔分数为5×10^{-6}）、硝酸挥发的二氧化氮气体、发烟硫酸挥发的三氧化硫等，对人体都有相当大的毒害作用。

3. 火灾危险性

在列入管理的腐蚀品中，约83%具有火灾危险性，有的还是相当易燃的液体和固体，其火灾危险性主要有以下几点。

（1）氧化性　无机腐蚀品大都本身不燃，但都具有较强的氧化性，有的还是氧化性很强的氧化剂，与可燃物接触或遇高温时，都有着火或爆炸的危险。如硫酸、浓硫酸、发烟硫酸、三氧化硫、硝酸、发烟硝酸、氯酸（质量分数40%左右）、溴素等无机酸性腐蚀品，氧化性都很强，与可燃物如甘油、乙醇、H发孔剂、木屑、纸张、稻草、纱布等接触，都能氧化自燃而起火。

（2）易燃性　有机腐蚀品大都可燃，且有的非常易燃。如有机酸性腐蚀品中的溴乙酰闪点为1℃，硫代乙酰闪点小于1℃，甲酸、冰醋酸、甲基丙烯酸、苯甲酰氯、乙酰氯等遇火易燃，蒸气可形成爆炸性混合物；有机碱性腐蚀品甲基肼在空气中可自燃；1,2丙二胺遇热可分解出有毒的氧化氮气体；其他有机腐蚀品如苯酚、甲酚、甲醛、松焦油、焦油酸、苯硫酚、蒽等，不仅本身可燃，且都能挥发出有刺激性或毒性的气体。

（3）遇水分解易燃性　有些腐蚀品，特别是五氯化磷、五氯化锑、五溴化磷、四氯化硅、三溴化硼等多卤化合物，遇水分解、放热、冒烟，放出具有腐蚀性的气体，这些气体遇空气中的水蒸气还可形成酸等，氯磺酸遇水猛烈分解，可产生大量的热和浓烟，甚至爆炸；无水溴化铝、氧化钙等腐蚀品遇水能产生高热，接触可燃物时会引起着火；更加危险的是烷基醇钠类，本身可燃，遇水可引起燃烧；异戊醇钠、氯化硫本身可燃，遇水分解；无水的硫化钠本身有可燃性，且遇高热、撞击还有爆炸危险。

三、常见的腐蚀品

1. 硝酸（危险品编号：81002）

硝酸别名发烟硝酸，分子式HNO_3，分子量63.01，相对密度＞1.480。含硝酸97.5%、水2%、氧化氮0.5%的发烟硝酸为淡黄色到红褐色透明液体。含硝酸86%、水5%、氧化氮6%~15%的发烟硝酸为淡黄色透明液体。露置于空气中冒烟，与水任意混溶。主要用于有机化合物的硝化等。

本品具有强腐蚀性和强氧化性，遇松香油、H发孔剂等有机物能立即燃烧；遇强还原剂能引起爆炸；遇氰化物产生剧毒气体。

本品不燃，当与其他物品着火时可用雾状水、干粉、砂土、二氧化碳等相应的灭火剂扑救。

2. 甲醛（危险品编号：83012）

甲醛别名福美林、福尔马林、蚁醛，分子式HCHO，分子量30.03。

甲醛是以丝或浮石吸附硝酸银为催化剂，用空气将甲醇氧化成甲醛，再冷凝吸收而得，为无色具有刺激性和窒息性的气体。主要用于制造胶木粉、电玉粉、塑料树脂、杀菌剂、防腐剂、消毒剂等。本品性剧毒，能使蛋白质凝固，触及皮肤能使皮肤发硬，甚至局部组织坏死。极易聚合，易溶于水，有较强的还原性。在碱性溶液中能使金属盐及金属氧化物还原为金属。空气中最高允许质量浓度为$5mg/m^3$，商品是质量分数37%~40%的甲醛水溶液，储存日久特别在较低温度时，易聚合生成不溶于水的沉淀，故常加阻聚剂。在空气中能逐渐氧化成甲酸。

本品可燃，闪点85℃（37℃，不含甲醇），自燃点430℃，蒸气与空气混合能成为爆炸性气体，与氧化剂、火种接触有着火危险。

本品着火可用水、泡沫、二氧化碳、干粉等相应的灭火剂扑救。

四、腐蚀品的控制要求

腐蚀品的控制主要包括以下几方面。

① 腐蚀品的品种比较复杂，应根据其不同性质储存于不同的库房。

a. 易燃、易挥发的甲酸、溴乙酰等应储存于阴凉、通风的库房。

b. 受冻易结冰的冰醋酸、低温易聚合变质的甲醛则应储存于冬暖夏凉的库房。

c. 有机腐蚀品储存应远离火种、热源及氧化剂、易燃物品、遇湿易燃物品。

d. 五氧化二磷、三氯化铝等遇水分解的腐蚀品应储存在干燥的库房内，严禁进水。

e. 漂白粉、次氯酸钠溶液等应避免阳光照射。

f. 磷类应与酸类分开储存。

g. 氧化性酸应远离易燃物品等。

② 储存容器必须按不同的腐蚀性合理使用。盐酸可用耐酸陶坛；硝酸应该用铝制容器；磷酸、冰醋酸、氢氟酸用塑料容器；浓硫酸、烧碱、液碱可用铁制容器，但不可用镀锌铁桶，因锌是两性金属，与酸、强碱均起化学反应生成易燃氢气，并使铁桶爆炸。只要容器合适，硫酸、硝酸、盐酸及烧碱均可储存于一般货棚内。工业用坛装硫酸、盐酸可露天存放，但须在坛盖加盖瓦钵，防止雨水浸入。

③ 在储运中应特别注意防止酸类与氰化物、H发孔剂、遇湿易燃物品、氧化剂等混储混运。

④ 装卸搬运时，操作人员应穿戴防护用品，作业时轻拿轻放，禁止肩扛、背负、翻滚、碰撞、拖拉。在装卸现场应备有救护物品和药水，如清水、苏打水和稀硼酸水等，以备急需。

⑤ 船运时，强酸性腐蚀品应尽量配装在甲板上，捆扎牢固。冬季运输时，怕冻的腐蚀品应装在舱内。

五、接触途径

1. 吸入

吸入是接触的主要途径。氨的刺激性是可靠的有害浓度报警信号。但由于嗅觉疲劳，长期接触后对低浓度的氨会难以察觉。

轻度吸入氨中毒表现有鼻炎、咽炎、气管炎、支气管炎。患者有咽灼痛、咳嗽、咳痰或咯血、胸闷和胸骨后疼痛等症状。急性吸入氨中毒的发生多由意外事故如管道破裂、阀门爆裂等造成。急性氨中毒主要表现为呼吸道黏膜刺激和灼伤。其症状根据氨的浓度、吸入时间以及个人感受等而轻重不同。严重吸入中毒可出现喉头水肿、声门狭窄以及呼吸道黏膜脱落，可造成气管阻塞，引起窒息。吸入高浓度可直接影响肺毛细血管通透性而引起肺水肿。

2. 皮肤和眼睛接触

低浓度的氨对眼和潮湿的皮肤能迅速产生刺激作用。潮湿的皮肤或眼睛接触高浓度的氨气能引起严重的化学烧伤。皮肤接触可引起严重疼痛和烧伤，并能发生咖啡样着色。被腐蚀部位呈胶状并发软，可发生深度组织破坏。高浓度蒸气对眼睛有强刺激性，可引起疼痛和烧伤，导致明显的炎症并可能发生水肿、上皮组织破坏、角膜混浊和虹膜发炎。轻度病例一般会缓解，严重病例可能会长期持续，并发生持续性水肿、疤痕、永久性混浊、眼睛膨出、白内障、眼睑和眼球粘连及失明等并发症。多次或持续接触氨会导致结膜炎。

六、急救措施

氨对人体造成的伤害，大致可分为三类：氨液溅到皮肤上会引起冷灼伤（低温氨液引起冻伤、高温氨液引起烧伤）；氨液或氨气对眼睛有刺激或灼伤性伤害；氨气被人体吸入，轻则刺激呼吸器官，重则导致昏迷直至死亡。根据氨对人体的伤害程度需采取不同的急救措施，见表2-1。

表 2-1　氨对人体的伤害程度及采取的急救措施

伤害程度	急救措施
氨液溅到衣服和皮肤上	①立即把氨液溅湿的衣服脱去；②用水或2%的硼酸水冲洗皮肤，注意水温不得超过46℃，切忌加热；③当解冻后，再涂上消毒后的凡士林、植物油或万花油
呼吸道受氨气刺激引起严重咳嗽时	①用湿毛巾或水湿衣服，捂住鼻子和口，显著减轻氨的刺激作用；②用食醋把毛巾弄湿，捂住口、鼻子，使醋蒸气和氨发生中和作用，减轻氨对呼吸道的刺激和中毒程度
呼吸受氨刺激较大和中毒比较严重时	用硼酸水滴鼻漱口，并让中毒者饮入0.5%的柠檬水或柠檬汁，切勿饮用白开水
氨中毒十分严重，致使呼吸微弱，甚至休克、呼吸停止的人员	①立即进行人工呼吸，并给中毒者饮用较浓的食醋；②施以纯氧呼吸，并立即送往医院抢救
不论中毒或窒息程度轻重，均应将患者转移到新鲜空气处进行救护，使其不再继续吸入含氨的空气	

1. 清除污染

如果患者只是单纯接触氨气，并且没有皮肤和眼的刺激症状，则不需要清除污染。假如接触的是液氨，并且衣服已被污染，应将衣服脱下并放入双层塑料袋内。如果眼睛接触或眼睛有刺激感，应用大量清水或生理盐水冲洗20min以上。如在冲洗时发生眼睑痉挛，应慢慢滴入1～2滴0.4%奥布卡因，继续充分冲洗。如患者戴有隐形眼镜，又容易取下并且不会损伤眼睛的话，应取下隐形眼镜。应对接触的皮肤和头发用大量清水冲洗15min以上。冲洗皮肤和头发时要注意保护眼睛。

2. 病人复苏

应立即将患者转移出污染区，对病人进行复苏三步法（气道、呼吸、循环）。

① 气道：保证气道不被舌头或异物阻塞。

② 呼吸：检查病人是否呼吸，如无呼吸可用袖珍面罩等提供通气。

③ 循环：检查脉搏，如没有脉搏应施行心肺复苏。

3. 初步治疗

氨中毒无特效解毒药，应采用支持治疗。

如果接触浓度$\geqslant 500 \times 10^{-6}$，并出现眼刺激、肺水肿的症状，则推荐采取以下措施：先喷5次地塞米松（用定量吸入器），然后每5min喷两次，直至到达医院急症室为止。如果接触浓度$\geqslant 1500 \times 10^{-6}$，应建立静脉通路，并静脉注射1.0g甲基泼尼松龙（methyl-prednisolone）或等量类固醇。（注意：在临床对照研究中，皮质类固醇的作用尚未证实。）

对氨吸入者，应给湿化空气或氧气。如有缺氧症状，应给湿化氧气。如果呼吸窘迫，应考虑进行气管插管。当病人的情况不能进行气管插管时，如条件许可，应施行环甲状软骨切开术。对有支气管痉挛的病人，可给支气管扩张剂喷雾，如特布他林。

如皮肤接触氨，会引起化学烧伤，可按热烧伤处理：适当补液，给止痛剂，维持体温，用消毒垫或清洁床单覆盖伤面。如果皮肤接触高压液氨，要注意防止冻伤。

七、泄漏处置

1. 少量泄漏

撤退区域内所有人员，防止吸入蒸气，防止接触液体或气体。处置人员应使用呼吸器。禁止进入氨气可能汇集的局限空间，并加强通风。只能在保证安全的情况下堵漏。泄漏的容器应转移到安全地带，并且仅在确保安全的情况下才能打开阀门泄压。可用砂土、蛭石等惰性吸收材料收集和吸附泄漏物。收集的泄漏物应放在贴有相应标签的密闭容器中，以便废弃处理。

2. 大量泄漏

疏散场所内所有未防护人员，并向上风向转移。泄漏处置人员应穿全身防护服，戴呼吸设备。消除附近火源。

向当地政府和119及当地环保部门、公安交警部门报警，报警内容应包括：事故单位；事故发生的时间、地点；化学品名称和泄漏量、危险程度；有无人员伤亡以及报警人姓名、电话。

M2-2　防化服的穿戴方法

禁止接触或跨越泄漏的液氨，防止泄漏物进入阴沟和排水道，增强通风。场所内禁止吸烟和明火。在保证安全的情况下，要堵漏或翻转泄漏的容器以避免液氨漏出。要喷雾状水，以抑制蒸气或改变蒸气云的流向，但禁止用水直接冲击泄漏的液氨或泄漏源。防止泄漏物进入水体、下水道、地下室或密闭性空间。

禁止进入氨气可能汇集的受限空间。清洗以后，在储存和再使用前要将所有的保护性服装和设备洗消。

八、燃烧爆炸处置

1. 燃烧爆炸特性

常温下氨是一种可燃气体，但较难点燃。氨的爆炸极限为16%～25%，最易引燃浓度为17%，产生最大爆炸压力时的浓度为22.5%。

2. 火灾处理措施

在储存及运输使用过程中，如发生火灾应采取以下措施：

① 报警：迅速向当地119消防、政府报警。报警内容应包括：事故单位；事故发生的时间、地点；化学品名称、危险程度；有无人员伤亡以及报警人姓名、电话。

② 隔离、疏散、转移遇险人员到安全区域，建立500m左右警戒区，并在通往事故现场的主要干道上实行交通管制，除消防及应急处理人员外，其他人员禁止进入警戒区，并迅速撤离无关人员。

③ 消防人员进入火场前，应穿着防化服，佩戴正压式呼吸器。氨气易穿透衣物，且易溶于水，消防人员要注意对人体排汗量大的部位，如生殖器官、腋下、肛门等部位的防护。

④ 小火灾时用干粉或 CO_2 灭火器，大火灾时用水幕、雾状水或常规泡沫。

⑤ 储罐发生火灾时，尽可能远距离灭火或使用遥控水枪或水炮扑救。

⑥ 切勿直接对泄漏口或安全阀门喷水，防止产生冻结。

⑦ 安全阀发出声响或变色时应尽快撤离，切勿在储罐两端停留。

3. 应急防护

针对液氨储存、接卸环节可能发生的泄漏、火灾、爆炸等事故，成立专业应急救援小组，设组长 1 名、小组成员 2 名以及安全监督人员 1 名，设置专项应急电话。

现场和值班室配置相应的应急防护器材：

① 过滤式防毒面具（配备氨气专用过滤罐）、正压式空气呼吸器、隔离防护服、橡胶防冻手套、胶靴、化学安全防护眼镜、便携式氨浓度检测仪、应急通信器材、救援绳索、堵漏器材、工具等。

② 防护器材应放在安全、便于取用的地方，并由专人负责保管，建立台账，定期校验和维护，并注明领取日期、生产日期及更换日期。

M2-3 防护面罩的使用

③ 呼吸系统防护：空气中氨浓度超过 $50×10^{-6}$ 时，佩戴过滤式防毒面具。紧急事态抢救或撤离时必须佩戴空气呼吸器。

④ 眼睛防护：佩戴化学防护眼镜。

⑤ 手防护：戴橡胶手套。

⑥ 其他：工作现场禁止吸烟、进食和饮用水。工作完毕，淋浴更衣，保持良好的生活习惯。

每年进行一次液氨事故专项应急演练，并对结果进行评审，及时完善相关应急措施，补充应急救援物资。

九、液氨储罐的腐蚀与防护

液氨储罐很少发生强度破坏，大多数是由腐蚀裂纹引起的腐蚀破坏。

一般储罐内表面焊缝区的裂纹比较严重，且多数出现在环焊缝上，裂纹没有塑性变形，呈现出典型的脆性裂纹的特征。裂纹多数为浅而长的表面裂纹，且有明显的分支，主干裂纹与焊缝方向垂直，尤其在手工电弧焊的引弧处和收弧处，T 形接头处及封头环缝与筒体纵焊缝交叉部位裂纹更为严重。焊缝裂纹呈树枝状，主干裂纹多呈线形，分支较短，端部较尖锐，根部稍宽。

1. 液氨储罐的腐蚀机理

储罐焊缝处存在由于操作压力引起的拉应力和焊接残余应力，在拉应力状态下，碳钢在被空气污染的液氨环境中很容易发生应力腐蚀破坏。空气中的 O_2、CO_2、N_2 等都会促进液氨对罐壁材料的腐蚀，不论是在气相或液相中，氨、氧和氮与碳钢或低合金钢都构成应力腐蚀环境。其腐蚀的机理为：在含氧的液氨中，钢表面吸附氧形成氧膜，这使腐蚀电位保持在正值，当材料受拉力产生应变后，膜被破坏，暴露出来的新鲜表面与有氧膜的金属表面组成微电池，产生快速溶解。在没有其他杂质存在时，O_2 能在裸露金属表面上再成膜，抑制应力腐蚀的产生；而当液氨中同时溶有 CO_2 时，就会增加钢的应力腐蚀断裂敏感性。另外，储存的温度也会对应力腐蚀产生影响。液氨储罐从设计、制造到使用的各个环节，都会对应力腐蚀埋下隐患。盛装液氨介质的液化气体运输罐车的定期检验中，时常发现罐体底部外表面存在局部腐蚀现象。例如，一台 2003 年 12 月投用的 48m³ 液氨罐车，其设计压力为 2.16MPa，设计温度为

50℃，主体材质为 16MnR，筒体公称壁厚 18mm，腐蚀裕度 2.0mm。2009 年定期检验时发现其罐体底部外表面存在局部腐蚀。腐蚀范围宽是罐体支座之间，长为沿罐体轴向前封头至后封头，呈不连续状。罐体内部表面光滑，无腐蚀。经测厚检测，罐体底部实测最小壁厚 15.8mm。经强度校核不能满足设计要求。此现象在其他的液氨罐车也有不同程度的存在。经分析是由以下因素造成的：罐车制造过程中，此部位因车辆底盘架和罐体支座的阻碍，除锈喷漆的效果不好，漆层敷着不良，易开裂脱落，失去了防护作用；罐车在装卸介质时，罐体产生冷凝水（尤其是卸车时），冷凝水沿罐体流到罐体底部产生聚集并在氨环境中形成氨水混合物。一般情况下，无水液氨只对钢产生很轻微的均匀腐蚀，但受空气的污染，空气中的 O_2 和 CO_2 则促进氨对钢的腐蚀，其反应如下：

$$2NH_3 + CO_2 \longrightarrow NH_4CO_2NH_2 （氨基甲酸氨）$$

$$NH_4CO_2NH_2 \longrightarrow NH_4^+ + CO_2NH_2^-$$

$$O_2 + 2NH_4^+ + 2Fe \longrightarrow 2Fe^{2+} + 2OH^- + 2NH_3$$

反应中的氨基甲酸氨对碳钢有强烈的腐蚀作用，使钢材表面的钝化膜产生破裂，并在此产生阳极型腐蚀。另外，大气中的氧在氨的作用下对金属的腐蚀更容易进行。

2. 液氨储罐的防腐蚀对策

① 选用强度较低的钢材。实践证明，材料强度越高，发生应力腐蚀的可能性越大。但不发生应力腐蚀的最低强度，与杂质含量及特性、应力大小、操作速度等因素有关。为了防止应力腐蚀，在综合考虑操作压力、残余应力以及安全性和经济性的情况下，应尽可能选用强度较低的钢材。

② 采用合理的结构和焊接工艺。结构上应避免焊缝过多、过于集中、焊缝不对称、焊缝交叉和焊接顺序不合理等造成的应力集中。制造时应避免强力组焊，防止咬边、错边等缺陷，并保证与介质接触的表面尽量光滑。制造完成后，应进行退火热处理以去除焊后残余热应力。正确的焊后热处理可以大大降低制造过程中的残余应力，并可以降低焊接热影响区的峰值硬度。

③ 对投入使用的新储罐，应彻底清除里面的空气。在充装、排料及检修等过程中，采取一定的措施避免带进任何空气。大型储罐应连续冷凝氨蒸气。而不凝气体大部分是空气，应将其排出。对较小的设备用抽气或蒸腾除去储罐里面的空气。总之，消除储罐里面的空气污染，可以有效地防止应力腐蚀。

④ 新投用的储罐，应按规定进行内部检验并进行周期性的定期检验。对液、气相界面，引收弧处及 T 形接头等易腐蚀部位应重点检验；对液面以下所有焊缝应进行 100％磁粉或超声波探伤，若条件允许，应对所有焊缝进行 100％磁粉探伤。检验出的裂纹应进行评估。对于超过 1/4 壁厚和深度小于 4mm 的浅裂纹，可以采用打磨的方法进行机械消除，但要严格控制打磨工艺；对于较深的裂纹，先进行打磨处理后再进行补焊。补焊前应先预热加温以防止焊接硬化，焊接时宜采用低氢焊条，焊后进行探伤复查，并进行去应力处理。

⑤ 定期检测液氨浓度和含水率。发现水分低于临界浓度应及时补充水分，使含水率始终保持在 0.2％～1％的范围。另外，还可加入其他抑制剂，如加入 $100\mu g/g$ 的冷冻机油或 $5\mu g/g$ 的菜籽油或 $10～50\mu g/g$ 的硅油作为应力腐蚀抑制剂，可有效地抑制液氨引起的应力腐蚀。

⑥ 罐体生产制造时，对罐体底部的除锈喷漆过程应认真进行，保证漆层有良好的附着力，确实起到防蚀作用。在使用过程中若发现罐体底部漆层脱落和腐蚀，应及时进行补漆处理并在其部位涂抹黄油进行保护。

勇于实践、产业兴国

——小记中国化学工业开拓者侯德榜二三事

侯德榜（1890年8月9日—1974年8月26日），男，名启荣，字致本，生于福建闽侯，著名科学家，杰出化学家，侯氏制碱法的创始人，中国重化学工业的开拓者，近代化学工业的奠基人之一，世界制碱业的权威。

侯德榜一生在化工技术上有三大贡献：第一，揭开了索尔维法的秘密；第二，创立了中国人自己的制碱工艺——侯氏制碱法；第三，便是他为发展小化肥工业所做出的贡献。

侯德榜的一生，体现了老一辈科学工作者胸怀祖国、服务人民的爱国精神，勇攀高峰、敢为人先的创新精神，追求真理、严谨治学的求实精神，淡泊名利、潜心研究的奉献精神，集智攻关、团结协作的协同精神，甘为人梯、奖掖后学的育人精神。

一、索尔维制碱法

1921年10月侯德榜回国后，出任范旭东创办的永利碱业公司的技师长（即总工程师）。他深知创业之艰难，要创业首先需要实干精神。他脱下白领西服，换上蓝布工作服和胶鞋，身先士卒，同工人们一起操作。哪里出现问题，他就出现在哪里，经常干得浑身汗臭，衣服中散发出酸味、氨味。他这种埋头苦干的作风赢得了赞赏和钦佩。

掌握索尔维制碱法的公司为了独享制碱技术成果，采取了严密的保密措施。一些技术专家想探索此项技术的秘密，也大都以失败告终。不料这一秘密竟被一个中国人运用智慧摸索出来了，这个人就是侯德榜。

虽然看起来索尔维制碱法的原理很简单，但是具体的生产工艺却被外国公司垄断，因此侯德榜要掌握此法，得完全靠自己摸索。且不说工艺设计、材料选择、设备的挑选和安装等经过的一个又一个难关，仅从试生产的过程就可略见一斑。例如干燥锅结疤了，浑圆的铁锅在高温下停止了转动，时间长了后果是很严重的。技师们都急得团团转，侯德榜果敢地拿起玉米棒子粗的大铁杆往下捅，累得他双眼直冒金星，汗水湿透了工装。不久他觉得单靠力气难以解决这一技术问题，经过大家商量，他们采用加干碱的办法，终于使锅底上的碱疤脱水掉下来，总算克服了困难。

此后，从调换碳酸化塔的水管，另行设计分解炉，到多次加强冷却设备，改造过滤机以及处理不断发生的生产故障，他都以探索者的勇气、生产者的细心和科学家的严谨来对待。经过紧张而又辛苦的几个寒暑的奋战，侯德榜终于掌握了索尔维制碱法的各项技术要领。1924年8月13日，永利碱厂正式投产。正当大家兴高采烈地等待雪白的纯碱从烘烧干燥炉中出来时，出现在眼前的却是暗红色的纯碱。怎么回事？这无形给大家泼了一盆冰水。作为总工程师的侯德榜冷静地寻找原因，经过分析他很快发现纯碱变成暗红色是由于铁锈污染所致。随后他们以少量硫化钠和铁塔接触，使铁塔内表面结成一层硫化铁保护膜，再生产时纯碱变成纯白色了。日产180吨纯碱的永利碱厂终于矗立在中国大地上。1926 年，永利碱厂生产的红三角牌纯碱在美国费城举办的万国博览会上荣获了金质奖章。这一袋袋的纯碱是中华民族的骄傲，它象征着中国人民的志气和智慧。

摸索到索尔维制碱法的奥秘，本可以高价出售其专利，但是和范旭东一样，侯德榜主张把这一奥秘公布于众，让世界各国人民共享这一科技成果。他把制碱法的全部技术和自己的实践经验写成专著《制碱》，于 1932 年出版，从此揭开了索尔维制碱法的神秘面纱。

二、创制"侯式制碱法"

1937 年日本帝国主义发动了侵华战争，他们看中了南京的硫酸铵厂，为此想收买侯德榜，但是遭到侯德榜的严正拒绝。为了不使工厂遭受破坏，他决定把工厂迁到四川，新建一个永利川西化工厂。制碱的主要原料是食盐，也就是氯化钠，而四川的盐都是井盐，要用竹筒从很深很深的井底一桶桶吊出来。由于浓度稀，还要经过浓缩才能成为原料，这样制食盐的成本就高了。另外，索尔维制碱法的致命缺点是食盐利用率不高，也就是说将有 30％的食盐会被白白地浪费掉，因此侯德榜决定不用索尔维制碱法，另辟新路。

为了探索新的制碱方法，他首先分析了索尔维制碱法的缺点，发现主要在于原料中各有一半的成分没有利用上，只用了食盐中的钠和石灰中的碳酸根，二者结合才生成了纯碱。食盐中另一半的氯和石灰中的钙结合生成的氯化钙，却都没有利用上。那么怎样才能使另一半成分变废为宝呢？他设计了好多方案，但都被一一推翻了。后来他想到，能否把索尔维制碱法和合成氨法结合起来。这样氯化铵既可作为化工原料，又可以作为化肥，还可以大大提高食盐的利用率，同时又省去许多设备，如石灰窑、化灰桶、蒸氨塔等。

设想有了，能否成功还要靠实践。于是他带领技术人员，做起了实验。1 次、2次、10 次、100 次……一直进行了 500 多次试验，分析了 2000 多个样品，才取得成功，使设想成为了现实。此法是氨碱法的重大改革，利用合成氨系统排出的二氧化碳，可以省去庞大、耗能的石灰窑，也可以取消氨碱法中所用的蒸馏设备，同时获得两种工农业需要的产品——纯碱和氯化铵。这个制碱新方法被命名为"联合制碱法"，它使盐的利用率从原来的 70％一下子提高到 96％。此外，污染环境的废物氯化钙成为对农作物有用的化肥——氯化铵，还可以减少 1/3 设备，所以它的优越性大大超过了索尔维制碱法，从而开创了世界制碱工业的新纪元。1943 年，中国化学工程师学会一致同意将这一新的联合制碱法命名为"侯氏联合制碱法"，又称侯氏制碱法、循环制碱法或双产品法。

三、中国化学工业的奠基人

众所周知，"三酸二碱"是化学工业的基本原料，仅能生产纯碱显然是不行的。侯德榜开始设计一个可以同时生产氨、硫酸、硝酸和硫酸铵的硫酸铵厂。建造硫酸铵厂与当年永利碱厂的开创不一样，不存在技术保密的问题，所面临的关键问题是怎么引进国外技术和选购设备，争取投资少而见效快。为此，侯德榜对整个计划做了周密的调查研究。铵厂的设计，应该自成系统，完整合理，引进技术要完全立足于国情，而不是照搬外国的成套设备。在采购设备时，侯德榜精打细算。凡是国内能够保证质量的，就自己动手在国内解决。进口外国设备时，也巧妙利用各国厂商之间的竞争，选择适用又价廉的设备，对若干关键设备，更是力主择优。在与外商谈判和选购设备时，侯德榜相当机智，如制硫酸的全套设备是从美国买的，在买下这套设备的同时，侯德榜顺便索要了硫酸铵的生产工艺图纸。掉过头来，他又从另一家工厂以废钢铁的价格买下一套硫酸铵生产设备。这种精明能干连美国的许多经理都佩服。

硫酸铵厂的设备来自英、美、德、瑞士等国的许多厂家，还有些是国产的，最后竟能全部实现配套，是很不容易的。它充分显示了侯德榜的学识才干和细心经营，正如他自己说的："要当一名称职的化学工程师，至少对机电、建筑要内行。"这也是他的座右铭，他在给友人的一封信中曾写道：这些事，"无一不令人烦闷，设非隐忍顺应，将一切办好，万一功亏一篑，使国人从此不敢再谈化学工程，则吾等成为中国之罪人。吾人今日只有前进，赴汤蹈火，亦所弗顾，其实目前一切困难，在事前早已见及，故向来未抱丝毫乐观，只知责任所在，拼命为之而已。"这就是侯德榜事业心的生动写照。

1957年，为发展中国的小化肥工业，侯德榜倡议用碳化法制取碳酸氢铵，他亲自带队到上海化工研究院，与技术人员一道，使碳化法氮肥生产新流程获得成功，侯德榜是首席发明人。当时的这种小氮肥厂，对我国农业生产曾做出不可磨灭的贡献。

侯德榜的一生充满了传奇色彩，备受敬重。他积极传播交流科学技术，培育了很多科技人才，呕心沥血直至生命的最后一息，为发展科学技术和化学工业做出了卓越贡献。他这种中国老一辈科学家精神将代代相传，时刻激励着新时代下的年轻人为祖国强盛而奋勇拼搏。

 ——————— 检查与评价

1. 学生对氨理化性质的理解，对腐蚀性危化品特性的理解。
2. 学生对氨中毒及处置方法的掌握。
3. 学生对氨泄漏处置方法的掌握。

 ——————— 课外作业

1. 网络作业（见智慧职教网 http://www.icve.com.cn/）。
2. 氨的理化性质有哪些？腐蚀性危化品有哪些特性？
3. 氨中毒后如何急救？
4. 氨气一旦发生燃爆事故，如何采取应急防护措施？
5. 氨泄漏后应如何处置？

情境三

易燃危险化学品汽油的安全识用与管理

知识目标	掌握燃爆的基础知识；掌握灭火原理、灭火设施及报火警的方法。
能力目标	学会灭火器的正确使用、常见火灾的扑救、燃爆扩散及蔓延的控制。
素质目标	培养科学求实、严肃认真的工作作风，提升工作过程中尊重自然规律和知识、精心组织、精心实施、群策群力的职业素养。

教学引导案例

某汽配经营部汽油燃烧火灾事故

一、事故经过

2019 年 8 月 9 日 12 时 31 分，位于深圳市的某汽配经营部发生一起火灾事故。维修工将汽车油箱内剩余的约 2L 汽油倒入塑料桶时，塑料桶泄漏的汽油洒落至地面，由于作业时地表高温，加之倾倒过程中产生静电，从而引发火灾。过火面积约100m²，造成4人死亡，直接经济损失约384.6万元人民币。

二、事故原因

事故的直接原因是维修工违规操作，将汽车油箱内剩余的约2L汽油倒入塑料桶时产生静电，塑料桶泄漏的汽油洒落至地面。由于作业时地表高温，加剧了汽油的挥发并产生汽油蒸气，作业区域内的汽油蒸气与空气形成易燃性混合气体。维修工在移动塑料桶的过程中，静电放电产生静电火花，导致汽油蒸气爆燃。

汽油的闪点是−50℃，与空气的相对密度为0.67~0.71，爆炸极限为1.3%~6%，易汽化，挥发性非常强，有时用肉眼也能看到汽油液面有一层蒸腾着的雾气，1L汽油能挥发成100~400L蒸气，扩散到很大的空间。有时火源距离汽油似乎很远，但与汽油蒸气接触仍会引起燃烧，如果汽油蒸气的浓度达到爆炸极限，就会引起爆炸。卸油时充装过快，无防静电设施或防静电设施未起作用和未穿戴防静电劳动保护护具等，都可能引起大量的静电电荷积累而引起放电，引燃引爆汽油蒸气而发生事故。火灾爆炸的三个条件为：火源、可燃物、空气。加油站最需要控制的火源（除明火以外）是静电放电。

静电放电导致火灾爆炸需要具备四个条件：一是有产生静电的来源；二是静电能够积聚，并且有足够大的电场强度和达到起火点放电的静电电压；三是静电放电所得到的能量能够达到爆炸性混合物的最小燃点；四是静电放电火花的周围环境有爆炸性混合物存在，其浓度达到爆炸极限。

三、事故教训

这虽然不是化工厂事故，但违规操作，将易燃易爆介质直接向外排放的情形在化工厂并不鲜见，如操作人员经常进行液化气、汽油等易燃介质罐脱水、取样；易燃液体泵检修前倒空置换，将泵壳内易燃液体直接排向地沟；易燃液体容器未倒空置换干净，开人孔进行内部检查，大量易燃介质直接暴露在空气中，这些违章操作都可能在化工生产过程中长期存在。一旦使易燃易爆介质暴露在空气中，就可能造成重大安全隐患。静电无处不在，对于一些点火能量极低的易燃介质，静电成为易燃介质的点火源极有可能，而且这些静电放电过程具有隐秘性，很难被发现，为了避免易燃介质暴露与空气形成重大安全隐患，最理性的做法就是杜绝一切易燃介质直接与空气接触，采用密闭排放、氮气吹扫置换等方式，使易燃易爆介质在可靠的安全措施之下，按照操作人员的意愿排放至安全地点，确保风险可控。

四、课堂思考

燃烧需要的条件有哪些？

 教学讨论案例

某公司较大爆炸事故

一、事故经过

2018年11月12日9时30分左右，山东某公司老厂区成型车间发生一起导热油泄漏引发的沥青池爆燃事故，造成6人死亡，5人受伤，直接经济损失约1145万元。

二、事故原因

1. 直接原因

导热油泄漏进入 7 号沥青池，高温导热油和沥青在密闭的沥青池内混合，挥发的气体组分与沥青池上部空间的空气形成爆炸性混合气体，现场作业人员违章动火作业，使用手持式切割机切透盖板产生火花，遇到沥青池上部气相空间爆炸性混合气体引起爆炸，引发沥青池内导热油（经检验确定，导热油的闪点为 66℃）、沥青燃烧造成火灾。

2. 间接原因

① 企业未落实安全生产主体责任，安全生产规章制度和操作规程不健全，安全生产意识薄弱，安全管理规定得不到有效落实。成型车间生产现场管理混乱，设备设施维护保养不到位，对燃气导热油炉（特种设备）没有按照要求每年进行检验检测。

② 企业未按照《有机热载体安全技术条件》（GB 24747—2009）要求建立导热油使用、管理、检验检测、及时更换等管理制度。

③ 企业未严格落实全员安全教育培训，安全技能严重缺失，成型车间三名锅炉工仅一人持有锅炉工操作人员证书。

④ 现场人员在处理导热油泄漏时，未辨识维修过程中可能存在的危险有害因素，未制定安全可靠的维修方案和现场处置方案，没有严格执行动火作业管理制度，现场管理人员违章指挥，操作人员违章动火作业。

三、事故教训

动火作业要求，动火点周围或其下方的地面如有可燃物、空洞、窨井、地沟、水封等，应检查分析并采取清理或封盖等措施；动火点周围如有可能泄漏易燃、可燃物料的设备，应采取隔离措施；凡在盛有或盛装过危险化学品的设备、管道等生产、储存设施及处于 GB 50016、GB 50160、GB 50074 规定的甲、乙类区域的生产设备上动火作业，应将其与生产系统彻底隔离，并进行清洗、置换，分析合格后方可作业；因条件限制无法进行清洗、置换而确需动火作业时，应按规定执行；拆除管线进行动火作业时，应先查明其内部介质及其走向，并根据需要拆除管线的情况制定安全防火措施；在有可燃物构件和使用可燃物做防腐内衬的设备内部进行动火作业时，应采取防火隔绝措施；在生产、使用、储存氧气的设备上进行动火作业时，设备内氧含量不应超过 23.5%；动火期间距动火点 30m 内不应排放可燃气体；距动火点 15m 内不应排放可燃液体；在动火点 10m 范围内及用火点下方不应同时进行可燃溶剂清洗或喷漆等作业；铁路沿线 25m 以内的动火作业，如遇装有危险化学品的火车通过或停留时，应立即停止；使用气焊、气割动火作业时，乙炔瓶应直立放置，氧气瓶与之间距不应小于 5m，二者与作业地点间距不应小于 10m，并应设置防晒设施；作业完毕应清理现场，确认无残留火种后方可离开。

四、课堂讨论

① 本次事故发生的主要原因是什么？间接原因是什么？

② 在化工生产中，如何防止、控制燃爆事故的发生和蔓延？

汽油易燃化学品的安全识用

一、认识汽油

汽油外观为透明液体，可燃，馏程为 30～220℃，主要成分为 C_5～C_{12} 脂肪烃和环烷烃类，以及一定量芳香烃，汽油具有较高的辛烷值（抗爆震燃烧性能），并按辛烷值的高低分为 90 号、93 号、95 号、97 号等牌号。汽油由石油炼制得到的直馏汽油组分、催化裂化汽油组分、催化重整汽油组分等不同汽油组分经精制后与高辛烷值组分经调和制得，主要用作汽车点燃式内燃机的燃料。

毒性：属低毒类。

亚急性和慢性毒性：大鼠吸入 $3g/m^3$，12～24h/d，78d（120 号溶剂汽油）未见中毒症状。大鼠吸入 $2500mg/m^3$ 130 号催化裂解汽油，4h/d，6d/周，8 周，体力活动能力降低，神经系统发生机能性改变。

危险特性：极易燃烧。其蒸气与空气可形成爆炸性混合物。遇明火、高热极易燃烧爆炸。与氧化剂能发生强烈反应。其蒸气比空气重，能在较低处扩散到相当远的地方，遇明火会引起燃烧。

燃烧（分解）产物：一氧化碳、二氧化碳。

（1）泄漏应急处理 迅速撤离泄漏污染区人员至安全区，并进行隔离，严格限制出入，切断火源。建议应急处理人员戴自给正压式呼吸器，穿消防防护服。尽可能切断泄漏源。防止进入下水道、排洪沟等限制性空间。少量泄漏：用砂土、蛭石或其他惰性材料吸收。或在保证安全的情况下，就地焚烧。大量泄漏：构筑围堤或挖坑收容；用泡沫覆盖，降低蒸气危害。用防爆泵转移至槽车或专用收集器内，回收或运至废物处理场所处置。

（2）防护措施 一般不需要特殊防护，高浓度接触时可佩戴自吸过滤式防毒面具。低浓度接触时可戴化学安全防护眼镜，穿防静电工作服，戴防苯耐油手套，工作现场严禁吸烟，避免长期反复接触。

（3）急救措施 ①皮肤接触：立即脱去被污染的衣着，用肥皂水和清水彻底冲洗皮肤。就医。

②眼睛接触：立即提起眼睑，用大量流动清水或生理盐水彻底冲洗至少 15min。就医。

③吸入：迅速脱离现场至空气新鲜处。保持呼吸道通畅。如呼吸困难，给输氧。如呼吸停止，立即进行人工呼吸。就医。

④食入：给饮牛奶或用植物油洗胃和灌肠。就医。

（4）灭火方法 喷水冷却容器，可能的话将容器从火场移至空旷处。灭火剂：泡沫、干粉、二氧化碳。用水灭火无效。

二、汽油制备过程

① 原油开采出来后，运到炼油厂，经过一系列复杂的工艺过程（脱盐、脱水、换热、加压等）进入常压分馏塔，常压分馏塔有很多塔盘，常压分馏塔把石油按成分轻重（石油实际上是多种烃类混合物）初步分为油气、汽油（直馏汽油）、煤油、柴油等（这些成分不能直接商

用还要进一步加工）。按竖向来说，塔上面的成分轻，越向下，则成分越重。

② 常压塔底重油还要进入减压塔继续分馏。减压塔的重油、渣油要进催化裂化装置进行加工（催化裂化实际上是把重组分、大分子烃类打碎形成小分子烃类，如液化气、催化汽油、柴油）。

③ 日常用的汽油大部分是催化汽油（催化裂化装置生产，占我国车用汽油大部分）和直馏汽油（常减压装置生产）的混合油。催化汽油的辛烷值（抗爆性）比直馏汽油高，但催化汽油中烯烃含量很高，这样会使尾气中可吸入颗粒较多从而污染大气环境，所以一般来说，催化汽油要进行汽油加氢。用氢来一定程度地饱和汽油中的烯烃，从而提高汽油品质。而直馏汽油的辛烷值太低。炼油厂一般在进行汽油调和前将其混合。

④ 混合后的汽油要达到商用汽油的标准还要进行调和：具体方法是将辛烷值很高的添加剂（如烷基化油、MTBE、重整油）加入汽油中，提高汽油的辛烷值（汽油标号）。根据汽油标号的要求按混合比例调出 90 号、93 号、97 号、98 号汽油。

三、燃爆安全基础知识

（一）燃烧概述

根据《消防词汇 第 1 部分：通用术语》（GB/T 5907.1—2014）定义，燃烧是可燃物与氧化剂发生的放热反应，通常伴有火焰、发光和（或）烟气的现象。

1. 燃烧特征

并不是所有的氧化还原反应都会燃烧，燃烧必须具备三个特征，即放热、发光、生成新物质。首先，从化学原理的角度看，燃烧是一个氧化还原反应。灯泡中的钨丝通电后虽然可以发光、放热，但是这并不是一种燃烧现象，因为它没有发生化学反应，没有产生新物质，而只是一种由电能变成光能的物理现象。

2. 燃烧条件

燃烧必须具备三个条件（也可称之为三要素）：

（1）有可燃物存在　它们可以是固态的，例如木材、棉纤维、煤等；或者是液态的，例如酒精、汽油、苯等；或者是气态的，例如氢气、乙炔、一氧化碳等，这些都是可被氧化的物质。

（2）有助燃物存在　即有氧化剂存在，常见的氧化剂主要是空气中的氧气、纯氧气或者其他具有氧化性的物质。

（3）有能导致着火的点火源　即能够提供一定的温度和热量，如高温灼热体、撞击或者摩擦所产生的热量或者火花、电气火花、静电火花、明火、化学反应热、绝热压缩产生的热能等。

但有时虽然已经具备了这三个必要条件，燃烧也不一定发生。这是因为燃烧还必须有充分条件，即三个条件都必须达到足够的量才能发生。可燃物和助燃物要达到一定的比例，才能引起燃烧。

从另一个角度看，缺少三个必要条件中的任何一个，燃烧都不会发生。同样道理，对于正在进行的燃烧，只要充分控制住三个条件中的任何一个，燃烧便会终止。所以，防火防爆安全技术可以简单归纳为这三个条件的控制问题。

（二）燃烧的类型

1. 闪燃和闪点

各种液体的表面都有一定的蒸气存在，当可燃液体表面蒸气达到一定浓度，且与空气混合成可燃性气体混合物后，若有明火与该液体表面接近，液体表面的可燃性气体混合物即自行着火，产生瞬时燃烧，这种现象称为闪燃。发生闪燃现象的最低温度称为该液体的闪点。闪燃这个概念主要适用于可燃性液体。表 3-1 为液体根据闪点分类分级表。

表 3-1　液体根据闪点分类分级表

种类	级别	闪点/℃	举例
易燃液体	Ⅰ	$t \leqslant 28$	汽油、酒精、甲醇、乙醇、乙醚、苯、甲苯
	Ⅱ	$28 < t \leqslant 45$	煤油、丁醇
可燃液体	Ⅲ	$45 < t \leqslant 120$	苯酚、戊醇、柴油、重油
	Ⅳ	$t > 120$	润滑油、桐油、植物油、矿物油、甘油

2. 自燃和自燃点

自燃即为可燃物在与空气或氧化剂混合后，在不接触火源的情况下自行燃烧的现象。可燃物质与空气混合后，首先开始进行缓慢的氧化反应，同时放出一定热量，该热量又加热了可燃物质，但与此同时，也有一部分热量传给了周围环境。可燃物质不需要火源即自行着火，并能继续燃烧的最低温度称为它的自燃点或自行着火点。自燃点即为反应物在其所产生的热量开始大于所损失的热量时的温度。一些油品的自燃点见表 3-2。

表 3-2　一些油品的自燃点

油品名称	自燃点/℃	油品名称	自燃点/℃
汽油	510～530	重柴油	300～330
煤油	380～425	蜡油	300～380
轻柴油	350～380	渣油	230～240

3. 点燃和燃点

点燃也称为强制点火。即可燃物质与明火直接接触引起燃烧，在火源移去后仍能保持继续燃烧的现象。物质被点燃后，先是局部（与明火接触处）被强烈加热，首先达到引燃温度，产生火焰，该局部燃烧产生的热量足以把邻近部分加热到引燃温度，燃烧就可以蔓延开来。

点燃与自燃的区别在于：自燃时可燃物由于受到外界热源间接加热或自身加热，受热比较均匀，发生燃烧时可燃物整体温度较高，燃烧几乎是在整个可燃物或相当大的范围内同时发生的。而在点燃时，可燃物整体温度一般并不高，只有在与明火直接接触的局部温度很快升得很高而引起燃烧，开始时只在热边界发生，然后依据火焰传播特性向可燃物的其他部分传播。物质能被点燃的最低温度叫燃点。一些常见可燃物质的燃点见表 3-3。

表 3-3　一些常见可燃物质的燃点

物质名称	燃点/℃	物质名称	燃点/℃	物质名称	燃点/℃
赤磷	160	聚丙烯	400	吡啶	482
石蜡	158～195	醋酸纤维	482	有机玻璃	260
硝酸纤维	180	聚乙烯	400	松香	216
硫黄	255	聚氯乙烯	400	樟脑	70

（三）爆炸概述

物质由一种状态迅速地转变为另一种状态，并在瞬时以机械功的形式放出大量能量的现象称为爆炸。爆炸是物质的一种剧烈的物理、化学变化，是大量能量在短时间内迅速释放或转化成机械功的现象。它通常是借助于气体的膨胀来实现的。从物质运动的表现形式来看，爆炸就是物质急剧运动的一种表现。物质运动速度剧增，由一种状态迅速地转变成另一种状态，并在瞬间释放出大量能量。

（四）爆炸的类型

按照爆炸性质或者说根据爆炸发生的不同原因，可以分为物理性爆炸、化学性爆炸和核爆炸三大类。其中核爆炸有一定的专指性，化工企业主要涉及前两种爆炸类型。

1. 物理性爆炸

物理性爆炸就是物质状态参数（温度、压力、体积）迅速发生变化，在瞬间放出大量能量并对外做功的现象。

物理性爆炸的特点是：在爆炸现象发生过程中，造成爆炸发生的介质的化学性质没有发生变化，发生变化的仅是介质的状态参数。受压设备如蒸汽锅炉、压缩气缸、高压容器等由于设备内部压力超过了设备所能承受的最大强度而引起的爆炸，以及高温液态金属遇水爆炸等，其间没有发生化学变化，这些都属于物理性爆炸。

2. 化学性爆炸

它是一种或几种物质在瞬时经过化学反应转变成另外一种或几种物质，在极短的时间内产生大量的热和气体产物的现象。在爆炸的同时，伴随着破坏性极大的冲击波，冲击波是由于受高热和气体膨胀作用而形成的。化学性爆炸必须有一定的条件，首先是具有易燃易爆性的物质，如氢气、一氧化碳、氨气、甲烷、乙炔、汽油蒸气以及悬浮在空间的煤粉和各种金属粉末（如煤粉和各种金属粉末等）；其次是爆炸性物质与空气或氧气的混合程度达到了一定的爆炸范围；最后，爆炸性混合物在明火或着火点温度作用下发生化学性爆炸。

发生化学性爆炸时会释放出大量的化学能，爆炸影响范围较大；而物理性爆炸仅释放出机械能，其影响范围较小。化学性爆炸与燃烧现象在本质上都属于氧化反应，也同样有温度和压力的升高情况。但两者反应速率、放热速率不同，化学性爆炸的火焰传播速度比燃烧快得多。

（五）爆炸极限

1. 爆炸极限的定义

可燃气体（或蒸气）与空气（或氧气）组成的混合物在点火后可以使火焰蔓延的最低浓度（以体积分数表示），称为该气体（或蒸气）的爆炸下限（也称燃烧下限，lower explosion-level，LEL）；同理，能使火焰蔓延的最高浓度叫爆炸上限（也称燃烧上限，upper explosion-level，UEL）。在下限以下及上限以上的浓度时，都不会着火。这是因为浓度在下限以下时，体系内含有过量的空气，由于空气的冷却作用，阻止了火焰的蔓延；同理，浓度在上限以上时，含有过量的可燃性物质，空气（氧）不足，火焰也不能蔓延。但是需要注意的是，此时若补充空气，就有可能发生火灾或爆炸。因此，上限以上的可燃气（蒸气）-空气混合气不能认为是安全的。爆炸极限，简单点说，就是可燃物质发生燃烧爆炸的浓度范围。一些气体或液体蒸气的爆炸极限见表3-4。

表 3-4　一些气体或液体蒸气的爆炸极限

物质名称	爆炸极限(体积分数)/%		物质名称	爆炸极限(体积分数)/%	
	下限	上限		下限	上限
天然气	4.5	13.5	丙醇	1.7	48.0
城市煤气	5.3	32	丁醇	1.4	10.0
氢	4.0	75.6	甲烷	5.0	15.0
氨	15.0	28.0	乙烷	3.0	15.5
一氧化碳	12.5	74.0	丙烷	2.1	9.5
二硫化碳	1.0	60.0	丁烷	1.5	8.5
乙炔	1.5	82.0	甲醛	7.0	73.0
氰化氢	5.6	41.0	乙醚	1.7	48.0
乙烯	2.7	34.0	丙酮	2.5	13.0
苯	1.2	8.0	汽油	1.4	7.6
甲苯	1.2	7.0	煤油	0.7	5.0
邻二甲苯	1.0	7.6	乙酸	4.0	17.0
氯苯	1.3	11.0	乙酸乙酯	2.1	11.5
甲醇	5.5	36.0	乙酸丁酯	1.2	7.6
乙醇	3.5	19.0	硫化氢	4.3	45.0

2. 爆炸极限在安全管理中的作用

爆炸极限在安全管理中的作用可以概括为以下几个方面。

① 可以用来评定可燃气体或者可燃液体燃爆危险程度的大小，作为可燃气分级和确定其火灾危险性类别的标准。一般把爆炸极限<10%的可燃气体划为一级可燃气体，其火灾危险性列为甲类。以爆炸极限的上限与下限之差，再除以下限值，其结果即为危险度。

② 可以作为设计依据，例如确定建筑物的耐火等级、设计厂房通风系统等级、防爆电气选型等都需要知道该场所可燃气体（蒸气）的爆炸极限。

③ 可以作为制订安全生产操作规程的依据。在生产和使用可燃气体和液体的场所，应该根据其燃爆危险性及其他理化性质，采取相应的防爆措施，如通风、惰性气体稀释、置换、检测报警等以便于保证生产场所可燃气（蒸气）浓度严格控制在爆炸下限以下。

3. 影响爆炸极限的主要因素

爆炸极限不是一个固定值，它随各种外界因素的影响而变化。当外界条件发生变化时，爆炸极限也会发生变化。

（1）初始温度　可燃性混合气的初始温度升高，混合物分子内能增大，燃烧反应更容易进行，使爆炸极限范围增大，危险性增加。

（2）初始压力　一般情况下压力增大，爆炸极限范围增大，特别是爆炸上限增大明显。因此减压操作有利于减小爆炸的危险性。在密闭容器内进行负压操作，对安全生产是有利的。

（3）惰性介质及杂质　若混合物中加入惰性介质，则爆炸极限范围缩小，惰性气体增加到某一数值时，混合物不再发生爆炸。杂质的存在对爆炸极限的影响比较复杂。

（4）容器的材质和尺寸　若容器材质的传热性能好，尺寸又小到一定程度，则由于器壁的热损失较大，要达到能使可燃气燃烧的最低温度，就需要增加反应的发热量，从而导致爆炸范围缩小。

（5）氧含量　当可燃混合物中氧含量增加时，爆炸极限范围变宽。若处于爆炸的下限，由于其组分中氧含量已经很高，因此增加氧的体积分数对爆炸下限影响不大。增大氧含量会使爆炸上限显著增加，这是因为氧取代了空气中的氮，使反应更容易进行。

（6）点火源　点火源的能量、热表面的面积、点火源与混合物的作用时间等对爆炸极限均有影响。

 相关技术应用

易燃化学品燃爆控制与处理

一、火灾与爆炸的危险性分析

在工业生产中发生火灾和爆炸的原因很复杂，有些是工艺过程和设备在设计上的问题，有些是工人违反操作规程的问题，还有些可能是出乎预料的外界环境因素问题等，但一般可以归纳为以下几种情况。

1. 外界因素

如明火、电火花、静电放电、雷击等。

2. 物质本身的化学性质因素

生产过程中处理的是易燃易爆化学物品，一旦遇酸、受热、撞击、摩擦以及遇有机物或硫酸等易燃的无机物，都有可能引起燃烧或爆炸。

3. 生产过程和设备设计不合理因素

错误的工艺设计，不合格防护装置，密闭不良致使物料大量泄漏；操作时违反操作规程；生产设备以及通风、照明设备久用失修或使用不当等。

如果采取措施避免或者消除形成燃爆的条件，就可以防止燃爆事故的发生，这就是防火防爆的基本原理。在研究防火防爆措施时，可以从以下四个方面来考虑。

① 预防性措施。这是最理想、最重要的措施。其基本点是使可燃物（还原剂）、助燃物与点火（引爆）源没有结合的机会，从根本上杜绝着火（引爆）的可能性。

② 限制性措施。这是指一旦发生火灾爆炸事故，能够起到限制其蔓延的措施。如在设备上或者在生产系统中安装阻火、泄压装置，在建筑物中设置防火墙等。

③ 消防措施。按照法规或规范的要求，采取消防措施。一旦火灾初起，就能够将其扑灭，避免发展成为大的火灾。从广义上讲，也是防火措施的一部分。

④ 疏散性措施。预先设置安全出口及通道，使得一旦发生火灾爆炸事故，能够迅速将人员或者重要物资撤离危险区域，以减少损失。

二、点火源控制

化工生产中，常见的引起火灾爆炸的点火源有明火、高热物料及高温表面、电气火花、静电火花、撞击与摩擦、反应热、光纤及射线等。

1. 明火

化工生产中的明火主要是指在生产过程中加热用火、检修用火及其他火源。

（1）加热明火的控制　加热易燃液体时，应尽量避免采用明火，而要采用蒸汽、过热水、中间载热体或电热等。如果必须采用明火，则设备应严格密闭，并定期检查，防止泄漏。工艺装置中明火设备的布置，应远离可能泄漏的可燃气体或蒸气（汽）的工艺设备及储罐区，并应设置在散发易燃物料的设备的侧风向。

（2）检修用火的控制　检修用火主要指的是焊割、喷灯和熬炼用火等，应严加管理，办理动火审批手续。

（3）流动火花或飞火的控制　机动车辆禁止在易燃易爆危险场所内行驶，必要时必须安装火星熄灭器。在禁火区域内严禁吸烟。烟囱和排废气火炬要有足够的高度，必要时应安装火星熄灭器，且周围一定范围内，不得搭建易燃建筑，不得堆放易燃易爆物品。在禁火生产车间，禁止穿着不符合静电安全要求的化纤工作服。

2. 高热物料及高温表面

化工生产中，加热装置、高温物料输送管线及机泵等，表面温度都比较高。为防止易燃物料与高温表面接触，并溅落在高温表面上，可燃物排放口应远离高热物体或高温表面。若高温管线及设备与可燃物装置距离较近，则与高温表面应该有相应的隔热措施。为防止自燃物品引起火灾，应将油抹布、油棉纱头等放入专用的有盖桶内，放置在安全地点，并及时处理。

3. 摩擦与撞击

摩擦与撞击是化工生产中导致火灾爆炸的原因之一，例如机器的轴承等转动部件如果润滑不够，摩擦发热导致起火；金属之间的撞击可以产生火花引起燃爆等。所以，必须采取必要的预防措施。

① 设备应时刻保持良好的润滑状态，及时检查并添加润滑油。

② 凡是由于撞击或摩擦易产生火花的部件，应采用不同的金属材质。为避免撞击打火，尽可能采用青铜、镀铜的金属制品或木制品。

③ 为防止金属零件落入设备内发生撞击产生火花，应在设备上安装磁力离析器，以便吸离混入物料中的铁物。

④ 在搬运盛装有易燃物质的金属容器时，要轻拿轻放，严禁抛掷、拖拉、震动，防止互相撞击产生火花。

⑤ 严禁穿带铁钉的鞋进入易燃易爆区。

4. 电气火花及静电火花

电气火花是引起燃爆的重要火源。因此，对有火灾爆炸危险场所的电气设备必须采取防火防爆等安全措施。静电能够引起燃爆的原因，是静电放电产生的火花具有点火能量。静电防护主要是设法消除或控制静电的产生和积累。

三、消除导致燃爆的物质条件

1. 尽量不用或少用可燃物

通过改进生产工艺或技术，用不燃物或者难燃物代替可燃物或者易燃物，用燃爆危险性小的物质代替危险性大的物质，这是防火防爆的一条根本性的措施，应该首先加以考虑。例如，以阻燃织物代替可燃织物；在煤矿井下用水泥或金属支护代替木支护等。化工生产中，较为常见的情况是以不燃或者难燃溶剂代替可燃或者易燃溶剂。一般说来，沸点较高（110℃）的液体，常温下（20℃左右）不会达到爆炸极限浓度，使用起来比较安全。

2. 生产设备及系统密闭化

已经密闭的正压设备或系统要防止泄漏，负压设备及系统要防止空气的渗入。

3. 采取通风除尘措施

由于某些生产系统或者设备无法密闭或者无法完全密闭，可能存在可燃气、蒸气、粉尘的生产现场，要设置通风除尘装置以降低空气中可燃物浓度，要确保可燃物浓度控制在爆炸极限以下。

4. 安装报警装置

在可能发生燃爆危险的场所设置可燃气（蒸气、粉尘）浓度检测报警仪器。通常将报警浓度设定在气体爆炸下限的 25%，一旦浓度超标，即可报警，以便采取紧急防范措施。

5. 惰性气体保护

通常采用的惰性气体是氮气和水蒸气，有时还可以用烟道气。这些气体一般被认为是不燃气体。在存在可燃物料的系统中加入惰性气体，可以降低或者消除燃爆危险性。使用惰性气体时，必须注意防止使人窒息的危险。

6. 对燃爆危险品的防护

对燃爆危险品在使用、储存、运输等各个环节，都要根据其特性采取有针对性的防护措施。

四、工艺参数的安全控制

化工生产过程中的工艺参数主要指的是温度、压力、流量及物料配比等。按照工艺要求，把工艺参数严格控制在安全限度以内，这是实现化工安全生产的基本保证。实现这些参数的自动调节和控制是保证化工安全生产的重要措施。

1. 温度控制

温度是化工生产中主要的控制参数之一，不同的化学反应都有各自最适宜的反应温度。在工艺设计中应该充分注意以下几个方面的问题。

（1）除去反应热　化学反应的热效应，可能是放热或者吸热，为保证在一定温度下进行反应，对特定的反应就要移去或给予一部分热量。一般说来，如硝化、氧化、氯化、水合或聚合等反应过程多是放热反应；而裂解、脱氢、脱水等则是吸热反应。

（2）防止搅拌中断　搅拌能加速热量传递和物料的扩散混合，有利于温度控制和反应的进行。如中途停止搅拌，物料不能充分混匀，反应和传热不良，未反应物料大量积聚，当搅拌恢复时，则大量反应物迅速反应，往往造成冲料以致酿成燃烧爆炸事故。在必要的工艺中，为防止搅拌中断，在设计时应考虑双路供电，应特别注意搅拌机的机械强度、耐腐蚀性能，防止搅拌机叶片与器壁摩擦造成折断而中断搅拌。

（3）正确选用传热介质　常用热载体有烟道气、水蒸气、热水、过热水、联苯醚、熔盐和熔融金属等，不同的热载体对加热过程的安全性有重要影响，因此要根据物料和热载体的性质正确使用。

（4）防止传热面结疤　结疤不仅影响传热效率，更危险的是因为物料分解而引起爆炸。结疤原因很多，如水质不好而结垢；物料结在传热面上；物料聚合、缩合炭化等。

（5）热不稳定物质的处理　对热不稳定物质的温度控制十分重要，要注意降温和隔热，既要在工艺过程中严格控制温度使其不致分解，又要在储存时注意与高温物体的隔离。

2. 控制投料速度和料比

对于放热反应，投料速度不得过快，以防放热超过设备的传热能力，避免产生"飞温"和冲料危险。对危险较大的生产过程要特别注意反应物料加入的速度和配比,如丙烯直接氧化制取丙烯酸,在氧化反应时,丙烯在丙烯-空气-水蒸气系统中有一爆炸范围,一旦加料或反应失控,则丙烯浓度就会发生变化,有可能进入爆炸范围,从而引起爆炸。

3. 超量杂质和副反应的控制

反应物料中杂质的存在会导致副反应的发生,生成危险物质,从而引起燃烧或爆炸。如在乙炔生产中要求磷含量不超过 0.08%,因为磷化钙遇水生成磷化氢,磷化氢遇到空气能自燃,可导致乙炔-空气混合气体爆炸。

4. 自动控制系统和安全保险装置

(1) 自动控制系统 自动控制系统按其功能可以分为三类:自动监测系统、自动调节系统、自动操纵系统。自动监测系统是对机械、设备或过程进行连续检测,把检测对象的参数如温度、压力、流量、液位、物料成分等信号,由自动装置转换成数字,并显示或记录出来的系统。自动调节系统是通过自动装置的作用,使工艺参数保持在设定值的系统。自动操纵系统是对机械、设备或过程的启动、停止及交换、接通等,由自动装置进行操纵的系统。

(2) 安全保险装置 安全保险装置实际上也是一种自动控制系统。自动信号、联锁和安全保险装置系统在机械、设备或过程出现不正常情况时,会发出警报并自动采取措施。化工生产中需要安全联锁装置的情况有以下几种。

① 同时或者依次放出两种液体或气体时。

② 在反应终止需要惰性气体保护时。

③ 打开设备前预先解除压力或需要降温时。

④ 当两个或多个部件、设备、机器由于操作错误容易引起事故时。

⑤ 当工艺控制参数达到某极限值,开启处理装置时。

⑥ 某危险区域或部位禁止人员入内时。

例如,在硫酸与水的混合操作中,必须首先往设备中注入水再注入硫酸,否则将会发生喷溅和灼伤事故。将注水阀门和注硫酸阀门依次联锁起来,就可以达到目的。如果只凭工人记忆操作,很可能因为疏忽使顺序颠倒,发生事故。

五、燃爆扩散及蔓延的控制

化工生产中,火灾爆炸事故一旦发生,就必须考虑如何防止事故的蔓延扩大,把事故控制在最小的范围内,把事故造成的损失降到最小。从建厂初期设计阶段开始就应该考虑,采取多种措施避免火灾爆炸事故的发生。出于投资和成本的考虑,布局紧凑可以节约建设用地,降低成本。但是这样对于防止火灾爆炸蔓延不利,有可能使事故后果扩大。所以要两者统筹兼顾,一定要留足够的防火间距。

为了限制火灾蔓延及减少包装损失,厂址选择及防爆厂房的布局和结构应该按照国家相关要求建设,例如辅助及公共工程区配置时,离生产区要保持一定的安全距离,在遇到紧急情况时,不致受到影响而被迫停工。

化工生产中,因某些设备与装置危险性较大,应采取分区隔离、露天布置和远距离操纵等措施。

1. 分区隔离

在总体设计时,应慎重考虑危险车间位置的布置。按照国家的有关规定,危险车间与其他车间或装置应保持一定的间距,充分估计相邻车间建(构)筑物可能引起的相互影响。对个别危险性大的设备，例如合成氨生产中，合成车间压缩岗位的布置，可采用隔离操作和防护屏的方法使操作人员与生产设备隔离。

在同一车间的各个工段，应视其生产性质和危险程度予以隔离，各种原料、成品、半成品的储存，亦应按其性质、储量不同进行隔离。

2. 露天布置

为了便于有害气体的散发，减少因设备泄漏而造成易燃气体在厂房内积聚的危险性，应将这类设备和装置布置在露天或半露天场所。如氮肥厂的煤气发生炉及其附属设备加热炉、炼焦炉、精馏塔等。石油化工生产中的大多数设备都是露天放置的。在露天场所，应注意气象条件对生产设备、工艺参数和工作人员的影响，如应有合理的夜间照明，夏季防晒、防潮气腐蚀，冬季防冻等措施。

3. 远距离操纵

在化工生产中，大多数的连续生产过程，主要是根据反应进行情况和程度来调节各种阀门，但是操作人员难以接近某些阀门，而且开闭又比较费劲，或要求迅速启闭，上述情况都应进行远距离操纵。操纵人员只需要在操纵室进行操作，记录有关数据。对于热辐射高的设备及危险性大的反应装置，也应采用远距离操纵。远距离操纵的方法有机械传动、气压传动、液压传动和电动传动等。

六、防火与防爆安全装置

1. 安全阻火装置

安全阻火装置的作用是防止外部火焰蹿入有火灾爆炸危险的设备、管道、容器，或者阻滞火焰在设备或管道间蔓延。安全阻火装置包括安全液封、阻火器和单向阀等。

（1）安全液封 安全液封一般要装在气体管线与生产设备或气柜之间，常用安全液封有敞开式和封闭式两种（如图3-1所示）。安全液封的阻火原理是，液封设置在进出口之间，万一液封一侧起火，火焰到液封处即被液体（一般用水作为阻火介质）熄灭。

M3-1 安全液封动画

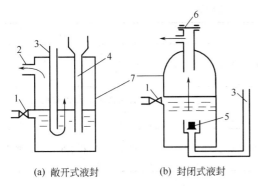

(a) 敞开式液封 (b) 封闭式液封

图 3-1 安全液封示意图

1—验水栓；2—气体出口；3—进气管；4—安全管；
5—单向阀；6—爆破片；7—外壳

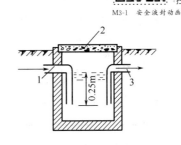

图 3-2 水封井示意图

1—气体入口；2—井盖；3—气体出口

水封井是安全液封的一种，设置在可燃气体、易燃液体蒸气或油污的污水管网上，以防止燃烧或爆炸沿管网蔓延，水封井的水封高度一般不小于0.25m，其结构如图3-2所示。

（2）阻火器 阻火器是利用管子直径或流通孔隙减小到某一程度，由于热损失突然增大，火焰就不能继续蔓延的原理制成的。常用于容易引起火灾爆炸的高热设备和输送可燃气体、易燃液体、蒸气的管线之间，以及可燃气体、易燃液体的排气管上。阻火器有金属网阻火器、波纹金属片阻火器和砾石阻火器等类别。金属网阻火器结构如图 3-3 所示，是利用若干层一定孔径的金属网将空间分成许多小孔隙，形成阻火层；波纹金属片阻火器结构如图 3-4 所示，由沿两个方向皱褶的波纹薄板或由交叠置放的有波纹的带材绕制而成，形成阻火层；砾石阻火器（又称为填充型阻火器）结构如图 3-5 所示，是采用一定粒度的砾石或玻璃球、陶瓷等充填其空间，形成阻火层。各类阻火器性能比较见表 3-5。

M3-2　阻火器动画

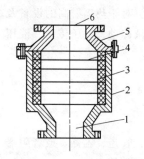

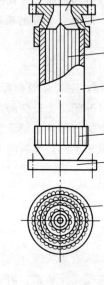

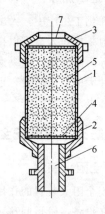

图 3-3　金属网阻火器示意图
1—进口；2—壳体；3—垫圈；
4—金属网；5—上盖；6—出口

图 3-4　波纹金属片阻火器示意图
1—上盖；2—出口；3—轴芯；
4—波纹金属片；5—外壳；6—下盖；7—进口

图 3-5　砾石阻火器示意图
1—壳体；2—下盖；3—上盖；4—网格；
5—砂粒；6—进口；7—出口

表 3-5　各类阻火器性能比较

阻火器类别	优点	缺点	适用范围
金属网阻火器	结构简单，容易制造，造价低廉	阻燃范围小，易损坏，不耐烧	石油储罐，输油、输气管道，油轮等
波纹金属片阻火器	适用范围大，液体阻力小，能阻止爆炸火焰，易于置换清洗	结构比较复杂，造价较高	石油储罐，油气回收系统，气体管道等
砾石阻火器	孔隙小，结构简单，易于制造	阻力大，容易堵塞，重量大	煤气，乙炔，化学溶剂火焰等

另外，还有平板型阻火器、泡沫金属阻火器、多孔板型阻火器等。

（3）单向阀　单向阀又称止逆阀、止回阀。它的作用是仅允许流体（气体或液体）向一个方向流动，若有逆流即自动关闭，可以防止高压蹿入低压引起设备、容器、管道的破裂。单向阀在生产工艺中有很多用途。阻火也是用途之一。单向阀通常设置在与可燃气（蒸气）管道或与设备相连接的辅助管线上，压缩机或油泵在出口管线上，高压系统与低压系统相连接的低压方向上等。液化石油气钢瓶上的调压阀也是一种单向阀。

（4）阻火闸门　阻火闸门是为防止火焰沿通风管道蔓延而设置的阻火装置。正常情况下，阻火闸门受易熔合金（也有用赛璐珞、尼龙、塑料等有机材料）元件控制处于开启状态，一旦着火，温度高，会使易熔金属熔化，此时闸门失去控制，受重力作用自动关闭。也有的阻火闸门是手动的，在遇火警时由人迅速关闭。

2. 防爆泄压装置

防爆泄压装置包括安全阀、防爆片、防爆门和放空管等。生产系统一旦发生爆炸或压力骤增时，可以通过这些设施将超高压力释放出去，以减少巨大压力对设备、系统的破坏或者减少事故损失。

（1）安全阀 主要用于防止物理性爆炸，其功能主要是泄压，防止设备超压爆炸。另外，安全阀还可以起到报警作用，即当设备超压、安全阀开启排放介质时产生动力声响可起到报警作用。

（2）爆破片 爆破片又称防爆膜、防爆片。主要用于防止化学性爆炸，通常设置于密闭的压力容器或管道系统上，当设备内物料发生异常、压力超值时，爆破片便会自动破裂，迅速泄压，从而防止设备爆炸。

（3）防爆门 防爆门一般设置在燃油、燃气或燃烧煤粉的燃烧室外壁上，以防止燃烧爆炸时设备遭到破坏。防爆门的总面积一般按照燃烧室内部净容积 $1m^3$ 不少于 $250m^2$ 计算。

（4）放空管 在某些极其危险的设备上，为防止可能出现的超温、超压而引起爆炸等恶性事故的发生，可设置自动或手控紧急放空管紧急排放危险物料。

七、灭火原理及灭火设施

（一）火灾的分类及发展过程

1. 火灾的分类

火灾是指在时间或空间上失去控制的燃烧所造成的灾害。

① 按一次火灾所造成的人员伤亡、受灾户数和财物损失金额，火灾可划分为特别重大火灾、重大火灾、较大火灾和一般火灾四个等级。

特别重大火灾是指造成 30 人以上死亡，或者 100 人以上重伤，或者 1 亿元以上直接财产损失的火灾。

重大火灾是指造成 10 人以上 30 人以下死亡，或者 50 人以上 100 人以下重伤，或者 5000 万元以上 1 亿元以下直接财产损失的火灾。

较大火灾是指造成 3 人以上 10 人以下死亡，或者 10 人以上 50 人以下重伤，或者 1000 万元以上 5000 万元以下直接财产损失的火灾。

一般火灾是指造成 3 人以下死亡，或者 10 人以下重伤，或者 1000 万元以下直接财产损失的火灾。

② 按火灾燃烧物质及特性，火灾又可划分为 A、B、C、D、E 五个类别。

A 类火灾：指含碳固体可燃物，如木材、棉、毛、麻、纸张等物质的火灾。

B 类火灾：指甲、乙、丙类液体，如汽油、煤油、柴油、甲醇、乙醚、丙酮等物质的火灾。

C 类火灾：指可燃气体，如煤气、天然气、甲烷、丙烷、乙炔、氢气等物质的火灾。

D 类火灾：指可燃金属，如钾、钠、镁、钛、锆、锂、铝镁合金等物质的火灾。

E 类火灾：指带电物体和精密仪器等物质的火灾。

2. 火灾的发展过程

火灾发展大体经历四个阶段，即初起阶段、发展阶段、猛烈阶段、下降和熄灭阶段。

① 初起阶段。火灾的初起阶段是物质起火后的最初几分钟。此时，燃烧面积不大，烟气流动速度较缓慢，火焰辐射出的能量还不多，周围物品和结构开始受热，温度上升不快，但呈上升趋势。在这个阶段，用较少的人力和应急的灭火器材如灭火毯就能将火控制住或扑灭。

② 发展阶段。随着燃烧强度的增大，火灾到了发展阶段，此时，载热500℃以上的烟气流加上火焰的辐射热作用，使周围可燃物品和结构受热并开始分解，气体对流加强，燃烧面积扩大，燃烧速度加快。在这个阶段需要投入较多的力量和灭火器材才能将火扑灭。

③ 猛烈阶段。火灾猛烈阶段是由于燃烧面积扩大，大量的热释放出来，空间温度急剧上升，使周围可燃物品几乎全部卷入燃烧，火势达到猛烈的程度。该阶段，燃烧强度最大，热辐射最强，温度和烟气对流达到最大限度，不燃材料和结构的机械强度受到破坏，大火突破建筑物的外壳，并向周围扩大蔓延，是火灾最难扑救的阶段，不仅需要较多的力量和器材扑救火灾，而且需要相当的力量和器材保护周围的建筑物，以防火势蔓延。

④ 下降和熄灭阶段。下降和熄灭阶段是火场火势被控制以后，由于灭火剂的作用或因燃烧材料已烧至殆尽，火势逐渐减弱直到熄灭这一过程。

综观火势发展的过程，初起阶段易于控制和消灭，所以要千方百计抓住这个有利时机，扑灭初起火灾。如果错过初起阶段再去扑救，就必然会动用更多的人力和物力，付出很大的代价，造成严重的损失和危害。

（二）灭火的基本原理和方法

一切灭火方法都是为了破坏已经产生的燃烧条件，只要失去其中任何一个条件，燃烧就会停止。但是由于在灭火时，燃烧已经开始，控制火源已经没有意义，主要是消除另外两个条件，即可燃物和氧化剂。

根据物质燃烧原理及灭火的实践经验，灭火的基本方法有：减少空气中氧含量的窒息灭火法；降低燃烧物质温度的冷却灭火法；隔离与火源相近可燃物质的隔离灭火法；消除燃烧过程中自由基的化学抑制灭火法。

1. 窒息灭火法

窒息灭火法是阻止空气流入燃烧区，或用惰性气体稀释空气，使燃烧物质因得不到足够的氧气而熄灭。运用窒息灭火法可以采取以下几种措施。

① 用石棉布、浸湿的棉被、帆布、沙土等不燃或难燃材料覆盖燃烧物或封闭孔洞。

② 用水蒸气、惰性气体通入燃烧区域内。

③ 利用建筑物上原有的门、窗以及生产、储运设备上的盖、阀门等，封闭燃烧区。

④在万不得已且条件允许的条件下，采取用水淹没（灌注）的方法灭火。

采用窒息灭火法，需要注意以下几个问题。

① 此法适用于燃烧部位空间较小，容易堵塞、封闭的房间、生产及储运设备内发生的火灾，而且燃烧区域内应该没有氧化剂存在。

② 在采用水淹方法灭火时，必须考虑到水与可燃物质接触后是否会产生不良后果，如有则不能采用。

③ 采用此法时，必须在确认燃烧已经熄灭后，方可打开孔洞进行检查。严防因过早打开封闭的房间或设备，导致"死灰复燃"。

2. 冷却灭火法

冷却灭火法是常用的灭火方法，即将灭火剂直接喷洒在燃烧的物体上，将可燃物质的温度降到燃点以下以便终止燃烧。也可以用灭火剂喷洒在火场附近未燃的可燃物上起冷却作用，防止其受辐射热作用升温而起火。

3. 隔离灭火法

隔离灭火法也是一种常用的灭火方法。即将燃烧物与附近未燃的可燃物质隔离或疏散开，使燃烧因缺少可燃物质而停止。这种灭火方法适用于熄灭各种固体、液体和气体火灾。实施该法的具体措施有以下几种。

① 将可燃、易燃、易爆物质和氧化剂从燃烧区移出至安全地点。

② 关闭阀门，阻止可燃气体、液体流入燃烧区。

③ 用泡沫覆盖已经燃烧的易燃液体表面，把燃烧区与液面隔开，阻止可燃蒸气进入燃烧区。

④ 拆除与燃烧物相连的易燃、可燃建筑物。

⑤ 用水流或用爆炸等方法封闭井口，扑救油气井喷火灾。

4. 化学抑制灭火法

在灭火过程中，使用窒息、冷却、隔离灭火法，灭火剂均不参与燃烧反应，属于物理灭火方法。而化学抑制灭火法则是使灭火剂参与到燃烧反应中去，起到抑制反应的作用。具体说就是使燃烧反应中产生的自由基与灭火剂中的卤素离子相结合，形成稳定分子或低活性的自由基，从而切断氢自由基与氧自由基的连锁反应链，使燃烧停止。

（三）灭火剂

灭火剂是能够有效地破坏燃烧条件，终止燃烧的物质。选择灭火剂的基本要求是灭火效能高，使用方便，来源丰富，成本低廉，对人和物基本无害。灭火剂的种类很多，常用的有十余种。

1. 水（及水蒸气）

水是应用历史最长、范围最广、价格低廉的灭火剂。它的来源丰富，取用方便，价格便宜，是最常用的天然灭火剂。水既可以单独使用，又可以与不同的化学试剂组成混合液使用。

水的适用范围较广，除以下情况外，都可以考虑用水灭火。

① 忌水性物质如轻金属、电石等着火不能用水扑救。因为它们能与水发生反应，生成可燃性气体并放热，扩大火势甚至导致爆炸。

② 不溶于水，而且密度小于水的易燃液体（如汽油、煤油等）着火不能用水扑救。但原油、重油着火可用雾状水扑救。

③ 密集水流不能扑救带电设备火灾，也不能扑救可燃性粉尘聚集处的火灾。

④ 不能用密集水流扑救储存有大量浓硫酸、浓硝酸场所的火灾，因为水流能引起酸的飞溅、流散，遇可燃物质后，又可能会引起燃烧的危险。

⑤ 高温设备着火，不宜用水扑救，因为这会使金属机械强度受到影响。

⑥ 精密仪器设备、贵重文物档案、图书着火，不宜用水扑救。

以上各条不是绝对的。在一些特定条件下，采取适当措施，采用水的适当形式（如雾状水、水蒸气等）可以扑救一些原来不能用水扑救的火灾。

2. 泡沫灭火剂

凡是能与水混合，并可以通过化学反应或机械方法产生泡沫的灭火药剂，均称为泡沫灭火剂。

按照生成泡沫的机理，泡沫灭火剂可以分为化学泡沫灭火剂和空气泡沫灭火剂两大类。化学泡沫是由酸性或碱性物质及泡沫稳定剂相互作用而生成的膜状气泡群，气泡内主要是二氧化碳气。例如含有 18 个结晶水的硫酸铝（发泡剂）及碳酸氢钠和少量泡沫稳定剂及其他添加剂组成的化学泡沫灭火剂，在使用时，将两种药剂混合即发生下列反应：

$$Al_2(SO_4)_3 + 6NaHCO_3 \Longrightarrow 2Al(OH)_3 + 3Na_2SO_4 + 6CO_2$$

反应中生成的二氧化碳在溶液中形成大量微细泡沫，同时使压力很快上升，将泡沫从喷嘴喷出。反应生成的胶状氢氧化铝使泡沫具有一定的黏性，黏附在燃烧物上隔绝空气，使火焰熄灭。

空气泡沫又称为机械泡沫，是由一定比例的泡沫液、水和空气在泡沫生成器中进行机械混合搅拌而生成的膜状气泡群，泡内一般为空气。由于泡内填充大量气体，相对密度（0.001～0.5）小，可以漂浮于液体表面或附着于一般可燃固体表面，形成一个泡沫覆盖层，使燃烧物表面与空气隔绝，同时阻断火焰的热辐射，阻止燃烧物本身或附近可燃物质的蒸发，起到隔离和窒息作用；泡沫析出的水和其他液体有冷却作用而降温；泡沫受热蒸发产生的水蒸气可以降低燃烧物附近的氧浓度。以上三个原因就是泡沫灭火的基本原理。

泡沫灭火剂主要用于扑救不溶于水的可燃、易燃液体，如石油产品的火灾；也可用于扑救木材、纤维、橡胶等固体的火灾；高倍数泡沫可有特殊用途，如消除放射性污染等；由于泡沫灭火剂中含有一定量的水，所以不能用来扑救带电设备及忌水性物质所引起的火灾。

3. 二氧化碳及惰性气体灭火剂

二氧化碳灭火剂在消防工作中有较广泛的应用。二氧化碳（即"干冰"）灭火剂不导电、不含水，价格低廉，可用于扑救电气设备和部分忌水物质的火灾；灭火后不留痕迹，可用于扑救精密仪器、机械设备、图书、档案等的火灾。

但是二氧化碳灭火剂冷却作用较差，不能扑救阴燃（没有火焰的缓慢燃烧现象称为阴燃）火灾，且灭火后火焰有复燃可能；二氧化碳与碱金属（钠、钾）和碱土金属（镁）等在高温下会起化学反应，引起爆炸。二氧化碳膨胀时，能产生静电，有可能引燃着火；二氧化碳能使救火人员窒息。除二氧化碳外，其他惰性气体如氮气、水蒸气也可以用作灭火剂。

4. 卤代烷灭火剂

卤代烷及碳氢化合物中的氢原子完全地或部分地被卤素原子取代而生成的化合物，目前被广泛地用来作灭火剂。碳氢化合物多为甲烷、乙烷，卤族元素多为氟、氯、溴。国内常用的卤代烷灭火剂有 1211（二氟一氯一溴甲烷）、1202（二氟二溴甲烷）、1301（三氟一溴甲烷）、2402（四氟二溴乙烷）。卤代烷灭火剂的编号原则是：第一个数字代表分子中的碳原子数目；第二个数字代表氟原子数目；第三个数字代表氯原子数目；第四个数字代表溴原子数目。

卤代烷的灭火原理主要包括化学抑制作用和冷却作用。化学抑制作用是卤代烷灭火剂的主要灭火原理。卤代烷分子参与燃烧反应，即卤素原子能与燃烧反应中的自由基结合生成较为稳定的化合物，从而使燃烧反应因缺少自由基而终止；与此同时，由于卤代烷灭火剂通常经加压液化储存于钢瓶中，使用时因减压汽化而吸热，所以对燃烧物起到冷却作用。卤代烷灭火剂主要用来扑救各种易燃液体火灾，也可以用来扑救带电电气设备火灾（本身具有良好的绝缘性）；因其灭火后全部气化而不留痕迹，常用来扑救档案文件、图片资料、珍贵物品等的火灾。但是卤代烷灭火剂毒性较高，短暂接触（1min 以内）时，假如 1211 体积含量在 4% 以上、1301 含量在 7% 以上，人就会出现中毒反应。因此在狭窄的、密闭的、通风条件不好的场所，如地下室等，最好使用无毒灭火剂（如泡沫、干粉等）灭火。另外，卤代烷灭火剂不能用来扑救阴燃火灾，因为此时会形成有毒的热分解产物；卤代烷灭火剂也不能扑救轻金属如镁、钠的火灾，因为它们能与这些轻金属起化学反应且发生爆炸。由于卤代烷灭火剂的毒性较高，会破坏大气层中的臭氧层，因此应严格控制使用。

5. 干粉灭火剂

干粉灭火剂是比较新型的灭火剂，是一种干燥的、易于流动的微细固体粉末，由能灭火的基料和防潮剂、流动促进剂、结块防止剂等添加剂组成。在救火过程中，干粉在气体压力的作用下从容器中喷出，以粉雾的形式灭火。干粉灭火剂的主要成分为碳酸氢盐（$NaHCO_3$）和磷酸氢盐（$NH_4H_2PO_4$）等。如碳酸氢钠干粉灭火剂，为防潮结块，增加流动性，其配方之一为加入 2% 的硬脂酸镁（防潮剂）和 5% 的滑石粉（增加流动性）。

干粉灭火原理是：干粉在 CO_2 或 N_2 的压力推动下，以粉雾状喷出，受高温后发生如下反应：

$$2NaHCO_3 \Longrightarrow Na_2CO_3 + H_2O + CO_2 + Q$$

反应吸热，产生水蒸气、二氧化碳，起到一定的冷却和稀释作用；同时干粉颗粒对燃烧时的活性基团起钝化抑制作用。

$$M(粉粒) + OH\cdot \longrightarrow MOH$$
$$MOH + H\cdot \longrightarrow M + H_2O$$

M 为灭火剂受热裂解生成的金属原子（如 $Na\cdot$、$K\cdot$ 等），使 $OH\cdot$ 和 $H\cdot$ 等活性基团成为惰性分子，从而中断形成燃烧的链式反应，达到灭火目的。另外，喷出的粉末覆盖在燃烧物表面，能构成阻碍燃烧的隔离层。再加干粉末，在高温下将放出结晶水或发生分解，这些都属于吸热反应，而分解生成的不活泼气体又可稀释燃烧区内的氧气浓度，起到冷却与窒息作用。因此，干粉灭火主要包括化学抑制作用、隔离作用、冷却与窒息作用。

干粉灭火的优点是综合了泡沫、二氧化碳、卤代烷等灭火剂的特点，灭火效率高；化学干粉的物理化学性质稳定，无毒性，不腐蚀，不导电，易于长期储存；干粉适用温度范围广，能在 −50~60℃ 温度条件下储存与使用；干粉雾能防止热辐射，因而在大型火灾中，即使不穿隔热服也能进行灭火；干粉可用管道进行输送。由于干粉具有上述优点，它除了适用于扑救易燃液体、忌水性物质火灾外，也适用于扑救油类、油漆、电气设备的火灾。

干粉灭火剂的缺点是在密闭房间中，使用干粉时会形成强烈的粉雾，且灭火后留有残渣，因而不适于扑救精密仪器设备、旋转电机等的火灾；干粉的冷却作用较弱，不能扑救阴燃火灾，不能迅速降低燃烧物品的表面温度，容易发生复燃。因此，干粉若与泡沫或喷雾水配合使用，效果更佳。

6. 其他

用砂、土等作为覆盖物也可进行灭火。它们覆盖在燃烧物上，主要起到与空气隔离的作用；另外，砂、土等也可从燃烧物吸收热量，起到一定的冷却作用。

（四）灭火器材和消防给水设施

1. 灭火器

灭火器是指在一定压力作用下，将所装填的灭火剂喷出，以扑救初起火灾的小型灭火器具。常用灭火器的规格、性能与使用保养见表 3-6。

表 3-6　常用灭火器的规格、性能与使用保养

灭火器类型	泡沫灭火器	酸碱灭火器	二氧化碳灭火器	干粉灭火器	1211 灭火器
规格	10L 65～130L	0.01m³	<2kg 2～3kg 5～7kg	8kg 50kg	1kg 2kg 3kg
药剂	桶内装有碳酸氢钠、发泡剂和硫酸铝溶液	碳酸氢钠水溶液、一瓶硫酸	瓶内装有压缩成液体的二氧化碳	钢桶内装有钾盐（或钠盐）干粉并备有盛装压缩气体的小钢瓶	钢桶内充装二氟一氯一溴甲烷，并充填压缩氮气
用途	扑救固体物质或其他易燃液体火灾	扑救木材、纸张等一般火灾，不能扑救电气、油类火灾	扑救电气设备、精密仪器、油类及酸类火灾	扑救石油、石油产品、油漆、有机溶剂、天然气设备火灾	扑救油类、电气设备、化学化纤原料等初起火灾
性能	10L 喷射时间 60s，射程 8m；65L 喷射时间 170s，射程 13.5m	喷射 50s，射程 10m	接近着火地点保持 3m 距离	8kg：喷射时间 14～18s，射程 4.5m；50kg：喷射时间 50～55s，射程 6～8m	1kg：喷射时间 6～8s，射程 2～3m
使用方法	倒置，稍加摇动，打开开关，药剂即可喷出	筒身倒过来即可喷出	一手持喇叭筒对准火源，另一手打开开关，即可喷出	提起圈环，干粉即可喷出	拔下铅封或横销，用力压下手把，即可喷出
保养与检查	①防止喷嘴堵塞；②防冻防晒；③一年检查一次，泡沫低于 25% 应换药	①放在方便处；②注意使用期限；③防止喷嘴堵塞；④定期或不定期检查测量和分析	每月检查一次，当质量减少至原量的 10%，应充气	①置于干燥通风处，防潮防晒；②一年检查一次气压，若质量减少至原重的 10%，应充气	①置于干燥处；②勿碰撞；③每年检查一次质量

　　小型灭火器的配置种类及数量，应根据使用场所的火灾危险性、占地面积、有无其他消防设施等情况综合考虑。

　　设置灭火器总的要求是：根据场所可能发生火灾的性质，选择灭火器的种类，并应保证足够的数量；灭火器应放置在明显、取用方便、又不易被损坏的地方；灭火器应注意使用期限，定期进行检查，保证随时启用。

2. 消防给水设施

　　消防给水设施是一般工厂必备的。在《建筑设计防火规范》（GB 50016—2014）中对消防给水作出了明确的规定，其中的主要内容如下：

　　① 在进行建筑设计时，必须同时设计消防给水系统。

　　② 消防给水管道系统宜与生产、生活给水管道系统合并，如合并不经济或技术不可能，可采用独立的消防给水管道系统。

　　③ 室外消防给水可采用高压或临时高压给水系统或低压给水系统。

　　④ 建筑的全部消防用水量应为其室内外消防用水量之和。室外消防用水量应为民用建筑、厂房（仓库）、储罐（区）、堆场室外设置的消火栓、水喷雾、水幕、泡沫等灭火、冷却系统等同时开启需要的用水量之和。室内消防用水量应为民用建筑、厂房（仓库）室内设置的消火栓、自动喷水、泡沫等灭火系统同时开启需要的用水量之和。

⑤ 室外消防给水管网一般应布置成环状，输水干管不应少于两条。环状管道应用阀门分为若干独立段，每段内消火栓数量不宜超过 5 个。室外消防给水管道最小直径不应小于 100mm。

⑥ 消火栓分室外与室内两类，室外消火栓又分地上式与地下式两种。

⑦ 室外消火栓应沿道路设置，消火栓与道路的距离不应超过 2m，距房屋外墙不应大于 5m。室外消火栓间距不应超过 120m，其保护半径不应超过 150m。室外消火栓的数量应按室外消防用水量计算决定，每个室外消火栓用水量应按 10～15L/s 计算。

⑧ 设有消防给水的建筑物，其各层均应设置（室内）消火栓。室内消火栓栓口处的静水压力不应超过 785Pa。室内消火栓应设在明显易于取用地点，栓口离地面高度为 1.1m，其出水方向宜向下或与设置消火栓的墙面成 90°角。

⑨ 必要时应设消防水池和消防水源泵。

⑩ 某些特定部位应设固定灭火装置。如闭式自动喷水灭火装置、水幕装置、雨淋喷水灭火装置、水喷雾灭火装置、蒸气灭火装置等。

此外，大、中型企业还应根据自身实际需要，在生产装置、仓库、罐区等部位，设置使用水蒸气、氮气、泡沫、干粉或 1211 等灭火剂的灭火装置。

八、消防安全技术

（一）灭火器的正确使用

消防知识的普及是成功扑灭初起火灾的基本条件。我们应该不断加强对消防知识的学习，并通过积极参加各类消防学习、培训活动，增强自防自救能力。每位同学都应具备一定的灭火知识，并能熟练使用灭火器。

① 常用手提式灭火器的种类和使用方法。常用手提式灭火器分为干粉灭火器和二氧化碳灭火器。

干粉灭火器是以二氧化碳气体为动力喷射干粉灭火剂的器具，主要用于扑救油类、易燃液体、可燃气体（固体）和电气设备的初起火灾。

二氧化碳灭火器是喷射二氧化碳灭火剂进行灭火的一种灭火器具，利用灭火剂本身做动力喷射。其特点是灭火后不留痕迹，因此适用于扑救贵重设备、档案资料、仪器、仪表、油脂类及 600V 以下的电气装置的初起火灾。

上述灭火器一般由 1 人操作，使用时将灭火器迅速提到火场，在距起火点 3～5m 处，先撕掉安全铅封，拔掉保险销，然后一只手紧握压把，另一只手握住喷射软管前端的喷嘴（没有喷射软管的，可扶住灭火器底圈）对准火焰根部喷射，由近而远，左右扫射，并迅速向前推进，直至火焰全部扑灭。

常用灭火器的使用方法概括起来就是："拔掉插销、保持距离、对准根部、按下压把"。

② 灭火毯的功能和使用方法。灭火毯主要采用难燃性纤维织物经特殊工艺处理后加工而成，具有紧密的组织结构和耐高温性能，能很好地阻止燃烧或隔离燃烧。灭火毯具有火烧不透气、反射热辐射、隔热耐燃、灭火绝缘的作用，可以有效减少火灾隐患，增加逃生机会，减少人员伤亡，维护人民的生命和财产安全。

灭火毯的灭火原理是覆盖火源、阻隔空气以达到灭火的目的。其使用方法是：在火灾初起阶段，将灭火毯直接覆盖在火源或着火的物体上，可在短时间内迅速扑灭火源。使用者也可利用灭火毯能隔绝火焰、降低火场高温的性能，在火场逃生时将灭火毯披裹在身上并戴上防烟面罩，迅速脱离火场。

M3-3 干粉灭火器
的使用

M3-4 江苏省应急
管理厅企业安全
培训——灭火演示

M3-5 泡沫灭火器
的使用

1. 干粉灭火器的使用方法

① 检查压力表和合格证是否在有效范围。

② 选择上风方向，离火源 3～5m 处。

③ 拔保险销。

④ 左手紧握软管对准火源根部。

⑤ 右手按压把，对着火源根部由远及近左右扫射。

图 3-6 为干粉灭火器的使用步骤。

2. 泡沫灭火器的使用方法

① 右手握着压把，左手托着灭火器底部，轻轻地取下灭火器。

② 右手提着灭火器到现场。

③ 右手捂住喷嘴，左手执筒底边缘。

④ 把灭火器颠倒过来呈垂直状态，用劲上下晃动几下，然后放开喷嘴。

图 3-7 为泡沫灭火器的使用方法。

(a)
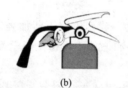
(b)
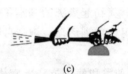
(c)
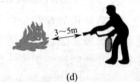
(d)

图 3-6　干粉灭火器使用步骤

图 3-7　泡沫灭火器使用方法

3. 推车式干粉灭火器的使用方法

图 3-8 为推车式干粉灭火器的使用步骤。

（二）常见火灾的扑救

火灾形成的规律是从小到大、从弱到强。在化工生产过程中，及时发现并扑救初起火灾，对于保证生命财产安全和生产安全具有十分重要的意义。因此，训练有素的现场人员一旦发现火情，除了及时报告火警之外，更应该果断地运用配备的灭火器材把火灾消灭在初起阶段，或者使其得到有效的控制，为专业消防队赶到现场赢得时间。

①把干粉车拉或推到现场

②右手抓着喷粉枪，左手顺势展开喷粉胶管，直至平直，不能弯折或打圈

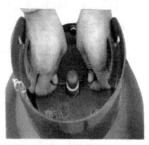
③除掉铅封，拔出保险销

④用手掌使劲按下供气阀门

⑤左手把持喷粉枪管托，右手把持枪把用手指扳动喷粉开关，对准火焰喷射，不断靠前左右摆动喷粉枪，把干粉笼罩住燃烧区，直至把火扑灭为止

图 3-8　推车式干粉灭火器使用步骤

1. 生产装置初起火灾的扑救

当生产装置发生火灾爆炸事故时，在场人员应迅速采取相应的措施。

① 迅速查清着火部位、着火物质的来源，及时准确地关闭阀门，切断物料来源及各种加热源；开启冷却水、消防蒸汽等，进行有效冷却或有效隔离；关闭通风装置，防止风助火势或沿通风管道蔓延，从而有效地控制火势以利于灭火。

② 带有压力的设备物料泄漏引起着火时，应切断进料并及时开启泄压阀门，进行紧急放空，同时将物料排入火炬系统或其他安全部位，以利于灭火。

③ 现场当班人员应迅速果断地做出是否停车的决定，并及时向厂调度室报告情况和向消防部门报警。

④ 装置发生火灾后，当班的负责人应对装置采取准确的工艺措施，并充分利用现有的消防设施及灭火器材进行灭火。若火势一时难以扑灭，则要采取防止火势蔓延的措施，保护要害部门，转移危险物质。

⑤ 在专业消防人员到达火场时，生产装置的负责人应主动向消防指挥人员介绍情况，说明着火部位、物质情况、设备及工艺状况，以及已经采取的措施等。

2. 易燃、可燃液体初起火灾的扑救

易燃、可燃液体通常以常压状态储存在容器内，用管道输送。而反应釜（锅、炉等）及其输送管道内的液体压力较高。液体无论是否着火，如果泄漏或溢出，都将沿着地面（或水面）流淌飘散；易燃、可燃液体引起火灾时，还必须迅速查清着火液体相对密度和水溶性如

何，因为这涉及能否用水或普通泡沫灭火剂扑救的问题。另外，还有是否可能发生危险性很大的沸溢及喷溅问题。一般说，易燃、可燃液体火灾的扑救要点需要注意的有以下几个方面的问题。

（1）首先应该切断火势蔓延途径，控制燃烧范围，并积极抢救受伤及被困人员。一方面，如果着火容器、设备有管道与外界相通的，要截断其与外界的联系；另一方面，如果有液体泄漏，应堵漏或者在外围修建防火堤。

（2）及时了解和掌握着火液体的品名、密度、水溶性，以及有无毒害、腐蚀性如何、沸溢、喷溅等危险性；还应该正确判断着火面积，以便采取相应的灭火和防护措施。

① 小面积（在 50m² 以内）液体火灾，一般可用雾状水扑救，但用泡沫、干粉、二氧化碳、卤代烷灭火更有效。

② 大面积液体火灾则必须根据其密度、水溶性和燃烧面积大小，选择适当的灭火剂扑救：

a. 比水轻而不溶于水的液体（如汽油、苯等），一般可用普通蛋白泡沫或水成膜泡沫（即轻水泡沫）扑救；

b. 比水重而不溶于水的液体（如二硫化碳）着火时可用水扑救，用泡沫也有效；

c. 具有水溶性的液体，最好用抗溶性泡沫扑救。

扑救以上三类液体火灾时，都需要用水冷却容器、设备外壁。采用干粉或卤代烷灭火剂时，灭火效果要视燃烧面积大小和燃烧条件而定。

（3）扑救具有毒性、腐蚀性或燃烧产物具有毒性的易燃液体火灾时，救火人员必须佩戴防护面具，采取防护措施。

（4）扑救具有沸溢、喷溅危险的液体（原油、重油等）火灾时，如有条件，可采用放水、搅拌等措施，防止发生沸溢和喷溅；现场指挥发现危险征兆，应迅速做出正确判断，及时下达撤退命令，避免人员伤亡与装备损失。

（5）扑救人员应始终占据火灾现场的上风或侧风地点。

3. 电气火灾的扑救

（1）电气火灾的特点　电气设备着火时，着火场所的很多电气设备可能是带电的。扑救带电电气设备时，应注意现场周围可能存在着较高的接触电压和跨步电压。同时还有一些设备着火时是绝缘油在燃烧，如电力变压器、充油开关等设备内的绝缘油受热后可能发生喷油和爆炸事故，使火灾事故进一步扩大。

（2）扑救时的安全措施　扑救电气火灾时，应首先切断电源，切断电源时应严格按照规程要求操作。

① 火灾发生后，电气设备绝缘已经受损，应用绝缘良好的工具操作。

② 选好切断电源的地点。切断电源地点要选择恰当。夜间切断要考虑临时照明问题。

③ 若需剪断电线，应注意非同相电线应在不同部位剪断，以免造成短路。剪断电线的部位应有支撑物支撑电线，避免电线落地造成短路或触电事故。

④ 切断电源时如需电力部门等的配合，应迅速联系，报告情况，提出断电要求。

（3）带电扑救时的特殊安全措施　为了争取灭火时间，来不及切断电源或因生产需要不允许断电时，要注意以下几点。

① 带电体与人体保持必要的安全距离。一般室内应大于 4m，室外不应小于 8m。

② 选用不导电灭火剂对电气设备灭火。机体喷嘴与带电体的最小距离：10kV 及以下大于 0.4m；35kV 及以下大于 0.6m。

用水枪喷射灭火时，水枪喷嘴处应有接地措施。灭火人员应使用绝缘护具，如绝缘手套、绝缘靴等并采用均压措施。其喷嘴与带电体的最小距离：110kV 及以下大于 3m；220kV 及以下大于 5m。

③ 对架空线路及空中设备灭火时，人体位置与带电体之间的仰角不超过 45°，以防电线断落伤人。如遇带电导体断落地面时要划清警戒区，防止跨步电压伤人。

（4）充油设备的灭火

① 充油设备中，油的闪点多在 130～140℃，一旦着火，危险性较大。如果在设备外部着火，可用二氧化碳、1211、干粉等灭火器带电灭火。如油箱破坏，出现喷油燃烧，且火势很大时，除切断电源外，有事故油坑的，应设法将油导入油坑。油坑中及地面上的油火可用泡沫灭火。要防止油火进入电缆沟。如油火顺沟蔓延，这时电缆沟内的火只能用泡沫灭火。

② 充油设备灭火时，应先喷射中心，以免油火蔓延扩大。

4. 人身着火的扑救

人身着火多数是由于工作场所发生火灾、爆炸事故或扑救火灾引起的。也有因用汽油、苯、酒精、丙酮等易燃油品和溶剂擦洗机械或衣物，遇到明火或静电火花而引起的。当人身着火时，应采取如下措施。

① 若衣服着火又不能及时扑灭，则应迅速脱掉衣服，防止烧坏皮肤。若来不及或无法脱掉应就地打滚，用身体压灭火种。千万不可跑动，否则风助火势会造成更为严重的后果。就地用水灭火效果也会很好。

② 如果人身溅上油类而着火，其燃烧速度很快。人体的裸露部分，如手、脸和颈部最容易烧伤。此时伤痛难忍，神经紧张，会本能地跑动逃脱。在场的人应立即制止其跑动，将其按倒，用石棉布、海草、棉衣、棉被等物覆盖，用水浸湿后覆盖效果更好。用灭火器扑救时，注意不要对着脸部。

在现场抢救烧伤患者时，应特别注意保护烧伤部位，不要碰破皮肤，以防感染。大面积烧伤患者往往会因为伤势过重而休克，此时伤者的舌头易收缩而堵塞咽喉，发生窒息而死亡。在场人员将伤者的嘴撬开，将舌头拉出，保证呼吸顺畅。同时用被褥将伤者轻轻裹起，送往医院救治。

（三）如何报火警

"任何人发现火灾时都应当立即报警。任何单位、个人都应当无偿为报警提供便利，不得阻拦报警。严禁谎报火警。"《中华人民共和国消防法》第四十四条对火灾报警做了明确规定，任何人发现火灾都应当立即报警。这是每个公民应尽的义务。消防工作实践证明，报警晚是酿成火灾的重要原因之一，除自然灾害和易燃易爆物品发生的特殊火灾外，几乎所有重大火灾都与报警晚有密切关系。

1. 把握报警时机：第一时间报警

经验告诉我们，"报警早，损失小。"火灾初起时若能将火扑灭，就能最大限度地减少损失。因此，火灾初起是个关键时刻，把握住这个关键时刻主要有两条：一是利用现场灭火器材及时扑救；二是及时报火警，以便集中足够的力量，尽早地控制和扑灭火灾。不管火势大小，只要发现失火，就应立即报警，不要以为自己有足够的力量扑灭就不报警。因为火势的发展往往是难以预料的，如扑救方法不当、对起火物质的性质不了解、灭火器材的效用限制等原因，均有可能导致控制不住火势而酿成大火。若火势扩大到了火灾发展阶段才报警，即使消防队员立即赶到现场扑救，也必然费力费时，造成更大损失。如果火灾已发展到猛烈阶段，则扑救难度相当大，消防队员到现场时只能控制火势，不使之蔓延扩大，但损失和危害已成定局。所以，报警早，损失小，就是这个道理。及时报警，这是发现火情的首要行动之一。然而现实生活中起火后由于报警不当导致小灾成大灾的案例不胜枚举。

2. 报火警的方法

M3-6　模拟报警
视频

首先要稳定情绪，头脑冷静，其次要牢记火警电话"119"，用手机报警不要加上长途区号，直拨"119"即可。在报警时一定要讲清以下内容：发生火灾单位或个人的详细地址，包括街道名称、门牌号码，靠近何处；楼宇发生火灾要讲明第几层楼等。讲清起火物，如房屋、商店、油库、露天堆场等；房屋着火最好讲明是何建筑，如棚屋、砖木结构、新式工房、高层建筑等；尤其要注意讲明的是起火物为何物，如液化石油气、汽油、化学试剂、棉花、麦秸等，以便消防部门根据情况派出相应的灭火车辆。讲清火势情况，如冒烟、有火光、火势猛烈，有多少间房屋着火等，同时要讲清报警人姓名及所用电话的号码，以便消防部门电话联系，了解火场情况，还应派人到路口接应消防车。

3. 不许骚扰、谎报火警

任何单位和个人发现失火时，都有义务打"119"电话迅速准确地向公安消防部门报警。日夜值班的调度中心时刻处理报警电话，用最快的速度派出消防人员与车辆赶赴火场。一年四季，消防部门的执勤灭火任务相当繁重。然而，火警电话常常受到无端骚扰和恶意谎报。这些

M3-7　《中华人民
共和国消防法》
（2019版）

打电话者有的闲暇无聊，打报警电话逗乐；有的喝酒过量，半夜三更不停地拨打；有的抱试探心理，看打电话后消防车是否会来；有的恶作剧，对某人有意见，用谎报火警的方法报复对方……这些恶劣行为严重干扰、破坏了消防部队的日常工作和执勤备战。骚扰、谎报火警是危害公共安全的行为。骚扰电话多了，报警电话可能打不进来；因谎报的火警派出消防车辆，必然削弱正常的执勤力量，如这时其他地方真正发生火灾，将影响正常的扑救；消防车出警到一个地方造成紧张气氛，将影响交通秩序。

知识拓展

《中华人民共和国消防法》。

拓展阅读

关于炸药不得不说的人

——纪念胸怀大爱、敢为人先、奖掖后学的国际知名人士诺贝尔

炸药是现代世界不可或缺的一类化学品。提到炸药，就不得不说举世闻名的诺贝尔先生。

阿尔弗雷德·贝恩哈德·诺贝尔（Alfred Bernhard Nobel，1833年10月21日-1896年12月10日），出生于斯德哥尔摩，瑞典化学家、工程师、发明家、军工装备制造商和炸药的发明者。

诺贝尔一生拥有355项专利发明，并在欧美等五大洲20个国家开设了约100家公司和工厂，积累了巨额财富。诺贝尔生前拥有Bofors（卜福斯）公司，该公司拥有350

多年历史，此前主要生产钢铁。诺贝尔将公司的主要产品方向改为生产军工产品。在第二次世界大战中，公司多项产品曾授权多国生产，并受军队广泛好评。

诺贝尔漂泊的一生充满着传奇色彩。

1841 年，诺贝尔进了当地的约台小学，这是他一生中唯一接受正规教育的一所学校。诺贝尔由于生病，上课出勤率最低。但是在学校里，他学习努力，成绩经常名列前茅。

1842 年，诺贝尔全家移居俄国的彼得堡。9 岁的诺贝尔因不懂俄语，身体又不好，不能进当地学校。他父亲请了一位家庭教师，辅导他兄弟三人学习文化。老师经常进行成绩考核，向父亲汇报学习情况，诺贝尔进步很快。

1850 年，17 岁的诺贝尔便以工程师的名义远渡重洋，到了美国，在有名的艾利逊工程师工厂里实习。实习期满后，他又到欧美各国考察了 4 年，才回到家中。在考察中，他每到一处，就立即开始工作，深入了解各国工业发展的情况。

1850 年，为研究化学留学美国。

1852 年，回到圣彼得堡。

1858 年，为筹措父亲的事业资金前往伦敦。

1859 年，因父亲生意失败带着弟弟耶米尔回到斯德哥尔摩。

1860 年，开始从事硝化甘油炸药的研究，自此年开始进入个人的研究阶段。

1863 年，诺贝尔返回瑞典，与父亲及弟弟共同研制炸药，因意外爆炸事故炸毁工厂，政府禁止他们再进行试验。他因此一度把实验室设在了斯德哥尔摩市外马拉湖的一条船上。该年秋季，诺贝尔成功发明硝化甘油炸药用雷管，10 月，获得硝化甘油炸药的专利。

1864 年，因硝化甘油工厂爆炸，弟弟耶米尔惨死，关闭瑞典工厂，前往在德国工厂；10 月，成立硝化甘油炸药公司。

1865 年，在德国汉堡设立火药公司，并在克鲁伯建厂。

1866 年，硝化甘油爆炸事件不断在世界各地发生，因此各地争相取缔，硝化甘油公司陷入困境，同时发明了甘油炸药。

1867 年 5 月，获得英国的炸药专利，新的诺贝尔雷管发明成功。

1867 年，在欧洲各地开设诺贝尔公司，炸药事业鼎盛，与父亲同时获得瑞典科学研究院的亚斯特奖。

1871 年，在英国创办炸药公司，与保罗·鲍合作创业。

1873 年，定居巴黎。

1876 年，雇用斯陀夫人为秘书，之后逐渐热衷于和平运动。

1878 年，完成发明可塑炸药；5 月，加入石油业，成立诺贝尔兄弟石油公司。

1880 年，获得瑞典国王创议颁发的科学勋章，又得到法国大勋章。

1884 年，被推荐为伦敦皇家协会、巴黎技术协会、瑞典皇家科学协会的会员。

1887 年，取得喷射炮弹火药的专利。

1890 年，被迫离开居住十八年之久的巴黎，搬到意大利圣利摩，在当地创立研究所。在此后的六年间，他不断致力于各种各样的新发明，涉及到化工、机械、电气、医疗等领域。

1893 年，成为瑞典芜普撒勒大学的荣誉教授，讲授哲学。

1895 年 11 月 27 日，立下遗嘱，诺贝尔奖因此产生。

1896 年 12 月 10 日晚上，在圣利摩的米欧尼德庄去世，终年 63 岁。

诺贝尔一生发明极多，其中炸药是最出名的一项，多达 129 种，对世界的影响卓著非凡。

诺贝尔在他逝世的前一年，立嘱将其遗产的大部分（约 920 万美元）作为基金，将每年所得利息分为 5 份，设立物理、化学、生理或医学、文学及和平 5 种奖金（1969 年瑞典银行增设经济学奖）——即诺贝尔奖，授予世界各国在这些领域对人类作出重大贡献的人。

为了纪念诺贝尔的崇高和不凡，人造元素锘（Nobelium）以诺贝尔命名。

 ──────── 检查与评价

1. 学生对灭火原理与方法的理解。
2. 学生对灭火器的正确使用。
3. 阻火原理与阻火设施。
4. 化工装置着火的扑救。

 ──────── 课外作业

1. 网络作业（见智慧职教网 http：//www.icve.com.cn/）。
2. 什么叫爆炸极限？影响爆炸极限的主要因素有哪些？
3. 阻火器的原理是什么？有哪些常见阻火器？
4. 灭火的原理有哪些？常见的灭火器材有哪些？干粉灭火器如何使用？
5. 人身着火如何扑救？如何报火警？

情境四

化工"三废"安全管理与应用

学习目标

知识目标	掌握化工"三废"安全的基础知识；掌握化工"三废"处理典型技术原理及处理设施。
能力目标	掌握化工"三废"处理的典型工艺流程及常用的核心设备和设施的操作。
素质目标	培养环保领先、合作共赢、造福人类、持续发展的创业理念，养成以工匠精神为核心的劳动者职业素养，提高"三废"治理水平，建立生态平衡、环境安全的重要理念。

教学引导案例

重庆某工厂以逃避监管的方式倾倒有毒物质案

一、案件介绍

2020年9月2日，群众电话举报某农田内被非法倾倒大量黑色工业废物。执法人员会同监测人员对倾倒点及周边溪沟水质进行现场采样，pH值高达12.5。初步判断倾倒物属于废碱水，该镇从事碱法制造竹浆的某工厂存在重大作案嫌疑。

经查明，该厂于 2019 年 4 月底停产后，水池内留存约 100 余吨废碱水。8 月，杨某得知该厂要处置废水后，通过张某联系到该厂投资人吴某，吴某将废碱水交由杨某倾倒处置，并与杨某签订了虚假的《废碱水买卖合同》。8 月 28 日至 9 月 1 日晚，杨某驾驶货车搭载张某，连续 4 日在夜间前往该厂，装载废碱水运输到某村征地区域进行倾倒，共计倾倒 20 车约 140t 废碱水，造成约 15 亩农田及下游小溪 500m 的水体受到不同程度污染。吴某支付给杨某处置费 2 万元。

区生态环境局出动危化品运输车辆将废液全部转移暂存至污水处理厂应急池内，有效避免了污染的进一步扩大。同时依法认定，该厂厂区内储存池的废液和其所倾倒的废液属于《国家危险废物名录》明确的危险废物（类别为 HW35，代码为 900－399－35）。该厂及直接责任人员的行为涉嫌污染环境罪，依法移送公安机关立案侦查。

2020 年 12 月 25 日，吴某、杨某、张某与区生态环境局达成了《生态损害赔偿协议》，约定由三人缴纳生态环境损害修复费用合计约 21 万元。2021 年 2 月 9 日，法院判处吴某有期徒刑两年三个月，并处罚金 5 万元；杨某有期徒刑两年，并处罚金 5 万元；张某有期徒刑一年十个月，并处罚金 5 万元；对杨某、张某违法所得的 2 万元予以追缴。

二、案例启示

① 生态环境部门通过应急处置、行政处罚、刑事案件移送、启动生态环境损害赔偿等手段全过程防范环境风险。案发后，区生态环境局立即开展现场应急处置，出动危化品运输车辆、挖机、抽水泵等设备，参与应急处置相关人员 100 余人次，将液态废物全部转移暂存至污水处理厂应急池内，有效避免了污染的进一步扩大。

② 在案件调查和应急处置过程中，生态环境部门注重证据保全工作，充分收集证据材料向公安机关移送。启动生态环境损害赔偿程序，依法追究污染责任人生态环境损害赔偿责任，同时通过移交公安机关，依法追究当事人的刑事责任。

③ 涉及废水、固废、废气和危险废物产生、贮存、运输、利用及处置的企业和经营者应加强新环保法学习，严格遵守环保法的相关法律规定，自觉履行生态环境保护责任，加强守法意识。

 相关知识介绍

化工"三废"安全知识

一、化工废水的来源、特点及安全防治

（一）化工废水的来源、特点及危害

化学工业包括有机化工和无机化工两大类，化工产品多种多样，成分复杂，由化工厂排出的废水称为化工废水。化工废水多种多样，多数有剧毒，不易净化，在生物体内有一定的积累作用，在水体中具有明显的耗氧性质，易使水质恶化。

（1）基本特点

① 有毒性和刺激性。化工废水中含有许多污染物，有些是有毒或有剧毒的物质，如氰、酚、砷、汞、镉和铅等，有的物质不易分解，在生物体内长期积累会造成中毒，如有机氯化合

物；有些据称是致癌物质，如多环芳烃化合物等；此外，还有一些有刺激性、腐蚀性的物质，如无机酸、碱类等。

② 生化需氧量（BOD）和化学需氧量（COD）都较高，生物难降解物质多，可生化性差。特别是石油化工废水中各种有机酸、醇、醛、酮、醚和环氧化物等有机物的浓度较高，在水中会进一步氧化分解，消耗水中大量的溶解氧，直接影响水生生物的生存。

③ pH 值不稳定。化工排放的废水时而强酸性、时而强碱性的现象是常有的，对生物、建筑物及农作物都有极大的危害。

④ 营养化物质较多。含磷、氮量较高的废水会造成水体富营养化，使水中藻类和微生物大量繁殖，严重时会造成"赤潮"，影响鱼类生长。

⑤ 恢复比较困难。受到有害物质污染的水域要恢复到水域的原始状态是相当困难的。尤其被微生物所浓集的重金属物质，停止排放仍难以消除。

⑥ 废水色度高。无机化工废水包括从无机矿物制取酸、碱、盐类等基本化工原料产生的废水，这类生产中主要是冷却用水，排出的废水中含酸、碱、大量的盐类和悬浮物，有时还含硫化物和有毒物质。有机化工废水则成分多样，包括合成橡胶、合成塑料、人造纤维、合成染料、油漆涂料、制药等过程中排放的废水，具有强烈耗氧的性质，毒性较强，且由于多数是人工合成的有机化合物，因此污染性很强，不易分解。

（2）废水的危害

① 工业废水直接流入渠道、江河、湖泊污染地表水，如果毒性较大会导致水生动植物的死亡甚至绝迹。

② 工业废水还可能渗透到地下，污染地下水。

③ 如果周边居民采用被污染的地表水或地下水作为生活用水，会危害身体健康，重者会死亡。

④ 工业废水渗入土壤，造成土壤污染，影响植物和土壤中微生物的生长。

⑤ 有些工业废水还带有难闻的恶臭，污染空气。

⑥ 工业废水中的有毒有害物质会被动植物摄食和吸收后残留在体内，而后通过食物链到达人体内，对人体造成危害。

（3）处理难点

① 化工产品在生产过程中工艺用水和冷却用水量很大，生产工艺落后、设备陈旧，清污难以分流，耗水量大，水循环利用及回收利用率低。

② 化工废水的水质复杂且污染物含量高。

③ 废水中的污染物大都具有毒性，如重金属、铅、镉等。

从以上特点可以看出化工废水的复杂性及其给治理带来的难度。

（二）化工废水处理方法

1. 物理处理技术

废水物理处理法是通过物理作用分离和去除废水中不溶解的呈悬浮状态的污染物（包括油膜、油珠）的方法。处理过程中，污染物的化学性质不发生变化。常用方法有：①重力分离法，其处理单元有沉淀、上浮（气浮）等，使用的处理设备是沉淀池、沉砂池、隔油池、气浮池及其附属装置等。②离心分离法，其本身是一种处理单元，使用设备有离心分离机、水旋分离器等。③筛滤截留法，有栅筛截留和过滤两种处理单元，前者使用格栅、筛网，后者使用砂滤池、微孔滤机等。此外，还有废水蒸发处理法、废水气液交换处理法、废水高梯度磁分离处理法、废水吸附处理法等。物理处理法的优点：设备大都较简单，操作方便，分离效果良好，故使用极为广泛。

（1）重力分离　废水重力分离处理法是利用重力作用原理使废水中的悬浮物与水分离，去除悬浮物质而使废水净化的方法。可分为沉降法和上浮法。悬浮物密度大于废水者沉降，小于废水者上浮。影响沉淀或上浮速度的主要因素有：颗粒密度、粒径大小、液体温度、液体密度和绝对黏滞度等。此种物理处理法是最常用、最基本的废水处理法，应用历史较久。

视频扫一扫

M4-1　循环式活性
污泥法

（2）筛滤截留　废水筛滤截留法是利用留有孔眼的装置或由某种介质组成的滤层截留废水中的悬浮固体的方法。使用设备有：格栅，用以截阻大块固体污染物；筛网，用以截阻、去除废水中的纤维、纸浆等较细小的悬浮物；布滤设备，用以截阻、去除废水中的细小悬浮物；砂滤设备，用以过滤截留更为微细的悬浮物。

（3）气液交换　废水气液交换处理法是采用向废水中打入或溶入氧气或其他能起氧化作用的气体，以氧化水中的某些化学污染物，特别是有机物，或者使溶解于废水中的挥发性污染物转移到气体中逸出，使废水净化的方法。影响气液交换的因素有：气液接触面积和方式、气液交换设备、废水性质、水温、pH值、气液比等。

（4）离心分离　废水离心分离处理法是利用装有废水的容器高速旋转形成的离心力去除废水中悬浮颗粒的方法。按离心力产生的方式，可分为水旋分离器和离心机两种类型。分离过程中，悬浮颗粒质量大，受到较大离心力的作用被甩向外侧，废水则留在内侧，各自通过不同的出口排出，使悬浮颗粒从废水中分离出来。

（5）高梯度磁分离　废水高梯度磁分离处理法是利用磁场中磁化基质的感应磁场和高梯度磁场所产生的磁力从废水中分离出颗粒状污染物或提取有用物质的方法。磁分离器可分为永磁分离器和电磁分离器两类，每类又有间歇式和连续式之分。高梯度磁分离技术用于处理废水中磁性物质，具有工艺简便、设备紧凑、效率高、速度快、成本低等优点。

2. 化学处理技术

废水化学处理法是通过化学反应和传质作用来分离、去除废水中呈溶解、胶体状态的污染物或将其转化为无害物质的废水处理法。以投加药剂产生化学反应为基础的处理单元有混凝、中和、氧化还原等；以传质作用为基础的处理单元有萃取、汽提、吹脱、吸附、离子交换以及电渗吸和反渗透等。

化学处理技术是通过化学反应改变废水中污染物的化学性质或物理性质，使它或从溶解、胶体或悬浮状态转变为沉淀或漂浮状态，或从固态转变为气态，进而从水中除去的废水处理方法。废水化学处理法可分为：废水中和处理法、废水的混凝处理法、废水的化学沉淀处理法、废水氧化处理法、废水萃取处理法等。有时为了有效地处理含有多种不同性质的污染物的废水，将上述两种以上处理法组合起来。如处理小流量和低浓度的含酚废水，就把化学混凝处理法（除悬浮物等）和化学氧化处理法（除酚）组合起来。

常用方法有废水臭氧化处理法、废水电解处理法、废水化学沉淀处理法、废水混凝处理法、废水氧化处理法、废水中和处理法等。与生物处理法相比，能较迅速、有效地去除更多的污染物，可作为生物处理后的三级处理措施。此法还具有设备容易操作、容易实现自动检测和控制、便于回收利用等优点。化学处理法能有效地去除废水中多种剧毒和高毒污染物。

（1）废水氧化处理法　废水氧化处理法是利用强氧化剂氧化分解废水中的污染物，以净化废水的方法。强氧化剂能将废水中的有机物逐步降解成为简单的无机物，也能把溶解于水中的污染物氧化为不溶于水而易于从水中分离出来的物质。

常用氧化剂：①氯类，有气态氯、液态氯、次氯酸钠、次氯酸钙、二氧化氯等；②氧类，有空气中的氧、臭氧、过氧化氢、高锰酸钾等。氧化剂的选择应考虑：对废水中特定的污染物有良好的氧化作用，反应后的生成物应是无害的或易于从废水中分离，价格便宜，来源方便，常温下反应速度较快，反应时不需要大幅度调节 pH 值等。氧化处理法几乎可处理一切工业废水，特别适用于处理废水中难以被生物降解的有机物，如绝大部分农药和杀虫剂、酚、氰化物，以及引起色度、臭味的物质等。

（2）废水电解处理法　废水电解处理法是应用电解的基本原理，使废水中有害物质通过电解转化成为无害物质以实现净化的方法。废水电解处理包括电极表面电化学作用、间接氧化和间接还原、电浮选和电絮凝等过程，分别以不同的作用去除废水中的污染物。其主要优点：①使用低压直流电源，不必大量耗费化学药剂；②在常温常压下操作，管理简便；③如废水中污染物浓度发生变化，可以通过调整电压和电流的方法，保证出水水质稳定；④处理装置占地面积不大。但在处理大量废水时电耗和电极金属的消耗量较大，分离的沉淀物不易处理利用，主要用于含铬废水和含氰废水的处理。

（3）废水化学沉淀处理法　废水化学沉淀处理法是通过向废水中投加可溶性化学药剂，使之与其中呈离子状态的无机污染物起化学反应，生成不溶于或难溶于水的化合物沉淀析出，从而使废水净化的方法。投入废水中的化学药剂称为沉淀剂，常用的有石灰、硫化物和钡盐等。

根据沉淀剂的不同，可分为：①氢氧化物沉淀法，即中和沉淀法，是从废水中除去重金属有效而经济的方法；②硫化物沉淀法，能更有效地处理含金属废水，特别是经氢氧化物沉淀法处理仍不能达到排放标准的含汞、含镉废水；③钡盐沉淀法，常用于电镀含铬废水的处理。化学沉淀法是一种传统的水处理方法，广泛用于水质处理中的软化过程，也常用于工业废水处理，以去除重金属和氰化物。

（4）废水混凝处理法　废水混凝处理法是通过向废水中投加混凝剂，使其中的胶粒物质发生凝聚和絮凝而分离出来，以净化废水的方法。混凝系凝聚作用与絮凝作用的合称。前者系因投加电解质，使胶粒电动电势降低或消除，以致胶体颗粒失去稳定性，脱稳胶粒相互聚结而产生；后者系由高分子物质吸附搭桥，使胶体颗粒相互聚结而产生。混凝剂可归纳为两类：①无机盐类，有铝盐（硫酸铝、硫酸铝钾、铝酸钾等）、铁盐（三氯化铁、硫酸亚铁、硫酸铁等）和碳酸镁等；②高分子物质，有聚合氯化铝、聚丙烯酰胺等。处理时，向废水中加入混凝剂，消除或降低水中胶体颗粒间的相互排斥力，使水中胶体颗粒易于相互碰撞和附聚搭接而形成较大颗粒或絮凝体，进而从水中分离出来。影响混凝效果的因素有：水温、pH 值、浊度、硬度及混凝剂的投放量等。

（5）废水中和处理法　废水中和处理法是利用中和作用处理废水，使之净化的方法。其基本原理是，使酸性废水中的 H^+ 与外加的 OH^-，或使碱性废水中的 OH^- 与外加的 H^+ 相互作用，生成弱解离的水分子，同时生成可溶解或难溶解的其他盐类，从而消除它们的有害作用。反应服从当量定律。采用此法可以处理并回收利用酸性废水和碱性废水，可以调节酸性或碱性废水的 pH 值。

化学处理还可作为生物处理后的三级处理措施，如以折点氯化法或碱化吹脱法去除氨氮，以化学沉淀法除磷，以臭氧、二氧化氯、高锰酸钾等氧化法去除难以生物降解的有机污染物。

化学处理法还能有效地去除废水中的多种剧毒和高毒污染物，如用中和沉淀和硫化物沉淀法、电解法、离子浮选法、化学吸附法、溶剂萃取法去除或回收汞、镉、铜、锌、铬等重金属，用化学氧化法破坏氰化物和酚等。用强氧化剂的化学氧化法能分解难以生物降解的合成洗涤剂（ABS），并能分解带发色基团的化合物而去除其色度。中和法广泛应用于处理酸性和碱性废水。

与生物处理法相比，化学处理法能迅速、有效地去除种类更多的污染物，特别是生物处理法不能奏效的一些污染物。化学处理设备容易操作，也容易实现自动检测和控制；一些有毒有害的污染物能作为有用的资源回收利用。化学处理系统能实现一些工业用水的闭路循环。在水和其他资源日渐短缺的现状下，废水化学处理法将获得更大的发展。

这种处理方法的缺点是化学药剂比较昂贵，处理后产生大量难以脱水的污泥，因而它的发展一度受到限制。近年来由于用途广泛的许多种化学处理药剂和设备相继问世，价格逐渐降低，因而化学处理法在废水处理中的应用日益广泛，现今已渐与生物处理法并驾齐驱。

3. 生物处理技术

利用微生物的代谢作用除去废水中有机污染物的一种方法，亦称废水生物化学处理法，简称废水生化法，分需氧生物处理法和厌氧生物处理法两种。需氧生物处理法是利用需氧微生物在有氧条件下将废水中复杂的有机物分解的方法。生活污水中的典型有机物是碳水化合物、合成洗涤剂、脂肪、蛋白质及其分解产物如尿素、甘氨酸、脂肪酸等。这些有机物可按生物体系中所含元素量的多寡顺序表示为 COHNS。在废水需氧生物处理中反应可用下式表示：

$$微生物细胞 + COHNS + O_2 \longrightarrow 较多的细胞 + CO_2 + H_2O + NH_3$$

生物体系中这些反应有赖于生物体系中的酶来加速。酶按其催化反应分为：①氧化还原酶。在细胞内催化有机物的氧化还原反应，促进电子转移，使其与氧化合或脱氢。可分为氧化酶和还原酶。氧化酶可活化分子氧，作为受氢体而形成水或过氧化氢。还原酶包括各种脱氢酶，可活化基质上的氢，并由辅酶将氢传给被还原的物质，使基质氧化，受氢体还原。②水解酶。对有机物的加水分解反应起催化作用。水解反应是在细胞外产生的最基本的反应，能将复杂的高分子有机物分解为小分子，使之易于透过细胞壁。如将蛋白质分解为氨基酸，将脂肪分解为脂肪酸和甘油，将复杂的多糖分解为单糖等。此外还有脱氨基、脱羧基、磷酸化和脱磷酸等酶。许多酶只有在一些称为辅酶和活化剂的特殊物质存在时才能进行催化反应，钾、钙、镁、锌、钴、锰、氯化物、磷酸盐离子在许多种酶的催化反应中是不可缺少的辅酶或活化剂。在需氧生物处理过程中，污水中的有机物在微生物酶的催化作用下被氧化降解，分三个阶段：第一阶段，大的有机物分子降解为构成单元——单糖、氨基酸或甘油和脂肪酸。在第二阶段中，第一阶段的产物部分地被氧化为下列物质中的一种或几种：二氧化碳、水、乙酰基辅酶A、α-酮戊二酸（或称α-氧化戊二酸）或草醋酸（又称草酰乙酸）。第三阶段（即三羧酸循环，是有机物氧化的最终阶段）乙酰基辅酶A、α-酮戊二酸和草醋酸被氧化为二氧化碳和水。有机物在氧化降解的各个阶段，都释放出一定的能量。在有机物降解的同时，还发生微生物原生质的合成反应。在第一阶段中由被作用物分解成的构成单元可以合成碳水化合物、蛋白质和脂肪，再进一步合成细胞原生质。合成能量是微生物在有机物的氧化过程中获得的。厌氧生物处理法主要用于处理污水中的沉淀污泥，因而又称［HTK］污泥消化［HT］，也用于处理高浓度的有机废水。这种方法是在厌氧细菌或兼性细菌的作用下将污泥中的有机物分解，最后产生甲烷和二氧化碳等气体，这些气体是有经济价值的能源。中国大量建设的沼气池就是具体应用这种方法的典型实例。消化后的污泥比原生污泥容易脱水，所含致病菌大大减少，臭味显著减弱，肥分变成速效的，体积缩小，易于处置。城市污水沉淀污泥和高浓度有机废水的完全厌氧消化过程可分为三个阶段。在第一阶段，污泥中的固态有机化合物借助于从厌氧菌分泌出的细胞外水解酶得到溶解，并通过细胞壁进入细胞中进行代谢的生化反应。在水解酶的催化下，将复杂的多糖类水解为单糖类，将蛋白质水解为缩氨酸和氨基酸，并将脂肪水解为甘油和脂肪酸。第二阶段是在产酸菌的作用下将第一阶段的产物进一步降解为比较简单的挥发性有机酸等，如乙酸、丙酸、丁酸等挥发性有机酸，以及醇类、醛类等；同时生成二氧化碳和新的微生物细胞。第一、二阶段又称为液化过程。第三阶段是在甲烷菌的作用下将第二阶段产生的挥发酸转化成甲烷和二氧化碳，因此又称为汽化过程，其反应可用下式表示。

一些有机酸或醇的汽化过程举例如下：

乙酸：

$$CH_3COOH \longrightarrow CO_2 + CH_4$$

丙酸：

$$4CH_3CH_2COOH + 2H_2O \longrightarrow 5CO_2 + 7CH_4$$

甲醇：

$$4CH_3OH \longrightarrow CO_2 + 3CH_4 + 2H_2O$$

乙醇：

$$2CH_3CH_2OH + CO_2 \longrightarrow 2CH_3COOH + CH_4$$

为了使厌氧消化过程正常进行，必须将温度、pH值、氧化还原电势等保持在一定的范围内，以维持甲烷菌的正常活动，保证及时地和完全地将第二阶段产生的挥发酸转化成甲烷。

生物化学反应的速度直接受温度的影响。进行厌氧消化的微生物有两类：中温消化菌和高温消化菌。前者的适应温度范围为 $17 \sim 43℃$，最佳温度为 $32 \sim 35℃$；后者则在 $50 \sim 55℃$ 具有最佳反应速度。

近年来，厌氧消化处理法发展到应用于处理高浓度有机废水，如屠宰场废水、肉类加工废水、制糖工业废水、酒精工业废水、罐头工业废水、亚硫酸盐制浆废水等，比采用需氧生物处理法节省费用。

利用生物法处理废水的具体方法有活性污泥法、生物膜法、氧化塘法、土地处理系统和污泥消化等。

4. 物理化学处理技术

废水中的污染物在处理过程或自然界的变化过程中，通过相转移作用而达到去除的目的，这种处理或变化工程称为物理化学过程。污染物在物理化学过程中可以不参与化学变化或化学反应，直接从一相转移到另一相，也可以经过化学反应后再转移，因此在物理化学处理过程中可能伴随着化学反应，但不一定总是伴随化学反应。常见的物理化学处理过程有吸附、离子交换、萃取、吹脱和汽提、膜分离过程等。

（1）废水萃取处理法　废水萃取处理法是利用萃取剂，通过萃取作用使废水净化的方法。根据一种溶剂对不同物质具有不同溶解度这一性质，可将溶于废水中的某些污染物完全或部分分离出来。向废水中投加不溶于水或难溶于水的溶剂（萃取剂），使溶解于废水中的某些污染物（被萃取物）经萃取剂和废水两液相间界面转入萃取剂中。

萃取操作按处理物的物态可分固液萃取和液液萃取两类。工业废水的萃取处理属于后者，其操作流程：①混合，即使废水和萃取剂最大限度地接触；②分离，即使轻、重液层完全分离；③萃取剂再生，即萃取后，分离出被萃取物，回收萃取剂，重复使用。萃取剂的选择应满足：①对被萃取物的溶解度大，而对水的溶解度小；②与被萃取物的密度、沸点有足够差别；③具有化学稳定性，不与被萃取物起化学反应；④易于回收和再生；⑤价格低廉，来源充足。此法常用于较高浓度的含酚或含苯胺、苯、醋酸等工业废水的处理。

（2）废水光氧化处理法　废水光氧化处理法是利用紫外线和氧化剂的协同氧化作用分解废水中有机物，使废水净化的方法。废水氧化处理使用的氧化剂（氯、次氯酸盐、过氧化氢、臭氧等），因受温度影响，往往不能充分发挥其氧化能力；采用人工紫外光源照射废水，使废水中的氧化剂分子吸收光能而被激发，形成具有更强氧化性能的自由基，增强氧化剂的氧化能力，从而能迅速、有效地去除废水中的有机物。光氧化法适用于废水的高级处理，尤其适用于生物法和化学法难以氧化分解的有机废水的处理。

（3）废水离子交换处理法　废水离子交换处理法是借助于离子交换剂中的交换离子同废水中的离子进行交换而去除废水中有害离子的方法。其交换过程：①被处理溶液中的某离子迁移到附着在离子交换剂颗粒表面的液膜中；②该离子通过液膜扩散（简称膜扩散）进入颗粒中，并在颗粒的孔道中扩散而到达离子交换剂的交换基团的部位上（简称颗粒内扩散）；③该离子同离子交换剂上的离子进行交换；④被交换下来的离子沿相反途径转移到被处理的溶液中。离子交换反应是瞬间完成的，而交换过程的速度主要取决于历时最长的膜扩散或颗粒内扩散。

离子交换的特点：依当量关系进行，反应是可逆的，交换剂具有选择性。应用于各种金属表面加工产生的废水处理和从原子核反应器、医院和实验室废水中回收或去除放射性物质，具有广阔的前景。

（4）废水吸附处理法　废水吸附处理法是利用多孔性固体（称为吸附剂）吸附废水中某种或几种污染物（称为吸附质），以回收或去除某些污染物，从而使废水得到净化的方法。有物理吸附和化学吸附之分。前者没选择性，是放热过程，温度降低利于吸附；后者具选择性，系吸热过程，温度升高利于吸附。

吸附法单元操作分三步：①使废水和固体吸附剂接触，废水的污染物被吸附剂吸附；②将吸附有污染物的吸附剂与废水分离；③进行吸附剂的再生或更新。

按接触、分离的方式，可分为：①静态间歇吸附法，即将一定数量的吸附剂投入反应池的废水中，使吸附剂和废水充分接触，经过一定时间达到吸附平衡后，利用沉淀法或再辅以过滤将吸附剂从废水中分离出来；②动态连续吸附法，即当废水连续通过吸附剂填料时，吸附去除其中的污染物。吸附剂有活性炭与大孔吸附树脂等。炉渣、焦炭、硅藻土、褐煤、泥煤、黏土等均为廉价吸附剂，但它们的吸收容量小，效率低。

（5）微电解处理法　微电解处理作为近年来新兴起的处理工艺，已取得了广泛的应用。现有工艺生产的微电解填料已克服了板结钝化的弊端，填料可持续高效地运行。

特别针对有机物浓度大、高毒性、高色度、难生化废水的处理，可大幅度地降低废水的色度和COD，提高BOD/COD比值即提高废水的可生化性。可广泛应用于：印染、化工、电镀、制浆造纸、制药、洗毛、农药、酱菜、酒精等各类工业废水的处理及处理水回用工程。

① 印染废水、焦化废水和石油化工废水，经微电解处理在脱色的同时水中的BOD/COD值显著提高。

② 石油废水、皮革废水、造纸废水和木材加工废水，经微电解处理后水中的BOD/COD值大幅度提高。

③ 电镀废水、印刷废水、采矿废水及其他含有重金属的废水，经微电解处理可以去除重金属。

④ 有机磷农业废水和有机氯农业废水，经微电解处理后大大提高废水的可生化性，且可除磷、除硫化物。

二、化工废气的来源、特点及安全防治

1. 化工废气的来源、特点及危害

化工废气是指在化工生产中由化工厂排出的有毒有害的气体。化工废气往往含有污染物种类很多，物理和化学性质复杂，毒性也不尽相同，严重污染环境和影响人体健康。不同化工生

产行业产生的化工废气成分差别很大。如氯碱行业产生的废气中主要含有氯气、氯化氢、氯乙烯、汞、乙炔等，氮肥行业产生的废气中主要含有氮氧化物、尿素粉尘、一氧化碳、氨气、二氧化硫、甲烷等，以及汽车尾气等。

按照污染物存在的形态，化工废气可分为颗粒污染物和气态污染物，颗粒污染物包括尘粒、粉尘、烟尘、雾尘、煤尘等；气态污染物包括含硫化合物、含氮化合物、碳氧化合物、碳氢化合物、卤氧化合物等。

按照与污染源的关系可分为一次污染物和二次污染物。从化工厂污染源直接排出的原始物质，进入大气后性质没有发生变化，称为一次污染物；若一次污染物与大气中原有成分发生化学反应，形成与原污染物性质不同的新污染物，称为二次污染物。

化学工业生产装置复杂，治理设施各异，其中废气的治理在石化工业中占有重要地位。化工废气有如下特点：

① 易燃、易爆气体较多。如低沸点的酮、醛，易聚合的不饱和烃等，大量易燃、易爆气体如不采取适当措施，容易引起火灾、爆炸事故，危害极大。

② 排放物大多都有刺激性或腐蚀性。如二氧化硫、氮氧化物、氯气、氟化氢等气体都有刺激性或腐蚀性，尤其以二氧化硫排放量最大，二氧化硫气体直接损害人体健康，腐蚀金属、建筑物和雕塑的表面，还易氧化成硫酸酸盐降落到地面，污染土壤、森林、河流、湖泊。

③ 废气中浮游粒子种类多、危害大。化工生产排除的浮游粒子包括粉尘、烟气、酸雾等，种类繁多，对环境的危害较大。特别当浮游粒子与有害气体同时存在时能产生协同作用，对人的危害更为严重。

2. 化工废气的安全防治

化工废气主要污染成分为气态污染物，常用的气态污染物的防治措施主要有吸收法、吸附法、冷凝法、催化转化法、燃烧法、生物净化法及膜分离等。

（1）吸收法　吸收法处理是利用液态吸收剂处理气体混合物以除去其中某一种或几种气体的过程。在这过程中会发生某些气体在溶液中溶解的物理作用，这是物理吸收。也有气液中化学物质之间发生化学反应，这是化学吸收。吸收作用常用于气体污染物的处理与回收，如用石灰乳液吸收烟气中的二氧化硫，生成石膏；用碱性溶液或稀硝酸吸收硝酸厂尾气中的氮氧化物，回收再用；还有用碳酸钠等碱性溶液吸收硫化氢。我国研究成功的APS法以苦味酸为催化剂，以煤气中的氨为吸收剂，可同时吸收脱除硫化氢、氰化氢，效率较高。吸收法还广泛用于有机废气的预处理，如除尘、除油雾、除水溶性组成，为进一步净化做准备。

（2）吸附法　吸附是一种固体表面现象。它是利用多孔性固体吸附剂处理气态污染物，使其中的一种或几种组分，在固体吸附剂表面，在分子引力或化学键力的作用下，被吸附在固体表面，从而达到分离的目的。

常用的固体吸附剂有焦炭和活性炭等，其中应用最为广泛的是活性炭。

活性炭对苯、甲苯、二甲苯、乙醇、乙醚、煤油、汽油、苯乙烯、氯乙烯等物质都有吸附功能。新喷油漆的墙壁或家具有一股浓烈的油漆味，要去除漆味，只需在室内放两盆冷盐水，一两天漆味便除，也可将洋葱浸泡在盆中，同样有效。

（3）冷凝法　冷凝法是利用物质在不同温度下具有不同饱和蒸气压这一物理性质，采用降低系统温度或提高系统压力的方法，使处于蒸气状态的污染物冷凝并从废气中分离出来的过程。

冷凝法回收VOCs技术简单，受外界温度、压力影响小，也不受气液比的影响，回收效果稳定，可在常压下直接冷凝，工作温度皆低于VOCs各成分的闪点，安全性好。可以直接回收到有机液体，无二次污染。适用于常温、高温、高浓度的场合，尤其适合处理高浓度、中流量

VOCs。

（4）催化转化法　催化转化法是利用催化剂的作用，将废气中的有害物质转变为无害物质或易于回收物质的操作方法。采用催化法能去除的气态污染物有 SO_2、NO_x、CO 等，特别适用于汽车尾气中 CO、CH 化合物和 NO_x 的净化。

（5）燃烧法　本方法主要是在制备时加入定量有机物，借助有机物燃烧时放出大量的热来降低最后灼烧的温度，同时有机物燃烧时产生大量气体，可以减少产品的团聚从而形成颗粒较小的产品。此方法合成出的产品颗粒小、组成均匀，样品合成温度低，降低了能耗。但此方法每次处理量小且加入有机物后会增加成本。

M4-2　生物曝气池

（6）生物净化法　微生物将有机成分作为碳源和能源，并将其分解为 CO_2 和 H_2O。生物处理法是用水或弱碱液吸收 VOC，其中含有的醇类、醛类等物质易溶于水，吸收后的废水再生物降解，使废水达标排放。植物净化法就是厂区内增加绿化面积，利用绿色植物吸收和转化大气中的污染物来净化空气，这种方法适用于大环境低浓度的污染。有机废气的生物处理是最经济有效的方法，效果好、运行费用低于任何一种处理方法，安全、易操作。VOC 的生物净化法有直接微生物净化法、间接微生物处理法（先水吸收再废水生物处理）及植物净化法等。直接生物净化有生物吸收池、生物洗涤池、生物滴滤池、生物过滤池等技术，处理效果好、操作方便，其中生物过滤池技术成熟，应用较多。如德国和荷兰建有几百座废气生物滤池，运行效果都很好。

（7）膜分离　利用膜的选择性分离实现料液的不同组分的分离、纯化、浓缩的过程称作膜分离。鉴于微孔滤膜的分离特征，微孔滤膜的应用范围主要是从气相和液相中截留微粒、细菌以及其他污染物，以达到净化、分离、浓缩的目的。工艺优点如下。

① 常温下进行。有效成分损失极少，特别适用于热敏性物质，如抗生素等医药、果汁、酶、蛋白的分离与浓缩。

② 无相态变化。保持原有的风味。

③ 无化学变化。典型的物理分离过程，不用化学试剂和添加剂，产品不受污染。

④ 选择性好。可在分子级内进行物质分离，具有普遍滤材无法取代的卓越性能。

⑤ 适应性强。处理规模可大可小，可以连续也可以间隙进行，工艺简单，操作方便，易于自动化。

⑥ 能耗低。只需电能驱动，能耗极低，其费用为蒸发浓缩或冷冻浓缩的 $1/3 \sim 1/8$。

废气主要治理方法如下：

① 废气转换。将废气通过含化学物质的水淋塔吸收，污染物转移到水里产生废水，再处理废水。水淋塔造价较高，会产生水污染，目前是大多数企业采用的治理方案，因为废水需要由污水处理车间或污水处理厂进一步处理，属于浪费型废气处理方式。

② 废气吸附。通过活性炭化学改性，有针对性吸附，减少对外排放量，是国内运用较多的低成本废气治理方法。但由于活性炭容易饱和，需要定期更换，运行成本较高。较好地解决了化工废气处理运行成本高的难题，效果较好。

三、化工固废的来源、特点及安全防治

（一）化工固废的来源、特点及危害

固体废物是指人类在生产、消费、生活和其他活动中产生的固态、半固态废弃物质（国外的定义则更加广泛，动物活动产生的废弃物也属于此类），通俗地说，就是"垃圾"。主要包括

固体颗粒、炉渣、污泥、废弃的制品、破损器皿、残次品、动物尸体、变质食品、人畜粪便等。有些国家把废酸、废碱、废油、废有机溶剂等高浓度的液体也归为固体废物。

所谓废弃物，多指固体废物或含有多量固体的废弃物，被丢弃的废弃物有可能成为生产的原材料、燃料或消费物品，这是固体废物资源化处理的基础。

固体废物的产生与排放，伴随着人类社会的发展，社会化生产的生产、分配、交换、消费环节都会产生废弃物；产品生命周期的产品的规划、设计、原材料采购、制造、包装、运输、分配和消费等环节也会产生固体废物，即使是利用固体废物进行逆生产及相应的逆向物流过程也同样会产生固体废物；土地使用的各功能区，住宅区、商业区、工业区、农业区、市政设施、文化娱乐区、户外空地等都会产生固体废物；全社会的任何个人、企事业单位、政府组织和社会组织都会产生并排放固体废物。

人类活动产生固体废物的主要原因有：

① 人类认识能力限制，导致自然环境破坏，如水土流失、森林破坏等。

② 参与规划、设计、制造、运输、消费、管理等活动的人员的技术水平限制，导致资源浪费，如机加工边角边料、不合格产品、不当使用致废产品等。

③ 物质变化规律限制，导致物品、物质功能的演变，如甘蔗渣、炉渣、尾矿等生产过程的副产品、报废产品、腐变食物等。

④ 追求自利、自保、奢侈、虚荣心等理性和非理性心理限制，导致资源浪费，如过度包装、一次性用品、奢侈品等。

满足消费者物质占有欲望的将产品使用权（使用价值）物化的商业模式淡化产品供应商的废旧产品回收利用责任，阻碍废旧物品去路，增大废弃物产量。

从固体废物与环境、资源、社会的关系分析，固体废物具有污染性、资源性和社会性。主要特性如下：

（1）污染性　固体废物的污染性表现为固体废物自身的污染性和固体废物处理的二次污染性。固体废物可能含有毒性、燃烧性、爆炸性、放射性、腐蚀性、反应性、传染性与致病性的有害废弃物或污染物，甚至含有污染物富集的生物，有些物质难降解或难处理，固体废物排放数量与质量具有不确定性与隐蔽性，固体废物处理过程生成二次污染物，这些因素导致固体废物在其产生、排放和处理过程中对视觉和生态环境造成污染，甚至对身心健康造成危害，这说明固体废物具有污染性。

（2）资源性　固体废物的资源性表现为固体废物是资源开发利用的产物和固体废物自身具有一定的资源价值。固体废物只是在一定条件下才成为固体废物，当条件改变后，固体废物有可能重新具有使用价值，成为生产的原材料、燃料或消费物品，因而具有一定的资源价值及经济价值。

需要指出的是，固体废物的经济价值不一定大于固体废物的处理成本，总体而言，固体废物是一类低品质、低经济价值资源。

（3）社会性　固体废物的社会性表现为固体废物产生、排放与处理具有广泛的社会性。一是社会每个成员都产生与排放固体废物；二是固体废物产生意味着社会资源的消耗，对社会产生影响；三是固体废物的排放、处理处置及固体废物的污染性影响他人的利益，即具有外部性（外部性是指活动主体的活动影响他人的利益。当损害他人利益时称为负外部性，当增大他人利益时称为正外部性。固体废物排放与其污染性具有负外部性，固体废物处理处置具有正外部性），产生社会影响。这说明，无论是产生、排放还是处理，固体废物事务都影响每个社会成员的利益。固体废物排放前属于私有品，排放后成为公共资源。

（4）兼有废物和资源的双重性　固体废物一般具有某些工业原材料所具有的物理化学特性，较废水、废气易收集、运输、加工处理，可回收利用。固体废物是在错误时间放在错误地点的资源，具有鲜明的时间和空间特征。

（5）富集多种污染成分的终态，污染环境的源头　废物往往是许多污染成分的终极状态。一些有害气体或飘尘，通过治理，最终富集成为固体废物；废水中的一些有害溶质和悬浮物，通过治理，最终被分离出来成为污泥或残渣；一些含重金属的可燃固体废物，通过焚烧处理，有害金属浓集于灰烬中。这些"终态"物质中的有害成分，在长期的自然因素作用下，又会转入大气、水体和土壤，成为大气、水体和土壤环境的污染"源头"。

（6）所含有害物呆滞性大、扩散性小　固态的危险废物具有呆滞性和不可稀释性，一般情况下进入水、气和土壤环境的释放速率很慢。土壤对污染物有吸附作用，导致污染物的迁移速度比土壤水慢得多，大约为土壤水迁移速度的 $1/(1\sim500)$。

（7）危害具有潜在性、长期性和灾难性　由于污染物在土壤中的迁移是一个比较缓慢的过程，其危害可能在数年以至数十年后才能发现，但是当发现造成污染时已造成难以挽救的灾难性后果。从某种意义上讲，固体废物特别是危害废物对环境造成的危害可能要比水、气造成的危害严重得多。

1. 主要危害

固体废物产生源分散、产量大、组成复杂、形态与性质多变，可能含有毒性、燃烧性、爆炸性、放射性、腐蚀性、反应性、传染性与致病性的有害废弃物或污染物，甚至含有污染物富集的生物，有些物质难降解或难处理、排放（固体废物数量与质量），具有不确定性与隐蔽性，这些因素导致固体废物在其产生、排放和处理过程中对资源、生态环境、人类身心健康造成危害，甚至阻碍社会经济的持续发展。

（1）浪费大量资源　固体废物产量大，且存量固体废物量（填埋，包括简易堆置处置量）亦很大，消耗大量的物质资源，占用大量土地资源。2020 年全球固体废物年产量估计超过 160 亿吨（仅电子垃圾便达到 6000 万吨），中国达到 19 亿吨（电子垃圾 300 万吨），存量固体废物量全球达到 600 亿吨，中国高达 120 亿吨。巨量固体废物的产生意味着巨量物质资源的消耗与浪费，巨量存量固体废物意味着大量土地资源被占用与浪费。如果假定填埋废弃物的表观比重为 1 和废弃物堆置平均高度为 30m，全球 380 亿吨存量固体废物将占用 1900 万亩（1 亩＝666.7m²）土地，中国 70 亿吨存量固体废物也将占用 350 万亩土地。而且，固体废物产量增长迅速，增长速率往往超过处理设施处理能力的增长速率。与工业快速发展如影随形，发达国家20 世纪 60 年代的固体废物产量迅速增长，曾出现垃圾围城困境。中国从 20 世纪 80 年代末开始固体废物产量也迅速增长，《2009 年到 2012 年中国垃圾处理行业投资分析及前景预测报告》称：全国 600 多座城市，除县城外，已有三分之二的大中城市陷入垃圾的包围之中，且有四分之一的城市已没有合适场所堆放垃圾。此外，除浪费大量的物质、土地资源外，妥善处理固体废物还将消耗大量的人力、财力、信息和时间等资源。

（2）破坏生态　固体废物，尤其是有害废物，如果处理不当，会破坏生态环境。

① 一次污染。如对固体废物进行简易堆置、排入水体、随意排放、随意装卸、随意转移、偷排偷运等不当处理，将破坏景观，其所含的非生物性污染物和生物性污染物进入土壤、水体、大气和生物系统，对土壤、水体、大气和生物系统造成一次污染，破坏生态环境；尤其是将有害废物直接排入江河湖泽或通过管网排入水体，或粉尘、容器盛装的危险废气等大气有害物排入大气，不仅导致水体或大气污染，而且还导致污染范围的扩大，后果相当严重；偷排偷运导致废物去向不明、污染物跟踪监测困难和污染范围难以确定，后果也相当严重。如将有害

废物不当处理，可能引致中毒、腐蚀、灼伤、放射污染、病毒传播等突发事件，严重破坏生态环境，甚至导致人身伤亡事故发生。有些有害物，如重金属、二噁英等，甚至随水体进入食物链，被动植物和人体摄入，降低机体对疾病的抵抗力，引起疾病（种类）增加，对机体造成即时或潜在的危害，甚至导致机体死亡。

② 二次污染。在处理过程中，固体废物所含的一些物质（包括污染物和非污染物）参与物理反应、化学反应、生物生化反应，生成新的污染物，导致二次污染。二次污染形成机理复杂，防治比一次污染更加困难。固体废物处理过程中常见的二次污染物及其产生途径有：

a. 长时间不当储存与堆置过程中，废物堆体滋生霉菌和寄生虫等病原体，加速老鼠、蛇和蚊虫等生物体的繁殖与生长，带来疾病和疾病传播危险；

b. 储存、堆置、运输、分拣、填埋等过程中，有机易腐物发酵腐烂过程产生甲烷气、臭气等大气有害物和有机废水（甚至含有重金属和病原体等污染物）等土壤和水体污染物，同时也会滋生多种微生物；

c. 焚烧处理过程中，固体废物的有机氮、氯、硫等转化成氮氧化物、氯化氢、硫氧化物等大气有害物；

d. 焚烧处理医疗垃圾、生活垃圾等废物的过程生成二噁英，并产生大量的含重金属、二噁英等污染物的飞灰（属于危险废物）；

e. 堆置、填埋过程中，重金属形态发生变化及迁移，生成土壤和水体的重金属污染物。

此外，易燃易爆等有害废物的不当处理可能导致火灾、爆炸等事故，产生大量有毒有害污染物，给生态环境、生产生活和人民生命财产带来危害。

（3）精神伤害　当提及固体废物时，人们想到的便是脏、乱、臭、有害、有毒、危险等垃圾形象，引起视觉、听觉、味觉、嗅觉、触觉的不良反应（不妨称之为视觉污染、听觉污染、味觉污染、嗅觉污染和触觉污染），加之固体废物及其处理存在生态环境破坏的潜在危险，而且，现实中，因传统、意识、人才、资金、技术、管理、地理等原因，固体废物污染又在人们身边发生，使得人们唯恐对固体废物及其处理设施避之不及，固体废物及其处理的"邻避效应"日益彰显，影响所在地的投资环境，给周边居民的荣誉、心理等造成精神伤害，同时，也给居民造成健康损害和不动产损失，减少所在地的发展机会。

固体废物，尤其是生活垃圾，贴近人们的日常生活。但我们看到，固体废物不仅具有资源性和经济性，同时也具有污染性和危害性。而且，固体废物的污染和危害具有迟滞性、潜在性、长期性、间接性、隐蔽性、综合性和灾难性等特点，是与人类生产生活息息相关的环境问题，需要高度重视。

（4）造成污染　未经处理的工厂废物和生活垃圾简单露天堆放，占用土地，破坏景观，而且废物中的有害成分通过刮风进行空气传播，经过下雨侵入土壤和地下水源、污染河流，这个过程就是固体废物污染。

① 污染水体。固体废物未经无害化处理随意堆放，将随天然降水或地表径流流入河流、湖泊，长期淤积，使水面范围缩小，其有害成分的危害将是更大的。固体废物的有害成分，如汞（来自红塑料、霓虹灯管、电池、朱红印泥等）、镉（来自印刷、墨水、纤维、搪瓷、玻璃、镉颜料、涂料、着色陶瓷等）、铅（来自黄色聚乙烯、铅制自来水管、防锈涂料等）等微量有害元素，如处理不当，能随溶沥水进入土壤，从而污染地下水，同时也可能随雨水渗入水网，流入水井、河流以至附近海域，被植物摄入，再通过食物链进入人体，影响人体健康。我国个别城市的垃圾填埋场周围地下水的浓度、色度、总细菌数、重金属含量等污染指标严重超标。

② 污染大气。固体废物中的干物质或轻质随风飘扬，会对大气造成污染。焚烧法是处理

固体废物较为流行的方式，但是焚烧将产生大量的有害气体和粉尘，一些有机固体废物长期堆放，在适宜的温度和湿度下会被微生物分解，同时释放出有害气体。

③ 污染土壤。土壤是许多细菌、真菌等微生物聚居的场所，这些微生物在土壤功能的体现中起着重要的作用，它们与土壤本身构成了一个平衡的生态系统。而未经处理的有害固体废物，经过风化、雨淋、地表径流等作用，其有毒液体将渗入土壤，进而杀死土壤中的微生物，破坏土壤中的生态平衡，污染严重的地方甚至寸草不生。

2. 控制措施

① 改进生产工艺。通过采用清洁生产工艺、选取精料、提高产品质量和使用寿命等方式，从源头减少固体废物的产生量。

② 发展物质循环利用工艺和综合利用技术。通过使某种产品的废物成为另一种产品的原料，或者尽量回收固体废物中的有价值的成分进行综合利用，使尽可能少的废物进入环境，以取得经济、环境和社会的综合收益。

③ 进行无害化的处理和处置。

（二）化工固废的安全防治

固体废物的处理通常是指利用物理、化学、生物、物化及生化方法把固体废物转化为适于运输、储存、利用或处置的过程，固体废物处理的目标是无害化、减量化、资源化。有人认为固体废物是"三废"中最难处置的一种，因为它含有的成分相当复杂，其物理性状（体积、流动性、均匀性、粉碎程度、水分、热值等）也千变万化，要达到上述"无害化、减量化、资源化"目标会遇到相当大的麻烦。一般防治固体废物污染首先是要控制其产生量，例如，逐步改革城市燃料结构（包括民用工业）控制工厂原料的消耗，定额提高产品的使用寿命，提高废品的回收率等；其次是开展综合利用，把固体废物作为资源和能源对待，实在不能利用的则经压缩和无毒处理后成为终态固体废物，然后再填埋和沉海，主要采用的方法包括压实、破碎、分选、固化、焚烧、生物处理等。

（1）压实技术　压实是一种通过对废物实行减容化，降低运输成本、延长填埋寿命的预处理技术。压实是一种普遍采用的固体废物的预处理方法，如汽车、易拉罐、塑料瓶等通常首先采用压实技术处理。不适于压实减小体积处理的固体废物，不宜采用压实处理，某些可能引起操作问题的废物，如焦油、污泥或液体物料，一般也不宜作压实处理。

（2）破碎技术　为了减小进入焚烧炉、填埋场、堆肥系统等的废物的粒度，必须预先对固体废物进行破碎处理。经过破碎处理的废物，由于消除了大的空隙，不仅尺寸大小均匀，而且质地也均匀，在填埋过程中易于压实。固体废物的破碎方法很多，主要有冲击破碎、剪切破碎、挤压破碎、摩擦破碎等。此外，还有专有的低温破碎和混式破碎等。

（3）分选技术　固体废物分选是实现固体废物资源化、减量化的重要手段，通过分选将有用的充分选出来加以利用，将有害的充分分离出来。分选的基本原理是利用物料的某些性质方面的差异，将其分离开。例如，利用废物中的磁性和非磁性差别进行分选；利用粒径尺寸差别进行分离；利用密度差别进行分离等。根据不同性质，可设计制造各种机械对固体废物进行分选，分选包括手工拣选、筛选、重力分选、磁力分选、涡电流分选、光学分选等。

（4）固化处理　固化技术是通向废物中添加固化基材，使有害固体废物固定或包容在惰性固化基材中的一种无害化处理过程。经过处理的固化产物应具有良好的抗渗透性、良好的机械性以及抗浸出性、抗干湿、抗冻融特性。固化处理根据固化基材的不同可分为沉固化、沥青固化、玻璃固化及胶质固化等。

（5）焚烧热解　焚烧法是固体废物高温分解和深度氧化的综合处理过程，好处是大量有害的废料分解而变成无害的物质。由于固体废物中可燃物的比例逐渐增加，采用焚烧方法处理固体废物利用其热能已成为必需的发展趋势。以此种方法处理，固体废物占地少，处理量大，为保护环境，焚烧厂多设在 10 万人以上的大城市，并设有能量回收系统。日本由于土地紧张，采用焚烧法逐渐增多，焚烧过程获得的热能可以用于发电，利用焚烧炉生产的热量，可以供居民取暖，用于维持温室室温等。日本及瑞士每年把超过 65％的都市废料进行焚烧而使能源再生。但是焚烧法也有缺点，如投资较大，焚烧过程排烟造成二次污染，设备锈蚀现象严重等。热解是将有机物在无氧或缺氧条件下高温（500～1000℃）加热，使之分解为气、液、固三类产物。与焚烧法相比，热解法则是更有前途的处理方法，它最显著的优点是基建投资少。

（6）生物处理　生物处理技术是利用微生物对有机固体废物的分解作用使其无害化。可以使有机固体废物转化为能源、食品、饲料和肥料，还可以用来从废品和废渣中提取金属，是固化废物资源化的有效的技术方法。如今应用比较广泛的有：堆肥化、沼气化、废纤维素糖化、废纤维饲料化、生物浸出等。

视频扫一扫

M4-3　好氧生物
处理—氧化沟

 相关技术应用

安全防护服的使用

一、安全防护服的分类

现代工业作业环境中，工作人员经常会遇到火焰、高温、熔融金属、腐蚀性化学品、低温、机械加工以及一些特殊危险。对于这些危险，需要专用的防护服来保护整个身体。防护服也被称为工作服，分特殊作业工作服和一般作业工作服。一般作业工作服用棉布或化纤织物制作，适于没有特殊要求的一般作业场所使用。特殊工作服按作业环境的需要有防尘防毒服、防化学污染服、防热耐火服、防辐射服、防静电服等。

（一）防尘防毒服

防尘防毒服都是全身防护型工作服。

1. 防尘服

适于粉尘作业，一般由从头到肩的风帽或头巾、上下装组成，袖口、裤口及下摆收紧，选用质地密实、表面平滑的透气织物制作。

2. 防毒服

防毒服有密闭型和透气型两种。密闭型是一种送气型防护服，用抗渗透材料制作，由头罩和上下连接的衣服组成，整体结构密闭，清洁空气从头顶送入，从设置在袖口、裤口及其他部位的排气阀排出，服内保持一定的正压，形成穿着者舒适的小气候。送气型防护服能有效地防御毒气尘埃的危害，适于污染危害较严重的场所。

透气型防毒服用纤维活性炭等特殊透气织物制成。袖口、裤口扎紧，能防御一定的毒气、烟雾的危害，适于在污染较轻的场所穿戴。

（二）防化学污染服

防化学污染服有耐酸碱服、防油服等，其种类、材料、用途有多种。

1. 橡胶耐酸碱服

橡胶耐酸碱服用含胶量大于 60%，在炼制中加入稳定剂的橡胶布制作，材料不透气。样式有工作服、背带裤、反穿衣、围裙、套袖等。它适于防强酸碱液腐蚀，防酸碱易喷溅的作业。

2. 塑料工作服

塑料工作服用聚氯乙烯膜制作，不透气。样式有工作服、反穿衣、围裙等。它适于防轻度酸碱腐蚀、防水、防油、防低浓度毒物的作业，不耐高温和溶剂。

3. 防酸绸工作服

防酸绸工作服用经化学处理的柞蚕丝、化纤丝织物制作，材料透气。样式有工作服、大褂等。它适于防酸液酸雾腐蚀的作业，抗酸和透气性较好，有一定的防碱防油能力。

4. 合成纤维工作服

合成纤维工作服由合成纤维织物如涤纶、丙纶、氯纶制作，有工作服和大褂等样式。它适于防低浓度酸碱腐蚀的作业，抗渗透性较差。

5. 毛呢耐酸服

毛呢耐酸服用生毛呢制作，材料透气性好，它适于防低浓度酸液酸雾的腐蚀，对酸液有吸附和渗透能力，有隔热御寒作用。

6. 防油工作服

防油工作服有用合成橡胶经硫化制成的，有用聚氨酯布制成的，有用含氟树脂纤维制成的，既有防油也有防水的作用。合成橡胶防油服可耐有机溶剂，聚氨酯防油服也可防有机溶剂，样式有工作服、背带裤和围裙、套袖等。

（三）防热防火服

防热防火服适用于高温、高热及强辐射热的作业场所。制作防热工作服的材料要具有阻挡辐射热效率高、热导率小、阻燃、表面反射率高等性能。它用帆布、石棉和铝膜布等材料制成。

白帆布防热服用天然植物纤维织成的棉帆布、麻帆布制作，具有隔热、飞溅火星及熔融物易弹落、耐磨、扯断强度大和透气性好等特点。

石棉防热服用含少量棉纤维的石棉布制作，对辐射热有很强的遮挡效率，但石棉对人体有害，使用时须注意不要吸入体内。熔融金属作业的工人常用石棉的护腿和围裙。

高温隔热服是在基布上镀铝或用铝化纤维制成的，适合于熔炼炉抢修、火场抢救等极高温度的作业。铝膜呈银白色，反射率高，里衬起隔热作用，耐老化、防火，但透气性差。

（四）其他特殊工作服

1. 防寒服

防寒服具有良好的保温性，热导率小，外表面吸热效率高，一般用天然植物、动物皮毛羽绒或化纤作填充物。普通的棉、皮防寒服保温性能好，而化纤的防寒服重量轻，也在室外作业的人员中流行起来。

2. 防水服

防水服有胶布雨衣，用防水胶布裁制，氯丁胶粘合而成，分单双面胶，有雨衣、雨披等。适于有喷淋水、雨天作业；下水衣适用于下水道、涵洞、水产捕捞等涉水作业；水产服耐海水和日晒，适于水产捕捞、养殖加工等作业。

3. 防辐射服

防辐射服分为防放射服和防微波服两种。

（1）防放射服　用于接触放射性作业的人员，防御外照射和放射性尘粒污染产生的危害。根据放射线的性质和剂量有以下几种：

① 白布防护服用漂白细布制作，是进入放射性作业区的基本防护服，具有对放射性透过率低、吸着量少、透气、污染易清洗的特点。

② 无纺布防护服是一次性穿着服装，适于在低能量辐射下使用。

③ 塑料防护服用聚乙烯或氯乙烯膜经高频焊接而成，是一种罩在基本防护服外的附加防护服，耐一定浓度的酸碱和油污，常用于维修或抢救等作业。

④ 含铅防护服用含铅橡胶或塑料制作，适于接触X射线、γ射线的人员。

（2）防微波服　应用屏蔽和吸收的原理，用金属布或镀金属布等制成，衰减或消除作用于人体的电磁量，可以防止大功率雷达和类似场所的电磁辐射对人体产生的有害生理作用。

4. 导电防护服

导电防护服有防静电服和等电位均压服两种。

（1）防静电服　用于产生静电聚集的作业场所，可消除服装及人体带电。一类用导线纤维布制作，有铜丝、铝丝等。其作用是与带电体接触时，能在导电纤维周围形成较强的电场，发生电晕放电，使静电中和。导电纤维越细，防静电效果越好。另一类用抗静电剂浸涂纤维织物，如涤纶、涤棉布等制作。

（2）等电位均压服　用金属丝制作，是带电高压作业的必备安全用品。目前生产的均压服仅限于 220kV 级以下的带电作业，均压服表面电阻率规定从头到脚不大于 10Ω，使用时避免表面氧化及金属丝折断。

5. 其他防护服

醒目工作服适合于从事公共事业的人员，如警察、消防队员、清洁工人等。在交通拥挤的地方，醒目工作服可帮助他们避免车祸等危险。水上救生衣用浮力救生，有泡沫塑料救生衣、充气救生衣、木棉救生衣。此外还有加压充氧服、夜间工作服等。

基本的 OSHA 标准要求四级保护：A、B、C、D 四级，处于每种危险级别的工人都必须配备相应级别的防护设备和防护服，以充分保护使用者。

Level A 表示最大的危险程度，它对人的呼吸、眼睛或皮肤造成伤害，这些伤害可能来自有毒蒸气、气体、微粒、化学飞溅、沉浸或接触有毒材料。它要求全封闭化学防护服，这种防护服必须带 SCBA 或管路式呼吸器和适当的附件。

Level A 化学防护服也可做成符合 NFPA 1991 标准。

Level B 表示环境要求最高的呼吸保护，但对皮肤保护的要求不高。

它要求带 SCBA 或带逃生气瓶的正压式管路呼吸器，再加有头罩的防护衣（连体式和长袖夹克；连体式防飞溅防化服；或可单独使用的连体防化衣）。

另提供符合欧洲标准的化学防护服分类：

第一类：气密性防护服；

第二类：非气密性防护服；

第三类：液体致密性防护服；

第四类：喷雾致密性防护服；

第五类：粉尘致密性防护服；

第六类：有限喷液致密性防护服。

多层材质合成的特有防护膜与聚丙烯复合面料，可提供广泛的化学品防护。适用于欧洲标准三类、四类应用中对有害化学品的防护，其主要优点有：

① 胶带密合缝纫提高了防护水平及强度；

② 具有极强的防化性能且面料轻质柔软，为使用者提供极好的舒适性；

③ 抗静电性，通过 EN-1149 防静电标准；

④ 双层拉链设计提高密合性，增加了防护性能。

二、安全防护服的使用

穿着前一定要保证化学防护服的适用性，也就是防护服是否处于完好的状态。

1. 检查内容

（1）外观检查 看看防护服外表有没有污染，缝线是否开裂，衣服有没有破口。对于气密性防护服来说，要用专门的气密性检测仪定期进行气密性检测（每半年一次），以便在应急穿着的时候防护服能发挥作用。穿着前的检查非常重要。如果仅凭经验判断，认为是安全的装备，而实际上不安全的情况下，可能会造成严重的伤害事故。

（2）尺码正确 穿着前要再次确认防护服的尺码是适合自己的尺码，太大或太小都会造成工作过程中行动不便或意外刮坏、撕裂。去除尖利物，把不必要的钥匙、小刀、笔等从身上取下来，以免在工作中造成防护服的损坏。

（3）选择场所 更衣室是理想的着装场所，如果没有也要在相对没有污染的环境中进行。在应急救援的条件下，穿着应该在冷区进行。

（4）其他辅助系统 在使用化学防护服前，应确保如供气设备、洗消设备等其他必要的辅助系统准备就绪。

2. 穿着顺序

防护服的穿着要遵循一定的次序，这样可以保证防护服穿着的正确、快速，在工作中发挥防护服的效用，而且为使用后安全地脱下打下基础。一般应遵循裤腿—靴子—上衣—面罩—帽子—拉链—手套的次序。最后为了提高整个系统的密闭性，可以在开口处（如门襟、袖口、裤管口、面罩和防护服连帽接口）加贴胶带。为了增强手部的防护可以选择戴两层手套等。在整个过程中要尽量防止防护服的内层接触到外部环境，以免防护服在一开始就受到污染。

3. 使用注意事项

在工作的过程中，要注意化学防护服被化学物质持续污染时，必须在其规定的防护时间内更换。若化学防护服发生破损，应立即更换。

对气密性防护服或密封性很好的非气密性防护服，由于处于相对隔离的空间工作，建议遵循两人伴行的原则，即至少两人一起共同进入工作区域，以备在万一发生状况时可以及时救助。

化学防护服面料可以提供数小时的有效防护，但是在佩戴空气呼吸器时，工作时间受空气呼吸器的工作时间决定。要注意空气呼吸器的有效使用时间，要在气瓶用完之前提前更换。并且在计算有效工作时间时，应当考虑行走和更换装备所占的时间。

三、安全防护服的保存

新的专用防护服一般应该置于干燥的地方，避免阳光照射（防护服相关包装或说明书上应该有介绍)。同时又分为短期储存和长期储存。

（1）短期储存　将产品倒挂，或者挂于钩上，置于阴凉、干燥的地方。

（2）长期储存　在专用防护服上抹上药粉，清洁并润滑拉链，仔细叠起专用防护服，储存在袋中或其他保护盒中。

 拓展阅读

"三废"处理好，青山绿水永葆

——浅谈中国先进环保行业市场发展

随着中国经济的持续快速发展、城市进程和工业化进程的不断增加，环境污染日益严重，"三废"成为如今对全球环境的首要危害之一。因此，国家越来越重视"三废"的治理和环保问题，加大了环保基础设施的建设投资，有力拉动了相关产业的市场需求，环保行业市场不断扩大。2016-2021年，中国环保产业市场规模呈增长趋势，2021年市场规模达到8.7万亿元。预计随着环保产业的发展，2022年将增至10万亿元。数据显示，环保产业总体规模迅速扩大，产业领域不断拓展，产业结构逐步调整，产业水平明显提升。

受国家经济发展、环保政策导向、行业技术创新等因素影响，我国亟待发展先进环保行业。先进环保产业指的是为节约能源资源、发展循环经济、保护生态环境提供物质基础和技术保障的产业，是国家加快培育和发展的7个战略性新兴产业之一，包括采用先进技术开展的环保装备、环保产品的生产经营和环保技术集成及相关服务业等。加快发展先进环保产业，是调整经济结构、转变经济发展方式的内在要求，是推动节能减排，发展绿色经济和循环经济战略选择。

国家和政府日益重视先进环保行业的发展，陆续出台了多项政策推动行业发展。如《关于推进污水资源化利用的指导意见》《国家鼓励发展的重大环保技术装备目录》《关于营造更好发展环境支持民营节能环保企业健康发展的实施意见》等政策为先进环保行业的发展提供了良好的发展环境。国家从资金、税收等各个方面均给予大力扶持，加快先进环保装备研发和应用推广，提升环保装备制造业整体水平和供给质量，为生态文明建设和经济高质量发展提供有力支撑。预计先进环保行业将进入新一轮高速发展期。

同时，全国环境污染治理投资总额的不断增长，在很大程度上也促进了我国先进环保产业的迅速发展。环境污染治理投资指在污染源治理和城市环境基础设施建设的资金投入中，用于形成固定资产的资金，环境污染治理投资为城市环境基础设施投资、工业污染源治理投资与"三同时"项目环保投资之和。根据国家统计局数据，全国环境污染治理总投资从2016年的9220亿元增加到2021年的11021亿元。预计2022将增至11836亿元。

以废水处理剂市场为例，废水处理药剂是一种处理废水的药剂，最常用的废水处理药剂是絮凝剂，絮凝剂分无机絮凝剂和有机絮凝剂两大类。目前，我国的废水处理药剂市场处于快速增长的阶段，数据显示，我国废水处理剂市场规模由2016年的

232.3亿元增至2021年的375.8亿元。据中商产业研究院预测，2022年我国废水处理剂市场规模可达417.2亿元。

固体废物产量不断增长带动环保处理需求增长。根据《固废年报》中的分类方式，可将固体废弃物大致分为一般工业固体废物、工业危险废物、医疗废物以及城市生活垃圾四类。数据显示，2021年我国固体废弃物产量达21.1亿吨，其中生活垃圾占有较高比例，这将进一步带动垃圾环保处理需求增长。

当前，先进环保企业相对集中分布在环境监测、水污染防治、固废处置与资源化、大气污染防治四大领域，四大领域企业数量合计占比超过91.7%，重点企业有亚洲最大的垃圾发电投资商和运营商光大国际、专注于水资源循环利用和水生态环境保护事业的旗舰企业北控水务、国家级高新技术企业三聚环保、世界领先的废物循环企业与世界先进的绿色低碳产业代表格林美、专注于生态修复与环境治理领域的东方园林。

随着国内资源过度消耗、环境污染、生态破坏等问题日益突出，各级新闻媒体对环境污染事件的报道力度以及国家环保宣传力度的逐渐增强，"三废"处理问题、生态环境问题成为公众普遍关注的问题。公众环保意识的加强和参与促使政府出台更多、更严格的环保政策监管生产企业，这也为先进环保行业发展提供了机会。

综上，发展先进环保产业，处理好"三废"问题，既是国家经济发展的战略选择，也是我国工业和企业可持续发展的必然选择。唯有青山绿水还在，方能来日方长可待！

 —————— 检查与评价

1. 了解化工厂"三废"及其来源。
2. 掌握化工厂"三废"的危害及处理方法。
3. 掌握安全防护服的正确使用方法。

 —————— 课外作业

1. 网络作业（见智慧职教网 http：//www.icve.com.cn/）。
2. 化工厂"三废"是什么？其主要来源于哪些方面？
3. 化工厂"三废"的危害有哪些？其主要处理方法有哪些？
4. 化工厂安全防护服的种类包括哪些？如何正确使用？

第二篇
化工设备安全

情境五

储罐静设备的安全操作与管理

学习目标

知识目标　了解储罐的基本构造；掌握储罐的安全附件及其原理。

能力目标　学会储罐的安全操作，安全附件的正确使用及简单的维护保养；掌握储罐在使用、储存、运输过程中的安全技术要求。

素质目标　培养责任意识和敬业精神，培养严谨、细致的工作作风和团结协作精神，提高现场处置能力、应变能力。

教学引导案例

山东某化工有限公司罐体倒塌事故

一、事故经过

2018 年 7 月 3 日 17 时左右，位于广饶县大王镇的某化工有限公司，在废弃油罐罐体拆除施工过程中发生罐体倒塌事故，造成 1 人死亡。

二、事故原因

事故的直接原因：拆除施工队在未配备必要拆除设备，未制定具体作业方案，未采取安全防护措施的情况下，违章指挥、违章作业，对北侧靠近北墙的2个废弃罐体进行拆解，造成罐体坍塌，人员被砸伤，经抢救无效死亡。

三、事故教训

承包商管理是化工企业安全生产的薄弱环节，也是最难管好的地方之一。违规承包、违规分包、人员安全教育不到位、现场施工安全意识差等问题，是承包商管理中经常会遇到的问题。

企业主要负责人应对落实本单位安全生产主体责任全面负责，特别是要加强对外来施工队伍的管理，严格查验施工队伍资质、特种作业人员是否持证上岗，加强安全教育培训，制定详细的应急预案并实施等相关措施，落实安全生产主体责任，做到不打折扣、不留死角、不走过场。

四、课堂思考

① 储罐的结构和分类有哪些？

② 本次事故的主要原因有哪些？储罐在拆除过程中有哪些安全注意事项？

M5-1 储油罐
闪爆事故案例

 相关知识介绍

储罐安全知识

为了储存水或油等液体，建造了各种大容量的储罐，这些罐多数是立式圆筒形的钢罐。立式圆筒罐的特点是其自重要比被储存物轻，而且是柔性结构。一般其主体结构差不多都具有圆形平底板，其周边由能承受不同深度内压力的（厚度的）壁板组成。在顶盖型式上，分为固定于壁板上部的拱顶及和随罐内液面变化而自由升降的浮顶，见图5-1。

M5-2 储罐

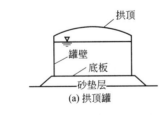

(a) 拱顶罐

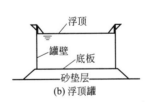

(b) 浮顶罐

图 5-1　储罐的型式

储罐的高度和直径对于一定容量可以采取任意的比例，但是由于效率、占地、地基等条件限制，差不多都有一定的范围。

储罐基础的特征是由于荷载面差不多是水平的，所以是均布荷载，跟一般基础不同，具有较大的柔性，同时由于罐储存量会经常变动，所以荷载压力是变化的。

一、储罐的分类

钢储罐在石油化学工业中储存石油及其产品以及其他化学液体产品的应用越来越广。它与非金属储罐相比有以下优点：

① 结构简单、施工方便、速度快。

② 运行、检修方便，劳动、卫生条件好。

③ 不易泄漏。

④ 与混凝土储罐相比，加热温度一般不受限制。

⑤ 投资小。

⑥ 灭火条件较同容量的混凝土罐好。

⑦ 占地面积小。

缺点：热损失较大，耗金属量较多。

由于储罐储存的介质种类很多，对储存条件的要求也多样化，因此到目前为止，就出现了很多类型的储罐。

储罐的形式是储罐设计必须首先考虑的问题，它必须满足给定的工艺要求，根据场地条件（环境温度、雪载荷、风载荷、地震载荷、地基条件等）、储存介质的性质及容量大小、操作条件、设置位置、施工方便、造价、耗钢量等有关因素来决定。通常按几何形状和结构形式可以分为拱顶罐和浮顶罐。

（一）拱顶罐

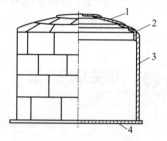

拱顶罐可分为自支承拱顶罐和支承式拱顶罐两种。自支承拱顶罐的罐顶是一种形状接近于球形表面的罐顶。它是由 4～6mm 的薄钢板和加强筋（通常用扁钢）组成的球形薄壳。如图 5-2 所示。拱顶载荷靠拱顶板周边支承于罐壁上。支承式拱顶是一种形状接近于球形表面的罐顶。拱顶罐是我国石油和化工各个部门广泛采用的一种储罐结构形式。拱顶罐与相同容积的罐顶相比较耗钢量少，能承受较高的剩余压力，有利于减少储液蒸发损耗，但罐顶的制造施工较复杂。

图 5-2　自支承拱顶罐简图
1—罐顶；2—包边角钢；
3—管壁；4—罐底

（二）浮顶罐

浮顶罐可分为普通浮顶罐和内浮顶罐（带盖内浮顶罐）。

1. 普通浮顶罐

浮顶是一个漂浮在液体表面上的浮动顶盖，随着液面上下浮动。浮顶与罐壁之间有一个环形空间，在这个环形空间中有密封元件使得环形空间中的储液与大气隔开。浮顶和环形空间中的密封元件一起形成液体表面上的覆盖层，使得罐内的储液与大气完全隔开，从而大大减少了储液在储存过程中的蒸发损失，而且保证安全，减少大气污染。采用浮顶罐储存油品时可比固定顶罐减少油品损失 80％左右。浮顶的形式种类很多，如单盘式、双盘式、浮子式等。

双盘式浮顶罐（如图 5-3）从强度来看是安全的，并且上下顶板之间的空气层有隔热作用。为了减少对浮顶罐的热辐射，降低油品的蒸发损失，以及由于构造上的原因，我国浮顶油罐系列中容量为 $1000m^3$、$2000m^3$、$3000m^3$、$5000m^3$ 的浮顶汽油罐，采用双盘式浮顶。双盘材料消耗和造价都比较高，不如单盘式经济。单盘式浮顶罐如图 5-4 所示。$10000～50000m^3$ 浮顶油罐考虑到经济合理性，采用单盘式浮顶。总之浮顶罐容量越大，浮盘强度的校核计算越要严格。浮子式主要用于更大的储罐（如 $100000m^3$ 以上），一般来说，罐越大，这种形式越省料。

综上所述，浮顶罐因无气相存在，几乎没有蒸发损耗，只有周围密封处的泄漏损耗，罐内没有危险性气体存在，不易发生火灾，故与固定顶罐比较主要有蒸发损耗少、火灾危险性小和

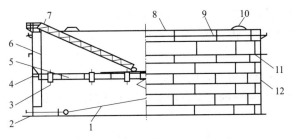

图 5-3　双盘式浮顶罐

1—中央拌水管；2—罐底板；3—浮顶直柱；4—密封装置；5—双盘顶；6—量液管；
7—转动浮梯；8—包边角钢；9—抗风圈；10—泡沫消防挡板；11—加强圈；12—罐壁

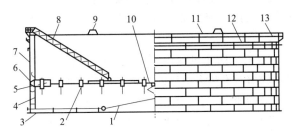

图 5-4　单盘式浮顶罐

1—中央拌水管；2—浮顶立柱；3—罐底板；4—量液罐；5—浮船；6—密封装置；7—罐壁；
8—转动浮梯；9—泡沫消防挡板；10—单盘板；11—包边角钢；12—加强圈；13—抗风

不易被腐蚀的优点。

浮顶罐的适用范围，在一般情况下，原油、汽油、溶剂油和重整原料油以及需控制蒸发损耗和大气污染，控制放出不良气体，有着火危险的产品都可采用浮顶罐。

2. 内浮顶罐

美国石油协会（API）定义内浮盘为钢盘的浮顶罐称为"带盖的浮顶罐"，而把内浮盘为铝或非金属盘的称为"内浮顶罐"，我国均统称为"内浮顶罐"，见图5-5。

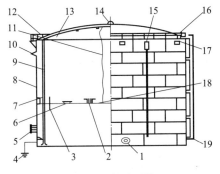

图 5-5　内浮顶罐

1—罐壁人孔；2—自动通气阀；3—浮盘立柱；4—接地线；5—带芯人孔；6—浮盘人孔；7—密封装置；8—罐壁；
9—量液管；10—高液位报警器；11—静电导线；12—手工量液口；13—固定顶罐；14—罐顶通气孔；
15—消防口；16—罐顶人孔；17—罐壁通气孔；18—内浮盘；19—液面计

内浮顶罐是在固定顶罐的内部再加上一个浮动顶盖的新型储罐，主要由罐体、内浮盘、密封装置、导向和防转装置、静电导线、通气孔、高液位警报器等组成。

内浮顶罐和浮顶罐储液的收发过程是一样的。但内浮顶罐不是固定顶罐和浮顶罐结构的简单叠加，它具有独特的优点。概括起来，内浮顶罐有以下优点：

①大量减少蒸发损失，内浮盘漂于液面上，使液相无蒸发空间、可减少蒸发损失85%～90%。

②由于液面上有内浮盘的覆盖，使储液与空气隔开，故而大大减少了空气污染，减少了着火爆炸的危险，易于保证储液的质量，特别适用于储存高级汽油和喷气燃料，亦适合有毒的石油化工产品。

③由于液面上没有气体空间，故减轻了罐顶和罐壁的腐蚀，从而延长了罐的使用寿命，特别是对于储存腐蚀性较强的储液，效果更为显著。

④在结构上可取消呼吸阀、喷淋等设备，并能节约大量冷却水。

⑤易于将已建拱顶罐改造为内浮顶罐，投资少见效快。

虽然在有些情况下可以采用浮顶罐来代替拱顶罐，但内浮顶罐与浮顶罐比较仍具有以下优点：

①因上部有固定顶，能有效防止风沙雨雪或灰尘污染储液，在各种气候条件下都能正常操作，在寒冷多雪、风沙较盛及炎热多雨地区，储存高级汽油、喷气燃料等严禁污染的液体特别有利，可以绝对保证储液的质量，有"全天候储罐"之称。

②在密封相同的情况下，与浮顶罐相比，可以进一步降低蒸发损耗。这是由于固定顶盖的以及固定顶盖与内浮盖之间的空气层比双盘式浮顶具有更为显著的隔热效果。

③由于内浮顶罐的浮盘不像浮顶罐那样是敞开的，因此不可能有雨雪载荷，浮盘上负荷小，结构简单，轻便，同时在罐构造上可以省去中央排水管、转动扶梯、挡雨板等，易于施工和维护。密封部分的材料可以避免由于日光照射造成的老化。

④节省钢材，公称容量在 $10000m^3$ 以下的油罐，内浮顶罐要比浮顶油罐的耗钢量少。

内浮顶罐也有缺点，例如与拱顶罐相比耗钢量多一些，施工要求高一些，与浮顶罐相比密封结构检查维修不便，储罐不易大型化。目前容量一般不超过 $1000m^3$ 。

国外用于内浮盘的材料除钢板外，还有铝板、玻璃钢、硬泡沫塑料以及各种复合材料等。采用铝板的好处是可以防止污染储液（如高级油品），采用合成材料的好处是节约钢材，质量轻，内浮盘不会沉没，耐腐蚀性好。

二、储罐附件

为了储罐的正常操作和安全运转，储罐必须有足够的附件。常用的附件主要分为罐顶附件、罐壁附件和安全设施等。

1. 罐顶附件

①透光孔。主要用于储罐检修时，便于通风和采光，通常距罐壁 800～1000m 处，公称直径不小于 500mm。

②量油孔。用于手工和仪表检测储存介质的液位。一般设在罐顶平台附近。

③通气孔。用于储罐进出油时，保持储罐内外气相压力的平衡。通常位于罐顶的中心处。

④呼吸阀。用于储存介质有挥发性的储罐，通常和通气孔接管用法兰连接。

⑤阻火器。与呼吸阀配套使用。用以防止雷击和静电引起的火灾隐患。

2. 罐壁附件

①人孔。储罐检修时，用于工作人员出入储罐。

②进出油接管。

③ 切水口。用于排出储罐底部的沉积水。

④ 排污口。用于排出储罐底部的固体沉积物。

⑤ 液面计。用于测定储罐内储液的液面高度。

⑥ 温度计。用于测定储罐内储液的温度。

⑦ 加热器。用于维持储罐内储液的温度或者提高储液的储存温度。

⑧ 清扫孔。用于排出储罐底部的固体沉积物。

⑨ 液位报警口。用于液面超过预定的液位时的警报。

3. 安全设施

M5-3　压力式温度计的结构与使用

① 防雷接地设施。储罐的接地电阻应当不大于 10Ω。

② 泡沫消防设施。

③ 浮顶罐和内浮顶罐的防静电设施。

4. 梯子、平台和栏杆

① 盘梯。当储罐直径不小于 4m 时，通常使用盘梯。

② 直梯。当储罐直径小于 4m 时，通常使用直梯。

③ 平台。罐顶一般都设置平台，储罐罐壁的中间平台可以根据需要设置。

④ 栏杆。罐顶的周边应设置栏杆；盘梯的外侧板处应当设置栏杆；储罐盘梯的内侧板与罐壁之间的间距大于 200mm 时，盘梯的内侧板处也应当设置栏杆。

三、储罐库区安全管理

1. 设备一般管理

① 油罐防腐，根据使用情况（一般 2 年以上），对储罐进行防腐。

② 防胀措施，冬季各罐脱水阀必须做好防冻工作；有伴热的管线特别要检查伴热是否良好、排凝是否畅通；有伴热的管线处于静态时要进行消压，防止管内物料因温度变化造成体积膨胀憋漏管线法兰及阀门。

③ 设备的检查与维护，遵照设备相关规定进行。

④ 罐区防火堤、排水明沟（含安全闸板）及罐外的含油污水井盖，要保持完好状态。

2. 自然灾害应急管理

① 雨季做好罐区的防洪排水工作，检查下水井、雨水明沟、排洪沟是否畅通，并及时排除故障（雨水排放阀平时应关闭）。接到台风预报后，要注意做好可移动物体的固定及转移。

② 遇有雷、雨天气，值班经理或中控根据现场情况，停止轻质油品和化工品装车作业。

3. 安全防火管理

① 禁火标识管理。除油罐体本身的安全设施外，油罐区应建立禁区，并有严禁烟火的标志。

② 火种进场管理。严禁穿拖鞋、钉鞋、化纤衣服或携带火柴、打火机等易燃物品进入罐区；操作时严禁碰出火花，车辆通过罐区道路必须带防火罩，并已经得到 HSE 部门认可。

③ 现场可燃物管理。罐区内禁止堆放易燃物品，秋季、冬季要除净杂草，防火堤内不得植树。

④ 现场作业管理。罐区动火、动土、进罐、用电等作业要经过 HSE 部门审批，作业方取得必要的培训和作业许可证时，现场落实安全防护措施。

4. 流速控制管理规定

① 油罐。油品电导率低于 50pS/m 的液体石油产品，在注入口未浸没前，初始流速不大于 1m/s，拱顶罐入口浸没 200mm、内浮顶罐液位超过浮盘起浮高度后，可逐步提高流速，最大速度不应超过 7m/s。

② 汽车罐车。采用顶部装油时，装油鹤管应深入到槽的底部 200mm。初速不大于 1m/s，正常装油速度宜满足公式：$VD \leqslant 0.5$（V：油品流速，m/s；D：鹤管管径，m）。

③ 油轮和船舶。严禁采用外部软管从舱口直接灌装轻质油品。装油初速度不大于 1m/s，当入口管浸没后，可提高流速，但 100mm 管径不大于 9m/s；150mm 管径不大于 7m/s。装油时不得将导体放入油舱内。

四、气瓶的安全使用

气瓶在化工行业应用广泛。气瓶属于移动式的、可重复充装的压力容器。由于经常装载易燃、易爆、有毒及腐蚀性等危险介质，压力范围遍及高压、中压、低压，因此气瓶除具有一般固定式压力容器的性质外，在充装、搬运和使用方面还有一些特殊问题，如气瓶在移动、搬运过程中，很容易发生碰撞而增加瓶体爆炸的危险；气瓶经常处于储存物的罐装和使用的交替进行中，也就是说处于承受交变载荷状态；气瓶在使用时，一般与使用者之间无隔离或其他防护措施，所以要保证安全使用，除了要求它符合压力容器的一般要求外，还需要一些专门的规定和要求。气瓶结构示意如图 5-6 所示。

1. 气瓶的分类

气瓶是一种移动式压力容器。按照充装介质的性质，气瓶可以分为压缩气体气瓶、液化气体气瓶和溶解气体气瓶三类。

(1) 压缩气体气瓶　一般指临界温度低于 −10℃、常温下呈气态的物质。如氢、氧、氮、煤气以及各种惰性气体。为了提高气瓶的利用率，一般压缩气体气瓶的充装压力为 15～30MPa。

(2) 液化气体气瓶　液化气体气瓶充装时以低温液态罐装。有些液化气体的临界温度较低，装入瓶内后受环境温度的影响而全部汽化。有些液化气体的临界温度较高，装瓶后在瓶内始终保持气液平衡状态，因此可以分为高压液化气体和低压液化气体。

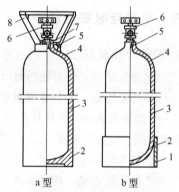

图 5-6　气瓶结构示意图

1—瓶座；2—瓶底；3—筒体；
4—瓶肩；5—瓶颈；6—瓶阀；
7—螺母；8—保护帽

① 高压液化气体。临界温度大于或等于 −10℃，且小于或等于 70℃。常见的有乙烯、乙烷、二氧化碳、氧化亚氮、六氟化硫、氯化氢、三氟甲烷、六氟乙烷、氟己烯等。常见的充装压力有 15MPa 和 12.5MPa 等。

② 低压液化气体。临界温度大于 70℃。如溴化氢、硫化氢、氨、丙烷、丙烯、异丁烯、1,3-丁二烯、1-丁烯、环氧乙烷、液化石油气等。《气瓶安全监察规程》规定，液化气体气瓶的最高工作温度为 60℃。低压液化气体在 60℃时的饱和蒸气压都在 10MPa 以下，所以这类气体的充装压力都不高于 10MPa。

(3) 溶解气体气瓶　是专门用于盛装乙炔的气瓶 [参考劳动部《溶解乙炔气瓶安全监察规程》（劳锅字〔1993〕4 号）]。由于乙炔气体极不稳定，故必须把它溶解在溶剂（常见的为丙酮）中。气瓶内装满多孔性材料，用于吸收溶剂。乙炔瓶充装乙炔气，一般要求分为两次进行，第一次充气后静置 8h 以上，再第二次充气。

2. 气瓶的安全附件

气瓶安全附件主要有防震圈，有泄气孔的瓶帽，液氯等钢瓶的易熔塞，氧气瓶液化石油气的减压阀等。

（1）安全泄压装置　气瓶的安全泄压装置主要是防止气瓶在遇到火灾等特殊高温时，瓶内介质受热膨胀而导致气瓶超压爆炸。其类型有防爆片、易熔塞及防爆片-易熔塞复合装置。

防爆片一般用于高压气瓶，装配在瓶身上。防爆片是一种断裂的安全泄压装置，具有密封性能好、反应动作快以及不易受介质中沾污物影响的特点。易熔塞主要用于低压气体气瓶，它由钢制基体及其中心孔内浇铸的易熔合金塞构成。目前使用的易熔塞装置的动作温度有多种。防爆片-易熔塞复合装置主要用于对密封性能要求特别严格的气瓶。这种装置由防爆片与易熔塞串联而成，易熔塞装设在防爆片排放的一侧。

（2）瓶（保护）帽　瓶帽是为了防止瓶阀被破坏的一种保护装置。每个气瓶的顶部都应配以瓶帽，以便在气瓶运送过程中佩戴。瓶帽按照其结构形式可以分为拆卸式和固定式两种。为了防止由于瓶阀泄漏，或由于安全泄压装置动作，造成瓶帽爆炸，在瓶帽上要开有排气孔。考虑到气体由一侧排出而产生的反动作会使气瓶倾倒或横向移动，排气孔应是对称的两个。

（3）防震圈　防震圈是防止气瓶瓶体受撞击的一种保护设施，它对气瓶表面漆膜也有很好的保护作用。中国采用的是两个紧套在瓶体上部和下部的、用橡胶或塑料制成的防震圈。

3. 气瓶的颜色区别

《气瓶颜色标志》（GB/T 7144—2016）对气瓶的颜色、字样和色环做了严格的规定。充装常用气体的气瓶颜色标志见表 5-1。

表 5-1　气瓶颜色标志一览表

序号	充装气体	化学式（或符号）	体色	字样	字色	色环
1	空气	Air	黑	空气	白	$p=20MPa$，白色单环
2	氩	Ar	银灰	氩	深绿	$p \geqslant 30MPa$，白色双环
3	氟	F_2	白	氟	黑	
4	氦	He	银灰	氦	深绿	$p=20MPa$，白色单环
5	氪	Kr	银灰	氪	深绿	$p \geqslant 30MPa$，白色双环
6	氖	Ne	银灰	氖	深绿	
7	一氧化氮	NO	白	一氧化氮	黑	
8	氮	N_2	黑	氮	白	$p=20MPa$，白色单环
9	氧	O_2	淡（酞）蓝	氧	黑	$p \geqslant 30MPa$，白色双环
10	二氟化氧	OF_2	白	二氟化氧	大红	
11	一氧化碳	CO	银灰	一氧化碳	大红	
12	氘	D_2	银灰	氘	大红	
13	氢	H_2	淡绿	氢	大红	$p=20MPa$，大红单环 $p \geqslant 30MPa$，大红双环
14	甲烷	CH_4	棕	甲烷	白	$p=20MPa$，白色单环 $p \geqslant 30MPa$，白色双环
15	天然气	CNG	棕	天然气	白	
16	空气（液体）	Air	黑	液化空气	白	
17	氩（液体）	Ar	银灰	液氩	深绿	
18	氦（液体）	He	银灰	液氦	深绿	
19	氢（液体）	H_2	淡绿	液氢	大红	
20	天然气（液体）	LNG	棕	液化天然气	白	

4. 气瓶的安全管理

（1）气瓶安全　为了保证气瓶在使用或充装过程中不因环境温度升高而处于超压状态，必须对气瓶的充装量严格控制。确定压缩气体及高压液体气瓶的充装量时，要求瓶内气体在最高使用温度（60℃）下的压力不超过气瓶的最高许可压力。对低压液化气体气瓶，则要求瓶内液体在最高使用温度下，不会膨胀至瓶内满液，即要求瓶内始终保留有一定气相空间。

气瓶充装过量是气瓶破裂爆炸的常见原因之一。因此必须加强管理，严格执行国家质量监督检验检疫总局2003年发布的《气瓶安全监察规定》的安全要求，防止充装过量。充装压缩气体的气瓶，要按不同温度下的最高允许充装压力进行充装。充装液化气体的气瓶，必须按严格规定的充装系数充装，不得超量，发现超装时，应设法将超装量卸出来。属于下列情况之一的，应先进行处理，否则严禁充装。

① 钢印标记、颜色标记不符合规定及无法判定瓶内气体的。

② 改装不符合规定或用户自行改装的。

③ 附件不全、损坏或不符合规定的。

④ 瓶内无剩余压力的。

⑤ 超过检验期的。

⑥ 外观检查存在明显损伤，需要进一步检查的。

⑦ 氧化或强氧化性气体沾有油脂的；易燃气体气瓶的首次充装，事先未经置换和抽空的。

（2）储存安全

① 气瓶的储存应有专人负责管理。管理人员、操作人员、消防人员应经过安全技术培训，了解气瓶、气体的安全知识。

② 空瓶和实瓶、充装不同介质的气瓶应分开（分室储存）。

③ 气瓶库（储存间）应符合《建筑设计防火规范》（GB 50016—2014），应采用二级以上防火建筑。与明火或其他建筑物应有符合规定的安全距离。易燃、易爆、有毒、腐蚀性气体气瓶库间的安全距离不得小于15m。

④ 气瓶库应通风、干燥、防止雨（雪）淋、水浸，避免阳光直射，要有便于装卸、运输的设施。库内不得有暖气、水、煤气等管道通过，也不准有地下管道或暗沟。照明灯具及电气设备是防爆的。

⑤ 地下室或半地下室不能储存气瓶。

⑥ 瓶库要有明显的"严禁烟火""当心爆炸"等各类必要的安全标志。

⑦ 储气的气瓶应戴好瓶帽，最好带固定瓶帽。

⑧ 实瓶一般应立放储存。卧放时，应防止滚动，瓶头（有阀端）应朝向一方。垛放不得超过五层，并妥善固定。气瓶排放应整齐，固定牢靠。数量、号位的标志要明显。要留有通道。

⑨ 瓶库要有运输和消防通道，设置消防栓和消防水池。在固定地点备有专用灭火器、灭火工具和防毒用具。

⑩ 实瓶的储存数量要有限制，在满足当天使用量和周转量的情况下，应尽量减少储存量。

⑪ 容易起聚合反应的气体的气瓶必须规定储存期限。

⑫ 瓶库账目清楚，数量准确，按时盘点，账物相符。

⑬ 建立并执行气瓶进出库制度。

（3）使用安全

① 使用气瓶者应学习气体与气瓶的安全知识，在技术熟练人员的指导监督下进行操作练

习，合格后才能独立使用。

②　认真进行检查，确认气瓶和瓶内气质量完好，方可使用。如发现气瓶颜色、钢印等辨别不清，检验超期，气瓶损坏（变形、划伤、腐蚀等），气体质量与标准规定不符合等现象，应拒绝使用并妥善处理。

③　按照规定，正确、可靠地连接调压器、回火防止器、输气橡胶软管、缓冲器、汽化器、焊割炬等，检查、确认没有漏气现象。连接上述器具前，应该微开瓶阀，吹除瓶出口的灰尘、杂物。

④　气瓶使用时，一般应立放（乙炔瓶严禁卧放使用），不得靠近热源。与明火、可燃助燃气体气瓶之间的距离不得小于 10m。

⑤　使用易起聚合反应的气体的气瓶，应远离射线、电磁波、振动源。

⑥　防止日光暴晒、雨淋、水浸。

⑦　移动气瓶应手搬瓶肩转动瓶底，移动距离较远时可用轻便的小车运送，严禁抛、滚、滑、翻、肩扛、脚踹。

⑧　禁止敲击、碰撞气瓶。绝对禁止在气瓶上焊接、引弧。不准用气瓶作支架和铁砧。

⑨　注意操作顺序。开启瓶阀应轻缓，操作者应站在阀出口的侧后；关闭瓶阀应轻而严，不能用力过大，避免关得太紧、太死。

⑩　瓶阀冻结时，不准用火烤。可把瓶移入室内或温度较高的地方，或用 40℃以下的温水浇淋解冻。

⑪　注意保持气瓶及附件清洁、干燥，禁止沾染油脂、腐蚀性介质、灰尘等。

⑫　瓶内气体不得用尽，应留有剩余压力（余压），余压不应低于 0.05MPa。

⑬　保护瓶外油漆保护层，避免瓶体腐蚀，保护好识别标志，这样可以防止误用和混装。瓶帽、防震圈、瓶阀等附件都要妥善维护，合理使用。

⑭　气瓶使用完毕，要送回瓶库或妥善保管。气瓶要定期检查，应由取得检验资质的专门单位负责进行。未取得资质的单位和个人，不得从事气瓶的定期检验工作。

（4）运输安全　运输气瓶时，应严格遵守公安和交通运输部门颁发的危险品运输规则、条例，具体见表 5-2。

表 5-2　气瓶运输安全要求

名称	安全要求
装车固定	横向放置，头朝一方，旋紧瓶帽。备齐防震圈，瓶下用三角形木块等卡牢，装车不超高
分类装运	氧气、强氧化剂气瓶不得与易燃品、油脂和带油污的物品同车混装。所装介质相互接触能引起燃烧、爆炸的气瓶不得混装
轻装轻卸	不抛、不滑、不碰、不撞，不得用电磁起重机搬运
禁止烟火	禁止吸烟，不得接触明火
遮阳防晒	夏季要有遮阳防雨设施，以防暴晒和雨淋
灭火防毒	车上应备有灭火器材或防毒用具
安全标志	车前应悬挂黄底黑字"危险品"字样的三角旗

五、压力管道技术

压力管道是化工生产中必不可少的重要部件，化工设备之间的连接都是依靠工业管道，用来输送和控制流体介质。在很大程度上，管道与化工设备一同完成某些化工工艺过程，即所谓的"管道化生产"。

1. 压力管道的分类

管道可以按照输送介质种类、输送介质的压力和管道的材质进行分类。

① 按照管道输送的介质种类可以分为液化石油气管道、氢气管道和水蒸气管道等。

② 按照管道的设计压力可分为低压管道（$0.1MPa \leqslant p < 1.6MPa$）、中压管道（$1.6MPa \leqslant p < 10MPa$）和高压管道（$p \geqslant 10MPa$）。

③ 按照管道的材质可以分为铸铁管、碳钢管、合金钢管和有色金属管等。

2. 管道连接方式及主要连接件

（1）管道的连接方式　管道的连接包括管子与管子、管子与阀门、管件和管子与设备的连接。常见的连接方式有 3 种：法兰连接、螺纹连接和焊接。无缝钢管一般采用法兰连接或管子间的焊接，水煤气管只用螺纹连接，玻璃管大多采用活套法兰连接。

（2）连接管件　小口径管道和低压管道一般采用螺纹连接，其形式又可以分为固定螺纹连接和卡套连接两种。大口径管道、高压管道和需要经常拆卸的管道，常用法兰连接。用法兰连接管路时，必须加上垫片，以保证连接处的严密性。

（3）阀门　阀门种类繁多，按其作用分为截止阀、调节阀、止逆阀、减压阀、稳压阀和转向阀等，按照阀门的形状和结构分为球心阀、闸阀、旋塞阀、蝶形阀和针形阀等。如图 5-7 所示。

截止阀又叫球心阀，用于调节流量。它启闭缓慢，无水击现象，是各种压力管道上最常用的阀门。闸阀又称为闸板阀，是利用闸板的起落来开启和关闭闸门，并通过闸板的高度来调节流量。闸阀广泛用于各种压力管道上，但由于其闭合面易磨损，故不宜用于腐蚀性介质的管道。

止逆阀又叫单向阀，当工艺管道只允许流体向一个方向流动时，就需要用止逆阀。减压阀的作用是自动地将高压流体按工艺要求减为低压流体，一般经减压后的压力要低于阀前压力的 50%。通常用于蒸汽和压缩空气管道上。

图 5-7　各种阀门示意图

旋塞阀又叫考克（cock），是利用旋塞孔和阀体孔两者的重合程度来截止和调节流量的。它启闭迅速，经久耐用。但由于摩擦面大，受热后旋塞膨胀，难以转动，不能精确调节流量，故只适用于压力小于 $1.0MPa$ 和温度不高的管道上。

针形阀的结构与球心阀相似，只是将阀盘做成锥形，阀盘与阀座接触面大，密封性能好，易于启闭，特别适用于高压操作和精准调节流量的管道上。

3. 压力管道的安全使用管理

压力管道的使用单位应对本单位压力管道的安全管理工作负责，防止因其泄漏、破裂而引起中毒、火灾或爆炸事故。贯彻执行《压力管道安全管理与监察规定》及压力管道的技术规范、标准，建立健全本单位的压力管道安全管理制度。

① 应由专职或兼职专业技术人员负责压力管道安全管理工作；压力管道的操作人员和压力管道的检验人员必须经过安全技术培训。

② 压力管道及其安全设施必须符合国家的有关规定。

③ 建立压力管道技术档案，并到单位所在地的地（市）级质量技术监督行政部门登记。

④ 按照规定对压力管道进行定期检验，并对其附属的仪器仪表、安全保护装置、测量调控装置等定期检验和检修。

⑤ 对事故隐患应及时采取措施进行整改，重大事故隐患应以书面形式报告省级以上主管部门和质量技术监督行政部门。

⑥ 对输送可燃、易爆或有毒介质的压力管道，应建立巡线检查制度，制订应急措施和救援预案，根据需要建立抢救队伍，并定期演练。

⑦ 按有关规定及时向主管部门和当地质量技术监督行政部门报告压力管道事故，并协助做好事故调查和善后处理工作，认真总结经验教训，采取相应措施，防止事故发生。

4. 压力管道安全技术

压力管道特别是化工管道，内部介质多为有毒、易燃、具有腐蚀性的物料，且数量多、分布密集，由于腐蚀、磨损使管壁变薄，造成泄漏，火灾、爆炸事故屡有发生。因此，防止压力管道事故，应着重从防腐方面入手。

(1) 管道的腐蚀及预防　从腐蚀类型看，工业管道的腐蚀以全面腐蚀最多，其次是局部腐蚀和特殊腐蚀。从装置到类别看，以冷凝器、冷却器的冷却水配管，径流塔的汽油汽化管和加热炉出口的输送管等遭受腐蚀最为严重。工业管道的以下部位最容易出现腐蚀。

① 管道的弯曲、拐弯部位，流线型管段中有液体流入而流向又有变化的部位。

② 产生汽化现象时，与液体接触的部位较与蒸汽接触的部位更易遭受腐蚀。

③ 在排液管中，经常没有液体流动的管段易出现局部腐蚀。

④ 液体或蒸汽管道在有温差的状态下使用，易出现严重的局部腐蚀。

⑤ 埋设管道外部的下表面容易产生腐蚀。

为了防止由于腐蚀而使管壁变薄，导致管道承压能力降低，造成泄漏或破裂事故，在管道强度设计时，应根据管内介质的特性、流速、工作压力、管道材质、使用年限等，计算出介质对管材的腐蚀速率，在此基础上选取适当的腐蚀裕度。通常，壁厚的腐蚀裕度在 $1.5\sim6mm$ 的范围内。

(2) 管道的绝热　工业生产中，由于工艺条件的需要，很多管道和设备都要加以保温、加热保护和保冷，这三种情况都属于管道和设备的绝热。

① 保温。管道、设备在控制或保持热量的情况下应予保温，为了减少介质由于日晒或外界温度过高而引起蒸发的管线、设备需予以保温。对于温度高于 $65℃$ 而工艺不要求保温的管道、设备，在操作人员可能触及的范围内应予以保温，以防烫伤。

② 加热保护。对于连续或间断输送具有下列特性的流体的管道，应采用加热保护。

③ 凝固点高于环境温度的流体管道。

④ 流体组分中能形成不利于操作的冰或结晶。

⑤ 含有硫化氢、氯化氢、氯气等气体，能出现冷凝或形成水合物的管道。

⑥ 在环境温度下黏度很大的介质。

加热保护的方式有蒸汽伴管、夹套管及电热带三种。无论是管道保温、保冷，还是热保护，都离不开绝热材料。工业管道常用的绝热材料有毛毡、石棉、玻璃棉、石棉水泥、岩棉及各种绝热泡沫塑料等。材料的热导率越小、容量（单位体积的质量）越大、吸水性越低，其绝热性能就越好。此外，材质稳定，不可燃，耐腐蚀，有一定的强度等，都有助于材料的绝热。

(3) 管道防腐涂层　工业管道输送的各种流体中，很多具有腐蚀性，即使是蒸汽、空气、油品管道，也会出现腐蚀现象。防止管道腐蚀应从两个方面入手，首先是合理选择管材，即依据内部介质的性质，选择对该种介质具有耐腐蚀性能的管道材料；其次是采用合理的防腐措施，如采用涂层防腐、衬里防腐、电化学防腐及采用缓蚀剂等。其中用得最为广泛的是涂层防腐，而在涂层防腐中又以涂料防腐用得最多。

M5-4 管线打开
作业

涂料产品的种类很多，常用的涂料有酚醛树脂、醇酸树脂、硝基树脂、过滤乙烯树脂、聚酯树脂等。在选择涂料时，应根据输送介质的性质和工作温度等条件综合考虑。

5. 管道的检验与验收

根据《管道阀门维护检修规程》的规定，投入生产运行的管道，应按照要求进行管理、检查和维修。管道安装完毕后投入生产以前，应该进行系统压力试验，常简称为试压，它包括强度试验、严密性试验、真空度试验和泄漏试验。对于埋地压力管道，还应进行渗水量检查。通过压力试验，检查管道的强度、严密性、接口或接头的质量、管道焊接质量。在强度试验之后，严密性试验之前，尚需对管道进行吹扫或清洗，以清除管内杂物。对规模较大、较复杂的管网系统进行试压、吹洗，事先应制订专门的工作计划，并绘制试压及吹洗的线路图，明确规定如何分段，各段试验压力、吹洗介质和方向、先后次序等具体要求，以使这项工作能够顺利进行。

（1）强度与严密性检验　管道系统安装完毕，其强度与严密性一般通过水压试验和气密性试验进行检验。不宜用水作为试验介质的，可以用气压试验代替。水压试验合格后，以空气或惰性气体为介质进行气密性试验，气密性试验压力为设计压力。用刷肥皂水的方法，重点检查管道的连接处有无渗漏现象，若无渗漏，稳压 30min，压力保持不降即为试验合格。对于剧毒及甲类、乙类火灾危险的管道系统，除做水压试验和气密性试验外，还应做泄漏量试验，即在设计压力下，测定 24h 内全系统平均每小时的泄漏量，不超过下列允许值即为合格：剧毒介质管道，室内及地沟中泄漏量为 0.15%，室外为 0.30%；甲类、乙类火灾危险性介质，室内及地沟中泄漏量为 0.25%，室外为 0.5%。

（2）管道吹洗　管道系统强度试验合格后，或气密性试验前，应分段进行吹扫与清洗（即吹洗）。吹洗前应将仪表、孔板、滤网、阀门拆除，对不宜吹洗的系统进行隔离和保护，待吹洗后再复位。

工作介质为液体的管道，一般用水吹洗，水质要清洁，流速不小于 1.5m/s。不宜用水冲洗的管道可用空气进行吹扫。吹扫用的空气或惰性气体应有足够的流量，压力不得超过设计压力，流速不得低于 20m/s。蒸汽管线应用蒸汽吹扫。一般蒸汽管道可用刨光木板置于排气口处检查，板上应无铁锈、污物等。忌油管道（如氧气管道）在吹扫合格后，应用有机溶剂（二氯乙烷、三氯乙烯、四氯化碳、工业酒精等）进行脱脂。

（3）定期检验　正在使用的压力管道应该按照规定要求定期进行检验。定期检验的项目有外部检查、重点检查和耐压试验。检查周期应根据压力管道的技术状况和使用条件，由使用单位和检验单位确定。外部检查每季度至少一次，由使用单位进行检查；重点检查每两年至少进行一次，全面检查至少每五年进行一次，要由具有资质的检验单位进行检查。

 相关技术应用

储罐的安全操作

一、投用前验收及检查

① 新建或进行大修的油罐，需经沉水试压，验收合格，完成工程验收移交手续。

② 油罐验收要求所有附件齐全好用，符合设计及规范要求，现场技术状态完好。

③ 安全附件经过检定，包括呼吸阀、阻火器、泡沫发生器等，检定记录或合格证完备，设计图纸完整、设备档案建立健全。

④ 油罐容积经过法定计量部门标定，具有容积表及检定证书。

⑤ 库区辅助配套设施完善，安全消防环境保护系统竣工投产，验收合格。

二、储罐的主要操作及一般使用规定

储罐的主要操作包括：收发料、清罐、倒罐、扫线收料。

1. 收发物料操作

① 储运工程师编制作业计划书，经值班经理复核、生产经理审核批准后传递到库区中控室；班长将作业指导书及相关信息传递给相关操作岗位，确保各岗位充分正确理解，发现问题及时反馈。

② 库区操作工根据作业指令，现场开通流程，发现问题及时反馈。

③ 流程开通前，需要通知数质部，数质部提前会同公证行对本次操作流程相关的阀门、储罐施加或解除封条。

④ 数质部会同公证行做好收付油罐的前后尺计量检测工作。

⑤ 开启收发料流程，检查收发料罐、阀门、管线等设备有无异常，改好收发料流程，确认无误后可通知库区中控，库区中控通知码头中控，下达收发料指令。

a. 收料作业，液面淹没进料管口前，流速低于 $1m/s$。

b. 内浮顶罐收料，浮盘起浮前，进油流速小于 $1m/s$。

c. 收料高度不能超过安全高度。

d. 如果内浮顶处于起浮状态，而进油管为空时，此时物料应先进扫线罐，有物料经过后，切换流程，打开内浮顶罐收料阀门，关闭扫线罐阀门。

⑥ 作业中检查。

a. 作业过程中，中控员及库区操作人员要及时掌握液面动态，与收发方沟通，确定即时收发料速度，确保安全运行。

b. 浮盘在低位（2m左右）升降时，中控室人员通知库区操作工在罐边监控，注意是否有异常响声，适当控制阀门开度，防止出现卡盘故障；当储罐新投入使用或经过清罐后第一次进料时，应检查人孔是否有渗漏。

⑦ 停止收发料。

a. 收料接近规定高度1m时，应降低罐内液面上升速度，确保库区操作工可以及时关闭阀门或切换流程，严防收料超量或冒罐。

b. 保税货物发货时，应确保发货数量不能大于该批货物的清关数量。

c. 如需不间断切换罐收发料，应先开即将操作的罐流程，后关闭原操作罐流程。

d. 发油时，内浮顶罐除业务需要外，尽量使发油不低于浮盘起浮高度。

⑧ 如果需要向罐内扫线，可以直接向拱顶罐扫线，但需注意扫线速度与压力，不能长时间扫线，不能超过罐设计的操作温度；禁止向内浮顶罐直接扫线。

2. 清罐操作

① 需要清罐的几种情况：根据设备使用情况，对罐进行内部维护；根据业务要求，清空罐内油品，完成业务结算；根据拟装品种要求，为保证物料质量，根据业务部指令清罐。

② 业务部下达清罐通知，至生产部，标明清货储罐编号、物料名称、清货要求、完成时

间等。

③ 业务部联系清货所需的车辆或容器。

④ 如果管线内有该客户存油，对于拱顶罐，将所有管线内的货物全部吹进储罐内，吹扫结束后，静置 2h；内浮顶罐则应吹至洁净的扫线罐内，或指定容器中。

⑤ 生产部首先以发车或发船方式清空储罐内物料，注意液位监控，在低液位报警时，可适当调节泵出口阀门降低流速，防止泵抽空；在液位到达罐出货管口上沿时，关闭罐边主阀，改换抽底阀，调节泵压力，抽到不能抽出为止；在此期间操作人员要密切监视泵的运行状况，发现气蚀立刻停泵，防止设备损坏。

⑥ 值班经理、操作班长及操作人员到位，值班经理督促落实安全措施。由设备部人员用防静电工具先后打开透光孔和人孔。

⑦ 对于允许打开的储罐，可用移动泵进一步抽尽货物。

⑧ 业务部、数质部、生产部共同确认货物已抽干净。

⑨ 不需要洗罐的，生产部通知设备部封好透光孔和人孔；需要洗罐的，在将需要清洗的罐交出前，必须将与该罐相连的管线阀门切断，由设备部上好盲板。同时打开采光孔、人孔进行 24h 以上自然通风。

⑩ 轻质油罐根据指令要求，将残存油置换出来。用蒸汽吹扫 8h 以上，吹扫后温度降到 35℃ 以下方可进行操作，蒸汽蒸罐结束后要打开透光孔，防止蒸汽冷凝造成油罐被吸瘪。操作时要戴防毒面具，作业时间不可太长，每次不超过 15min，并要有监护人。

⑪ 油罐清洗完毕后应由 HSE 部、数质部进行检查、验收；必要时还需要请有资质的第三方进行验收。

⑫ 油罐验收合格后，组织人员进行全面仔细的检查，清除罐内一切遗留物品；处理掉存水（包括各出入口短节、弯头内）；然后封罐。作业前后做好记录，包括罐号、清扫时间和清扫单位等项目。

⑬ 内浮顶罐清罐后检查。内浮顶储罐在每次清罐后，设备部组织全面检查，检查各螺栓是否紧固、浮桶是否破裂，支柱情况、密封胶带密封情况，通气阀是否灵活，静电导出线是否连接牢固、无缠绕等。

3. 倒罐操作

① 根据业务部需要，或根据生产要求，经业务部批准确认后，由业务部下达倒罐书面通知，明确货物转出罐编号、物料名称、转出数量、作业时间，货物转入罐编号、物料名称、转入数量以及其他需要注意的事项。

② 操作前，对储罐本体及附件进行巡检。

③ 数质部确定倒罐量，做前期操作，做好记录。

④ 库区司泵工根据作业计划书指令，关闭未关的阀门，打通倒罐流程，检查并确认流程正确。

⑤ 开泵倒罐时要根据泵出口压力，控制发料速度，货物转罐初期，确认物料已经进入转入罐后，确认无泄漏后升至正常压力。

⑥ 货物转罐期间，中控室监控转入罐和转出罐液位，操作人员进行巡检，适时检查呼吸阀动作情况。

⑦ 转罐数量，达到规定数量时，中控员通知现场司泵人员停泵并关闭阀门；当中控室无法确认货物转罐数量时，计量人员配合计量。

⑧ 需要转空货物时，中控应适时通知操作人员开启储罐抽底阀门，关闭储罐出口根部阀

门，调整泵出口压力，尽可能利用物料泵抽出货物。

　　⑨ 物料泵不能抽尽的罐底货物，用移动泵抽到小油车或管线内。

　　⑩ 根据作业单要求，将管道内的货物吹扫到被转入储罐。

　　⑪ 货物转罐作业完成，中控室记录货物转罐完成时间。

　　⑫ 转罐完毕后，数质部计量各罐货物数量，并将结果通知业务部。

4. 脱水操作

　　① 根据业务要求，确定含水物料罐可以进行脱水操作。

　　② 数质部根据物料状况，向业务部发出脱水申请。

　　③ 业务部审核批准后，发出脱水作业申请单。

　　④ 数质部脱水前检查水尺，确定储罐水位。

　　⑤ 生产部根据作业单要求，进行脱水作业。

　　⑥ 操作人员逐渐打开放水阀，应注意最后一道脱水控制阀较小开度，同时注意抽污线根部阀，如排出的全是水则继续进行放水作业，否则逐渐关小阀门检查，至大量油花出现，完全关闭阀门。

　　⑦ 脱水现场，操作工严禁离开现场，以防跑油，密切观察出水颜色、气味、水花、泡沫变化。

　　⑧ 物料脱水应安排在白天进行，如需要也可在晚间进行，但必须经值班经理同意方能进行。

　　⑨ 油罐脱出的含油水，应排入含油污水系统，严禁排入明沟。

　　⑩ 脱水时，操作人员应站在上风口处，避免吸入油气中毒，毒性较大的物料，须戴防毒面具。

5. 油罐加热操作

　　① 为满足罐内物料存储要求，防止物料凝固，降低黏度，便于脱水，根据中控指令，对罐内物料进行加热，加热器使用介质为不小于 0.4MPa 的饱和蒸汽。

　　② 物料储存温度最高不能超过 80℃，具体可据现场指令操作，一般存储温度应高于内存物料凝固点 5~10℃；为保证油品加热均匀，必要时需开搅拌器。

　　③ 油罐液位低于加热器高度时，不准投用加热器，一般液位至少要高于加热器 500mm。

　　④ 加热器投用时，必须先将蒸汽进行排凝，防止造成水击现象；然后将加热器通入少量蒸汽。

　　⑤ 加热过程中要注意检查加热器入口蒸汽压力、温度变化，出口疏水器工作情况，及时发现加热器故障，以采取措施，防止发生物料质量变化。

　　⑥ 加热过程中同时要检查罐内物料的温度、压力、液位等变化，防止出现冒油等事故。

　　⑦ 油罐加热期间，一旦发现疏水器带油，应立即停止加热，并将问题及时上报。

　　⑧ 对加热油罐进行巡检时，要做好其相应记录。

　　⑨ 加热器停用时，先关闭蒸汽入口阀门，待乏汽及乏汽水没有后，再关闭出口阀门。必要时，可用压缩气体吹净乏汽及乏汽水，以减少腐蚀，防止水击。

　　⑩ 加热器关闭后，仍要对物料温度进行监控，保证节省能源。

　　⑪ 质量要求严格的物料，应尽量保持罐内较小的温度变化幅度，使物料与外界隔离，防止水分及杂质造成的质量变化。

　　⑫ 注意事项：一般情况下，不允许罐内油品凝结，对已凝结的物料加温时，必须严格控

制加温速度，温升不能太快，每 2h 测量一次底部温度。另外，值班经理可根据罐内油品温度梯度决定是否开搅拌器。一般罐内上、中、下相邻点温度相差大于 1℃ 时，即可使用搅拌器搅拌。

6. 氮封操作

（1）氮封的作用

① 隔离物料与空气接触，减少物料氧化与吸湿，保障物料品质。

② 在化学品液面上形成惰性保护层，减少可燃性气体形成，保证物料储存安全。

③ 减少化学品的挥发损耗，有利保护环境。

（2）氮封操作的过程

① 氮气管网（按液氮储罐、氮气发生器操作规程）系统压力保持在 0.3~0.75MPa。

② 当储罐第一次做氮封时，直接开启旁路阀向罐内进氮置换，打开罐底脱水阀排气。

③ 待分析后的氧含量达到要求时停止进氮，并关闭旁路阀和脱水阀。

④ 通过调节阀控制进氮，调节阀是一个氮气减压阀，安装前已经调整，操作时是自动开关的，当罐内正压升至调定压力 [一般不大于 $150mmH_2O$（$1mmH_2O = 9.80665Pa$）]后，可自动停止进氮。

（3）注意事项

① 巡检时认真检查氮封是否正常。

② 检查罐顶、罐周所有设备、仪表孔，要求密封不漏气，检查呼吸阀是否正常工作。

7. 内浮顶油罐操作

① 内浮顶油罐的实际油高严禁超过安全储油高度。

② 正常操作时，应使液面高于低限规定值，使浮盘保持漂浮状态；正常发料液位应不低于规定值。

③ 生产操作人员日常巡检时应检查油罐物料进出口的阀门、脱水阀门。

④ 操作人员平时上罐操作时，应随时注意内浮盘及固定顶有无异常现象，发现问题应上报。

⑤ 内浮顶油罐投用后，操作人员不得进入罐内。

⑥ 空罐或清罐后进油时，液位达浮盘高度后，必须检查浮盘起浮是否正常。

⑦ 严禁采用压缩气体向油罐内吹扫；需用蒸汽吹扫时，必须倒空物料后进行。

⑧ 空罐开始入油至浮盘漂浮到最低限位值前，必须低速进油，其进油速度不得超过 1m/s。

⑨ 当油罐动火时，支腿必须用锯割，严禁火焊割。各软密封必须拆除，浮舱顶彻底检查漂净。

8. 罐区排水操作

① 罐区含油污水排水系统要经常保持完好封闭状态。

② 罐区排水阀门正常必须处于关闭状态，大雨时，才准许打开相应排水阀门排水。

 拓展阅读

钢铁劳模——孟泰

孟泰是新中国第一代全国劳模。1948 年 11 月，孟泰重回鞍山钢铁厂，而此时的鞍钢饱经战乱，已是残破不全。但他丝毫没有退缩，爱厂如家，艰苦创业。他冒着严寒，刨冻雪、抠备件，迎着臭气，扒废铁堆找原材料。每天泥一把、油一身、汗一脸，拣回一根根铁线、一颗颗螺丝钉、一件件备品。

在他的带动下，全厂工人都行动了起来，在短短的数月内，回收了上千种材料，捡回上万个零备件，建成了当时著名的"孟泰仓库"，为恢复生产起了重要作用。之后，他又带领大家勇于攻克技术难关，先后解决了十几个技术难题，成功自制了大型轧辊，填补了我国冶金历史上的空白。

1964年，孟泰担任了炼铁厂的副厂长。走上领导岗位后，他依然朴实无华，朴素如初，坚持不脱离群众，保持工人阶级的本色。他搞了多项技术革新和发明，为国家节约了大量能源，被人们亲切地称为"'老英雄'孟泰"。

时至今日，孟泰等老一辈劳模们身上的那种坚韧不拔的职业精神和道德，依然感动着我们。他们始终不渝地忠诚于党和人民的事业，把爱国之情、报国之志、强国之梦，化作创业、创新、创造的实际行动，用汗水和智慧在国家建设的史册上，写下了浓墨重彩的华章。

 ———————— 检查与评价

1. 学到了什么？

2. 案例总结：

（1）对压力容器开展深入的安全大检查。对制造质量低劣、存有安全隐患的压力容器，要采取严格措施进行处理，缺陷严重的要坚决停用。对超期未检验的压力容器要进行检验，对自行改造的压力容器不符合要求的要进行更新。新压力容器必须有出厂合格证，必须由具有压力容器制造许可证的单位制造，以杜绝质量低劣的压力容器投入使用。

（2）严格危险品的运输。运输危险品必须到当地公安部门办理手续，并应按指定的时间和行驶路线运输，以避免发生事故和扩大事故的危害程度。

（3）严格液化气体的充装管理。充装前必须对储存容器进行检查，不合格的不能充装。充装时要认真计量，防止过量充装。

 ———————— 课外作业

1. 网络作业（见智慧职教网 http：//www.icve.com.cn/）。

2. 储罐的安全附件有哪些？

3. 储罐使用过程中需要注意哪些安全方面的问题？

4. 常见气瓶在使用、储存过程中需要注意哪些安全事项？

5. 管道安全吹扫过程中需要注意哪些安全环节？

情境六

锅炉静设备的安全操作与管理

学习目标

知识目标　掌握锅炉的基本构造和名称；掌握锅炉的安全附件及原理。

能力目标　学会锅炉及压力容器的正确操作与维护、安全附件的正确使用。

素质目标　培养严谨细致的工作态度和严格遵守操作规程、追求卓越的工匠精神，提升现场处置能力、应变能力和职业素养。

教学引导案例

某锅炉车间1号"三废"炉高温过热器爆管事故

一、事故经过

　　2014年2月18日早2时20分左右，某锅炉车间1号"三废"炉运行时突然发现炉膛没有负压，蒸汽流量由32t/h下降到18t/h，余热锅炉进口温度从736℃下降到652℃，随后通知巡检工现场检查，发现高过人孔的位置有漏气声音，炉顶漏灰，2 时 40 分值班人员紧急停炉。

二、事故原因

① 1号"三废"炉钠离子含量长期偏高，汽包汽水分离器有掉的可能，液位正常时也会有间断带水现象，易造成爆管。

② 现场液位计与远传液位计差别大，过热器易带水。

三、防范措施

① 春检时对汽包汽水分离器进行全面检查。

② 远传液位控制低限运行。

四、课堂思考

① 锅炉主要应用在哪些领域?

② 本次事故的主要原因有哪些? 作为承压特种设备在安装和使用过程中有何安全技术要求?

 相关知识介绍

工业锅炉安全知识

一、锅炉的工作过程

锅炉是利用燃料燃烧后释放的热能或工业生产中的余热把容器内的水加热成热水或变成水蒸气的热力设备。虽然锅炉的种类繁多，结构各异，但都是由"锅"（即锅炉本体水压部分）、"炉"（即燃烧设备部分）、附件仪表及附属设备构成的一个完整体。

锅炉在正常工作时，"锅"与"炉"两部分同时进行，水进入锅炉以后，在汽水系统中锅炉受热面将吸收的热量传递给水，使水加热成一定温度和压力的热水或生成蒸汽，被引出应用。在燃烧设备部分，燃料燃烧不断放出热量，燃烧产生的高温烟气通过热的传播，将热量传递给锅炉受热面，而本身温度逐渐降低，最后由烟囱排出。"锅"与"炉"一个吸热，一个放热，是密切联系的一个整体设备。锅炉在运行中由于水的循环流动，不断地将受热面吸收的热量全部带走，不仅使水升温或汽化成蒸汽，而且使受热面得到良好的冷却，从而保证锅炉受热面在高温条件下安全地工作。

二、锅炉的参数及分类

（一）锅炉参数

锅炉参数对蒸汽锅炉而言是指锅炉所产生的蒸汽数量、蒸汽压力及蒸汽温度。对热水锅炉而言是指锅炉的热功率、出水压力及供回水温度。

M6-1 锅炉简图

1. 蒸汽锅炉

（1）额定蒸发量　在额定工况下，锅炉单位时间内所产生的蒸汽数量，用"D"表示，单位为吨/小时（t/h）。

（2）额定工作压力　对蒸汽锅炉，额定工作压力代表额定蒸汽压力，是指在额定工况下，长期连续运行时，应保证的锅炉主汽阀出口处的蒸汽压力，用"p"表示，单位为MPa。

（3）额定蒸汽温度　额定蒸汽温度是指在额定工况下，长期连续运行时应保证的锅炉主汽阀出口处的饱和蒸汽温度，用"t"表示，单位为℃。

2. 热水锅炉

（1）额定热功率　锅炉额定热功率即额定供热量，是指在额定工况下，锅炉在单位时间内所提供的热量，用"Q"表示，单位为兆瓦（MW）。

（2）额定工作压力　对热水锅炉，额定工作压力代表额定出水压力，是指在额定工况下，长期连续运行时，应保证的锅炉出水口处的热水压力，用"p"表示，单位为MPa。

（3）额定热水温度　热水锅炉在额定工况下，长期连续运行应保证的锅炉出口热水温度，用"t"表示，单位为℃。

（二）锅炉分类

由于工业锅炉结构形式很多，且参数各不相同，用途不一，故到目前为止，我国还没有一个统一的分类规则。根据要求不同，其分类情况就不同，常见的有以下几种。

M6-2　热水锅炉1

M6-3　热水锅炉2

M6-4　废热锅炉

① 按锅炉的工作压力分，可分为低压锅炉、中压锅炉、次高压锅炉、高压锅炉、超高压锅炉、亚临界锅炉和超临界锅炉。

低压锅炉：$p<3.8$MPa；

中压锅炉：3.8MPa$\leqslant p<5.3$MPa；

次高压锅炉：5.3MPa$\leqslant p<9.8$MPa；

高压锅炉：9.8MPa$\leqslant p<13.7$MPa；

超高压锅炉：13.7MPa$\leqslant p<16.7$MPa；

亚临界锅炉：16.7MPa$\leqslant p<22.1$MPa；

超临界锅炉：$p\geqslant22.1$MPa。

② 按锅炉的蒸发量分，可分为小型锅炉（$D<20$t/h）、中型锅炉（20t/h$\leqslant D\leqslant100$t/h）和大型锅炉（$D>100$t/h）。

③ 按锅炉出口介质分，可分为蒸汽锅炉、热水锅炉、汽水两用锅炉、有机载体锅炉。

④ 按采用的燃料分，可分为燃煤锅炉、燃油锅炉、燃气锅炉和废热锅炉。

三、锅炉的安全附件和仪表

锅炉的安全附件及仪表是锅炉安全经济运行不可缺少的一个组成部分。如果锅炉的安全附件不全，作用不可靠，全部或部分失灵，都会直接影响锅炉的正常运行。所以，必须保证锅炉的安全附件及仪表准确、灵敏、可靠。锅炉安全附件和仪表包括安全阀、压力测量装置、水位测量装置、温度测量装置、排污和防水装置等安全附件以及安全保护装置和相关的仪表等，其中安全阀、压力表和水位表是保证锅炉安全运行的"三驾马车"，尤为重要。

（一）安全阀

安全阀是锅炉设备中重要的安全附件之一。它的作用是：当锅炉压力超过预定的数值时，安全阀自动开启，排汽泄压，将压力控制在允许范围内，同时发出警报；当压力降到允许值时，安全阀又能自行关闭，使锅炉在允许的压力范围内继续运行。

1. 安全阀类型

工业锅炉上装有的安全阀有弹簧式安全阀、杠杆式安全阀和静重式安全阀，其原理与结构的对比如表 6-1 所示。

表 6-1 安全阀的类型、作用原理与结构特点

类型	作用原理	结构特点
弹簧式	利用压缩弹簧的弹力施加于阀瓣，以平衡介质作用在阀瓣上的正常工作压力	1. 通过调整螺母,调整螺旋圈形弹簧压缩量,从而按需要来校正安全阀的开启压力。 2. 结构紧凑,灵敏度高。安装位置不受严格限制。应用广泛,对振动的敏感性差,且可用于移动式的压力容器上。 3. 弹簧力随阀的开启高度变化,不利于阀的迅速开启。 4. 长期高温会影响弹簧弹力,因此用于温度较高的容器上,需考虑弹簧的隔热或散热,从而使结构复杂
杠杆式	利用重锤和杠杆对阀瓣施加预压力,以平衡介质作用在阀瓣上的正常工作压力	1. 通过加载机构(杠杆和重锤等)重锤的重量或位置的变换可以获得较大的作用力或开启压力,且调整容易而较为准确。 2. 所加载荷不因阀瓣的升高而增加。 3. 结构简单,但笨重,限于中低压场所。 4. 加载机构对振动敏感,常因振动而产生泄漏。 5. 适用于温度较高的场合,但回座压力一般较低,有的要降到工作压力的 70% 以下才能保持密封,故不适用于持续运行的系统
静重式	利用重片的重力加载于阀瓣来控制阀门启闭	1. 结构简单,但体积大而笨重,调整较困难。 2. 一般用于压力很低的锅炉,现代锅炉已基本不使用

弹簧式和杠杆式安全阀装置结构示意图如图 6-1 和图 6-2 所示。

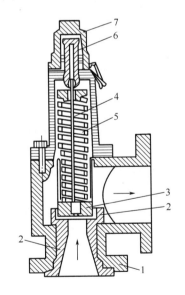

图 6-1 弹簧式安全阀装置结构示意图
1—阀体；2—阀座；3—阀芯；4—阀杆；
5—弹簧；6—螺帽；7—阀盖

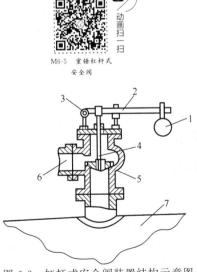

M6-5 重锤杠杆式安全阀

图 6-2 杠杆式安全阀装置结构示意图
1—重锤；2—杠杆；3—杠杆支点；4—阀芯；
5—阀座；6—排出管；7—容器或设备

2. 安全阀的设置

每台锅炉至少应当装设两个安全阀（包括锅筒和过热安全阀）。符合下列规定之一的，可以只装设一个安全阀：

① 额定蒸发量小于或者等于 0.5t/h 的蒸汽锅炉；

② 额定蒸发量小于 4t/h 且装设有可靠的超压联锁保护装置的蒸汽锅炉；

③ 额定热功率小于或者等于 2.8MW 的热水锅炉。

3. 安全阀的选用

① 蒸汽锅炉的安全阀应当采用全启式弹簧安全阀、杠杆式安全阀或者控制式安全阀（脉冲式、气动式、液动式和电磁式等），选用的安全阀应当符合《安全阀安全技术监察规程》和相应技术标准的规定；对于额定工作压力小于或等于 0.1MPa 的蒸汽锅炉可采用静重式安全阀或水封式安全装置。

② 蒸汽锅炉锅筒上的安全阀和过热器上的安全阀的总排放量应当大于额定蒸发量。热水锅炉安全阀的泄放能力应满足所有安全阀开启后锅炉内的压力不超过设计压力的 1.1 倍。

③ 安全阀的整定压力要与锅炉的工作压力范围相匹配。

4. 安全阀的安装

① 安全阀应铅直安装，并且应安装在锅筒、集箱的最高位置，且便于平时维护。

② 采用法兰连接的安全阀，连接螺栓必须均匀地上紧；采用螺纹连接的弹簧安全阀时，应当符合《安全阀一般要求》(GB/T 12241—2005) 的要求，安全阀应当与带有螺纹的短管相连接，而短管与锅筒或者集箱的连接应当采用焊接结构。

③ 蒸汽安全阀的排汽管应当直通安全地点，并且有足够的流通截面积，保证排汽畅通，同时排汽管应当予以固定，不应当有任何来自排汽管的外力施加到安全阀上；两个独立的安全阀的排汽管不应当相连；安全阀排汽管底部应当装有接到安全地点的疏水管，在疏水管上不应当装设阀门。

④ 热水锅炉的安全阀应当装设排水管，排水管应当直通安全地点，有足够的排放流通面积，保证排放通畅。在排水管上不应当装设阀门，并应有防冻措施。

5. 安全阀的安全操作

① 锅炉安装或移装后，投入运行前，应对安全阀进行调查。

② 对于安全阀的泄漏，首先要分析其泄漏原因，然后再采取措施。

③ 安全阀经过调查校验后，应加锁或铅封。

④ 要防止与安全阀无关的异物将安全阀压住、卡住，以保证安全阀动作的可靠性。

⑤ 安全阀使用一段时间后，为防止阀芯与阀座粘住，可定期进行手动或自动排汽（排水）试验，以检查安全阀动作的可靠性。

M6-6　安全阀的使用

6. 安全阀的维护保养

① 经常保持清洁，防止锈蚀或堵塞。

② 经常检查铅封是否完好。

③ 发现渗漏应及时更换或检修。

④ 定期对安全阀做手动排放试验。

（二）压力表

压力表是显示锅炉汽水系统压力大小的仪表。严密监视锅炉受压元件的承压情况，把压力控制在允许的压力范围内，是锅炉实现安全运行的最基本要求。司炉人员可通过压力表的指示值，控制锅炉的气压升高或降低，对热水锅炉可了解循环水压力的波动，以保证锅炉在允许工作压力下安全运行。

1. 压力表的设置

锅炉的以下部位应当装设压力表：

① 蒸汽锅炉锅筒的蒸汽空间；

② 给水调节阀前；

③ 省煤器出口；

④ 过热器出口和主汽阀之间；

⑤ 再热器出口、进口；

⑥ 直接蒸汽锅炉的汽水分离器或其出口管道上；

⑦ 直接蒸汽锅炉省煤器进口、储水箱和循环泵出口；

⑧ 直接蒸汽锅炉蒸发受热面出口截止阀前（如果装有截止阀）；

⑨ 热水锅炉的锅筒上；

⑩ 热水锅炉的进水阀出口和出水阀进口；

⑪ 热水锅炉循环水泵的出口、进口；

⑫ 燃油锅炉油泵进口、出口；

⑬ 燃气锅炉气源进口。

M6-7 弹簧管
压力表

2. 压力表的选用

① 压力表应当符合相应技术标准的要求。

② 压力表精度应当不低于 2.5 级，对于 A 级锅炉，压力表的精度应当不低于 1.6 级。

③ 压力表的量程应当根据工作压力选用，一般为工作压力的 1.5～3 倍。

④ 压力表的表盘直径应保证锅炉操作人员能清楚地看到压力指示值，表盘直径应当不低于 100mm。

3. 压力表的安装

① 压力表应当装设在便于观察和吹洗的位置，并且应当防止受到高温、冰冻和震动的影响。

② 锅炉蒸汽空间设置的压力表应当有存水弯管，热水锅炉用的压力表也应当有缓冲弯管，弯管直径应当不小于 10mm。

③ 压力表与弯管之间应当装设三通阀门，以便吹洗管路、卸换、校验压力表。

压力表安装示意图如图 6-3 所示。

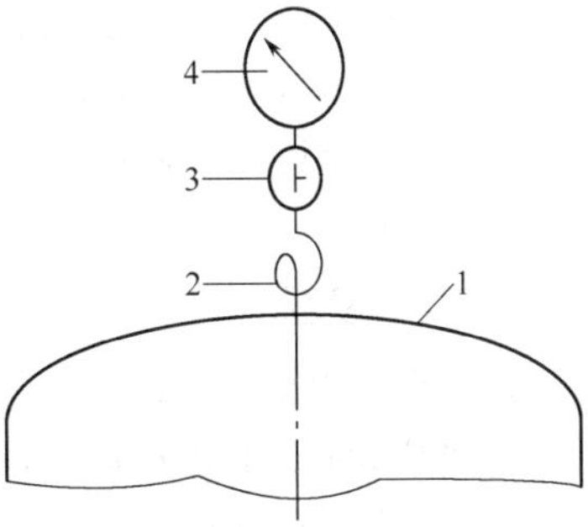

图 6-3 压力表安装示意图
1—承压设备；2—存水弯管；
3—三通旋塞；4—压力表

4. 压力表的使用

① 根据最高工作压力，在它的刻度盘上划明警戒红线。

② 表面保持清洁，玻璃要透明，使表内指针压力值清楚易见。

③ 按国家有关规定维护和校验。

（三）水位表

水位表是用来显示锅筒内水位高低的仪表。通过水位表显示水位的高低，以指示锅炉内水面的位置，锅炉操作人员依此进行正确操作，保证锅炉安全运转。

1. 水位表的类型及适用范围

水位表的结构形式有很多种，蒸汽锅炉上通常装设较多的是玻璃管式和玻璃板式两种。常见水位表装置如图 6-4 所示。

M6-8　平板式液位计

M6-9　玻璃管式液位计

图 6-4　常见水位表装置

玻璃管式水位表由汽旋塞、接气连管的法兰、玻璃管、接水连管法兰、水旋塞、放水旋塞和放水管构成。玻璃管是用耐热玻璃制作的，公称直径通常有 15mm 和 20mm 两种，一般使用于工作压力小于 1.25MPa 的小型锅炉上。

玻璃板式水位表，它与玻璃管水位表的不同点在于由玻璃板代替了玻璃管，并具有安装玻璃板的金属框盒和压盖，平板玻璃嵌在金属框盒中，玻璃板与框盒之间垫有石棉橡胶板，同时用螺钉将压盖紧压在框盒中，使框盒、玻璃板、压盖三者严密配合不漏气。平板玻璃表面开有垂直的三棱形沟槽，由于光线在沟槽内的折射作用，水位表的蒸汽部分便显示银白色，而有水的部分则颜色阴暗，使汽水分界线非常明显。此种水位表应用广泛。

上锅筒位置较高的锅炉还应加装远程水位显示装置，目前使用较多的远程水位显示装置是近地位水位表。

2. 水位表的设置

① 每台锅炉至少要装设两个彼此独立的直读式水位表。

② 水位表应当有指示最高、最低安全水位和正常水位的明显标志。水位表玻璃板（管）的最低可见边缘应比最低安全水位低 25mm，最高可见边缘应比最高安全水位高 5mm。

③ 玻璃管式水位表应当装有防护装置，并且不应当妨碍观察真实水位，玻璃管的内径应当不小于 8mm。

④ 锅炉运行中应当能够吹洗和更换玻璃板（管）。

⑤ 汽水连接管应水平布置，连接管的内径不得小于 18mm，连接管应当尽可能地短。

⑥ 水位表应当有放水阀门和接到安全地点的放水管。

⑦ 水位表和锅筒之间的汽水连接管上应当装设阀门，锅炉运行时，阀门应当处于全开位置。

3. 水位表的安装

① 水位表应当安装在便于观察的地方。

② 在锅炉控制室内应当有两个可靠的远程水位测量装置，其信号应当各自独立取出，同时运行中应当保证有一个直读式水位表正常工作。

四、锅炉的安全操作

（一）锅炉水质处理

1. 锅炉水质处理的重要性

锅炉水质不良会使受热面结垢，大大降低锅炉传热效率，堵塞管子，受热面金属过热损坏，如鼓包、爆管等。另外还会产生金属腐蚀，减少锅炉寿命。因此，做好锅炉水处理工作对锅炉安全运行有着极其重要的意义。

（1）结垢　水在锅内受热沸腾蒸发后，为水中的杂质提供了发生化学反应和不断浓缩的条件。当这些杂质在锅水中达到饱和时，就有固体物质产生。产生的固体物质，如果悬浮在锅水中就称为水渣；如果附着在受热面上，则称为水垢。

锅炉又是一种热交换设备，水垢的生成会极大地影响锅炉传热。水垢的导热能力是钢铁的十几分之一到几百分之一。因此锅炉结垢会产生如下几种危害。

① 浪费燃料。锅炉结垢后，使受热面的传热性能变差，燃料燃烧所放的热量不能及时传递到锅水中，大量的热量被烟气带走，造成排烟温度过高，排烟损失增加，锅炉热效率降低。为保持锅炉额定参数，就必须多投加燃料，因此浪费燃料。大约 1mm 的水垢多浪费一成燃料。

② 受热面损坏。结了水垢的锅炉，由于传热性能变差，燃料燃烧的热量不能迅速地传递给锅水，致使炉膛和烟气的温度升高。因此，受热面两侧的温差增大，金属壁温升高，强度降低，在锅内压力作用下，发生鼓包，甚至爆破。

③ 降低锅炉出力。锅炉结垢后，由于传热性能变差，要达到额定蒸发量，就需要消耗更多的燃料，但随着结垢厚度增加，炉膛容积是一定的，燃料消耗受到限制。因此，锅炉出力就会降低。

（2）腐蚀

① 金属破坏。水中含有氧气、酸性和碱性物质都会对锅炉金属面产生腐蚀，使其壁厚减薄、凹陷，甚至穿孔，降低锅炉强度，严重影响锅炉安全运行。尤其是热水锅炉，循环水量大，腐蚀更为严重。

② 产生垢下腐蚀。含有高价铁的水垢，容易引起与水垢接触的金属腐蚀。而铁的腐蚀产物又容易重新结成水垢。这是一种恶性循环，它会迅速导致锅炉部件损坏。尤其是燃油锅炉金属腐蚀产物的危害更大。

③ 汽水共腾。产生汽水共腾的原因除了运行操作不当外，当炉水中含有较多的氯化钠、磷酸钠、油脂和硅化物时，或锅水中的有机物和碱作用发生皂化时，在锅水沸腾蒸发过程中，液面就产生泡沫，形成汽水共腾。

2. 水质及水质标准

（1）水质标准　为了保证锅炉安全经济运行，对锅炉给水和锅水的水质必须进行严格的控制。国家在《工业锅炉水质》(GB/T 1576—2018) 中对锅炉水质进行了严格的规定，锅炉使用单位必须遵守。采用水处理的自然循环蒸汽锅炉和汽水两用锅炉的给水和锅水水质应符合表 6-2 的规定。

表 6-2　采用水处理的自然循环蒸汽锅炉和汽水两用锅炉的给水和锅水水质

项目	额定蒸汽压力/MPa	$p \leqslant 1.0$		$1.0 < p \leqslant 1.6$		$1.6 < p \leqslant 2.5$		$2.5 < p < 3.8$	
	补给水类型	软化水	除盐水	软化水	除盐水	软化水	除盐水	软化水	除盐水
给水	浊度/FTU	$\leqslant 5.0$	$\leqslant 2.0$	$\leqslant 5.0$	$\leqslant 2.0$	$\leqslant 5.0$	$\leqslant 2.0$	$\leqslant 5.0$	$\leqslant 2.0$
	硬度/(mmol/L)	$\leqslant 0.030$	$\leqslant 0.030$	$\leqslant 0.030$	$\leqslant 0.030$	$\leqslant 0.030$	$\leqslant 0.030$	$\leqslant 5.0 \times 10^{-3}$	$\leqslant 5.0 \times 10^{-3}$
	pH 值(25℃)	7.0~9.0	8.0~9.5	7.0~9.0	8.0~9.5	7.0~9.0	8.0~9.5	7.5~9.0	8.0~9.5
	溶解氧/(mg/L)	$\leqslant 0.10$	$\leqslant 0.10$	$\leqslant 0.10$	$\leqslant 0.050$	$\leqslant 0.050$	$\leqslant 0.050$	$\leqslant 0.050$	$\leqslant 0.050$
	油/(mg/L)	$\leqslant 2.0$	$\leqslant 2.0$	$\leqslant 2.0$	$\leqslant 2.0$	$\leqslant 2.0$	$\leqslant 2.0$	$\leqslant 2.0$	$\leqslant 2.0$
	全铁/(mg/L)	$\leqslant 0.30$	$\leqslant 0.30$	$\leqslant 0.30$	$\leqslant 0.30$	$\leqslant 0.30$	$\leqslant 0.10$	$\leqslant 0.10$	$\leqslant 0.10$
	电导率(25℃)/(μS/cm)	—	—	$\leqslant 550$	$\leqslant 110$	$\leqslant 500$	$\leqslant 100$	$\leqslant 350$	$\leqslant 80$
锅水(无过热器)	全碱度/(mmol/L)	6.0~26.0	$\leqslant 10.0$	6.0~24.0	$\leqslant 10.0$	6.0~16.0	$\leqslant 8.0$	$\leqslant 12.0$	$\leqslant 4.0$
	酚酞碱度/(mmol/L)	4.0~18.0	$\leqslant 6.0$	4.0~16.0	$\leqslant 6.0$	4.0~12.0	$\leqslant 6.0$	$\leqslant 10.0$	$\leqslant 3.0$
	pH 值(25℃)	10.0~12.0	10.0~12.0	10.0~12.0	10.0~12.0	10.0~12.0	10.0~12.0	9.0~12.0	9.0~11.0
	溶解固形物/(mg/L)	$\leqslant 4000$	$\leqslant 4000$	$\leqslant 3500$	$\leqslant 3500$	$\leqslant 3000$	$\leqslant 3000$	$\leqslant 2500$	$\leqslant 2500$
	磷酸根/(mg/L)	—	—	10.0~30.0	10.0~12.0	10.0~12.0	10.0~12.0	5.0~20.0	5.0~20.0
	亚硫酸根/(mg/L)	—	—	10.0~30.0	10.0~12.0	10.0~12.0	10.0~12.0	5.0~20.0	5.0~10.0
	相对碱度	<0.20	<0.20	<0.20	<0.20	<0.20	<0.20	<0.20	<0.20

（2）水质指标含义

① 浊度——指水溶液对光线通过时所产生的阻碍程度，水中含有泥土、粉砂、微细有机物、无机物、浮游生物等悬浮物和胶体物都可以使水质变得浑浊而呈现一定浊度。

② 硬度——水中钙、镁离子的总浓度，其中包括碳酸盐硬度（即通过加热能以碳酸盐形式沉淀下来的钙、镁离子，故又叫暂时硬度）和非碳酸盐硬度（即加热后不能沉淀下来的那部分钙、镁离子，又称永久硬度）。水中 Ca^{2+} 的含量称为钙硬度；水中 Mg^{2+} 的含量称为镁硬度。

③ pH 值——用来指示水溶液中氢离子（H^+）的浓度，可表示水的酸碱性，水的 pH<5.5 为酸性水、pH=5.5~6.5 为弱酸性水、pH=6.6~7.5 为中性水、pH=7.6~10 为弱碱性水、pH>10 为碱性水。

④ 溶解氧——溶解在水中的氧气的含量。

⑤ 油含量——扩散在水中的油脂的含量。

⑥ 全铁量——水溶液中 Fe^{2+}、Fe^{3+} 的总含量。

⑦ 电导率——也可以叫导电率，表示溶液传导电流的能力。

⑧ 全碱度——也叫总碱度，表示水中能与盐酸发生中和作用的所用碱性物质的含量。

⑨ 酚酞碱度——用酚酞为指示剂滴定终点（pH=8.3）测定的碱度，由水中全部的氢氧根离子和一半碳酸盐含量引起的碱度。

⑩ 溶解固形物——将水样滤出其悬浮物后进行蒸发和干燥所得的残渣，是指水中溶解的盐类和有机物的总量。

⑪ 磷酸根——溶液中 PO_4^{3-} 的含量，当锅内加磷酸盐阻垢剂时，测量该指标。

⑫ 亚硫酸根——溶液中 SO_3^{2-} 的含量，当锅内加亚硫酸盐除氧剂时，测量该指标。

⑬ 相对碱度——表示水中游离氢氧化钠含量与水中溶解固形物含量的比值。

3. 锅炉水处理方法

锅炉水处理方法一般根据锅炉炉型和当地水质选择，目前有两类处理方法：炉内水处理和炉外水处理。

（1）炉内水处理　炉内水处理就是锅炉加药处理，即将自来水或经过沉淀的天然水直接加入，向汽包内加入适当的药剂，创造并保持适当的碱性运行条件，使锅炉中的钙、镁盐类等结垢物质以非黏结性的、松散的炉渣沉降，通过定期排污排出锅炉外，以减少锅炉的结垢和腐蚀。

炉内水处理适合对水质要求不甚严格的小型锅炉使用，常用的几种药剂有：碳酸钠、氢氧化钠、磷酸钠、六偏磷酸钠、磷酸氢二钠以及一些有机阻垢剂。

（2）炉外水处理　炉外水处理就是在水进入锅炉前，通过各种物理和化学的方法，把水中对锅炉运行有害的杂质除去，使给水达到标准，从而避免锅炉结垢和腐蚀。

M6-10　简易石灰-纯碱水质软化系统

常用的方法有石灰-纯碱法，通过在水内加入石灰和纯碱使水中的钙、镁离子生成沉淀，沉降、过滤后除去，一般可用于水质要求不高的锅炉或离子交换法前的水质预处理阶段；离子交换法可通过离子交换树脂，除去水中的钙、镁离子，使水软化，从而避免锅炉内结垢或腐蚀。

M6-11　离子交换水质软化系统

溶解在锅炉给水内的氧气、二氧化碳会使锅炉的给水管道和锅炉本体腐蚀，一般通过热力除氧法除去。

（二）锅炉安全操作制度

① 密切监视水位、压力和燃烧情况，正确调节各种参数。

② 按规定做好日常工作，例如冲洗水位表、压力表、排污、试验安全阀等。

③ 随时检查锅炉人孔、手孔、受压部件以及省煤器、过热器等是否泄漏、变形等异常现象。

④ 检查汽水管道、烟道、风道、给水泵、送风机和引风机等。

（三）锅炉安全操作要点

1. 锅炉启动时的安全要点

锅炉启动指锅炉由非使用状态进入使用状态，一般包括冷态启动及热态启动两种。冷态启动指新装、改装、修理、停炉等锅炉的生火启动；热态启动指压火备用锅炉的启动。这里介绍的是冷态启动。

由于锅炉是一个复杂的装置，包含着一系列部件、辅机，锅炉的正常运行包含着燃烧、传热、工质流动等过程，因而启动一台锅炉要进行多项操作，要用较长的时间、各个环节协同动作，逐步达到正常工作状态。

锅炉启动过程中，其部件、附件等由冷态（常温或室温）变为受热状态，由不承压转变为承压，其物理形态、受力情况等产生很大变化，最易产生各种事故。据统计，锅炉事故约有半数是在启动过程中发生的。因而对锅炉启动必须进行认真的准备。

（1）全面检查　对新装、迁新和检修后的锅炉，启动之前一定要进行全面检查，符合启动要求后才能进行下一步的操作。为防止遗漏，启动前的检查应按照锅炉运行规程的规定，逐项进行。主要内容有：

① 检查汽水系统受热、受压元件的内外部，看其是否处于可投入运行的良好状态；

② 检查燃烧系统的各个环节是否处于完好状态；

③ 检查汽水系统和燃烧系统的各类门孔（包括人孔、手孔、看火门、防爆门及各类阀

门）、接板是否正常，并使之处于启动所要求的位置；

④ 检查安全附件是否齐全、完好并使之处于启动所要求的位置；

⑤ 检查锅炉构架、楼梯、平台等钢结构部分是否完好；

⑥ 检查各种辅机特别是转动机械是否完好，转动机械应分别进行试运转；

⑦ 检查各种测量仪表是否完好等。

（2）上水　为防止产生过大热应力，上水水温最高不应超过 90～100℃；上水速度要缓慢，全部上水时间在夏季不小于 1h，在冬季不小 2h。冷炉上水至最低安全水位时应停止上水，以防受热膨胀后水位过高。

（3）烘炉　新装、大修或长期停用的锅炉，其炉膛和烟道的墙壁非常潮湿，一旦骤然接触高温烟气，就会产生裂纹、变形甚至发生倒塌事故。为了防止这种情况，锅炉在上水后启动前要进行烘炉。

烘炉就是在炉膛中用文火缓慢加热锅炉，使炉墙中的水分逐渐蒸发掉。烘炉应根据事先制订的烘炉升温曲线进行，整个烘炉时间根据锅炉大小、型号不同，一般为 3～14d。烘炉后期可以同时进行煮炉。

（4）煮炉　新装、大修或长期停用的锅炉，在正式启动前必须进行煮炉。煮炉可以单独进行，也可以在烘炉后期和烘炉一道进行。

煮炉的目的是清除锅炉蒸发受热面中的铁锈、油污和其他污物，减少受热面腐蚀，提高锅水和蒸汽的品质。

（5）点火与升压　一般锅炉上水后即可点火升压；进行烘炉煮炉的锅炉，待煮炉完毕，排水清洗后，再重新上水，然后点火升压。

点火后，随着燃烧过程的进行，烟气与受热面之间的传热过程也开始进行，加入锅炉的水不断被加热，至饱和温度后即开始产生蒸汽。

锅炉产生蒸汽后，即开始升压。同时，炉水的饱和温度也不断升高。由于锅水温度的升高，汽包和蒸发受热面的金属壁温也随之升高，需要注意热膨胀和热应力问题。由于汽包的壁厚较厚，在升温中的主要问题是热应力，同时也应考虑其整体热膨胀。对于受热面管子，由于长度很长而壁厚较薄，在升温中的主要问题是整体热膨胀，同时也应注意其热应力。当管子沿轴向的膨胀受到限制时，热应力会增大到很大的数值。在升温升压过程中，汽包存在着沿壁厚的温差及上下壁面间的温差（卧置锅筒），即内壁温度高于外壁，上部壁面温度高于下部。

为了防止产生过大的热应力，锅炉的升压过程一定要缓慢进行。

点火升压过程中，锅炉的蒸汽参数、水位及各部件的工作状况在不断变化。为了防止异常情况及事故出现，要严密监视各种仪表指示的变化，通过调整控制压力、温度、水位等工艺参数在允许范围之内，同时也考核各种仪表、阀门等控制设施的可靠性、准确性。另外，也要注意观察各受热面，使各部位冷热交换温度变化均匀，防止局部过热，烧坏设备。

（6）暖管与并汽　所谓暖管，即用蒸汽缓慢加热管道、阀门、法兰等元件，使其温度缓慢上升，避免向冷态或较低温度的管道突然供入蒸汽，以防止热应力过大而损坏管道、阀门等元件。同时将管道中的冷凝水驱出，防止在供汽时发生水击。

冷态蒸汽管道的暖管时间一般不少于 2h；热态蒸汽管道的暖管时间一般为 0.5～1h。暖管时，应检查蒸汽管道的膨胀是否良好、支吊架是否正常。如有不正常现象，应停止暖管，查明原因，消除故障。

并汽也叫并炉、并列，即投入运行锅炉向共用的蒸汽总管供汽。并汽前应减弱燃烧，打开蒸汽管道上所有疏水阀，充分疏水以防止冲击；冲洗水位表，并使水位维持在正常水位线以下；使启动锅炉蒸汽压力稍低于蒸汽总管内汽压（低压锅炉低 0.02~0.05MPa；中压锅炉低 0.1~0.2MPa）；之后缓慢打开主汽阀及隔绝阀，使所启动锅炉与蒸汽总管联通。

单台运行的锅炉，在暖管之后即可向用汽设备供汽，其操作注意事项与并汽相似。

2. 锅炉运行中的安全要点

① 锅炉运行中，保护装置与联锁不得停用。需要检验或维修时，得经有关主管领导批准。

② 锅炉运行中，安全阀每天人为排汽试验一次。电磁安全阀电气回路试验每月应进行一次。安全阀排汽试验后，其起座压力、回座压力、阀瓣开启高度应符合规定，并做记录。

③ 锅炉运行中，应定期进行排污试验。

3. 锅炉停炉时的安全要点

锅炉停炉分正常停炉和紧急停炉（事故停炉）两种。

（1）正常停炉　正常停炉是计划内的停炉。停炉中应注意的主要问题是，防止降压降温过快，以避免锅炉元件因降温收缩不均匀而产生过大的热应力。

停炉操作应按规定的次序进行。锅炉正常停炉时先停燃料供应，随之停止送风，降低引风。与此同时，逐渐降低锅炉负荷，相应地减少锅炉上水，但应维持锅炉水位稍高于正常水位。对燃油、燃气锅炉和煤粉锅炉，炉膛停火后，引风机至少要继续引风 5min 以上。锅炉停止供汽后，应隔绝与蒸汽总管的连接，排气降压。为保持过热器正常工作，可打开过热器出口联箱疏水阀，适当放汽。降压过程中司炉人员应继续监视锅炉。待锅内无汽压时，开启空气阀，以免锅内因降温形成真空。

为防止锅炉降温过快，在正常停炉的 4~6h 内，应紧闭炉门和烟道接板。之后打开烟道接板，缓慢加强通风，适当放水。停炉 18~24h，在锅水温度降至 70℃ 以下时，方可全部放水。

（2）紧急停炉　锅炉遇有下列情况之一者，应紧急停炉：

① 锅炉水位低于水位表的下部可见边缘；

② 不断加大向锅炉给水及采取其他措施，但水位仍继续下降；

③ 锅炉水位超过最高可见水位（满水），经放水仍不能见到水位；

④ 给水泵全部失效或给水系统故障，不能向锅炉进水；

⑤ 水位表或安全阀全部失效；

⑥ 锅炉元件损坏，危及运行人员安全；

⑦ 燃烧设备损坏，炉墙倒塌或锅炉构架被烧红等，严重威胁锅炉安全运行；

⑧ 其他异常情况危及锅炉安全运行。

紧急停炉的操作次序是，立即停止添加燃料和送风，减弱引风。与此同时，设法熄灭炉膛内的燃料，对于一般层燃炉可以用砂土或湿灰灭火，链条炉可以开快挡使炉排快速运转，把红火送入灰坑。灭火后即把炉门、灰门烟道接板打开，以加强通风冷却。锅内可以较快降压并更换锅水，锅水冷却至 70℃ 左右允许排水。但因缺水紧急停炉时，严禁给炉上水，并不得开启空气阀及安全阀快速降压。

紧急停炉是为了防止事故扩大及产生更为严重的后果。但紧急停炉操作本身势必导致锅炉元件快速降温降压，产生较大的热应力，以致损害锅炉元件。因此，紧急停炉是不得已而采用的非正常停炉方式，有缺陷的锅炉应尽量避免紧急停炉。

五、锅炉常见事故及处理措施

由于锅炉在设计、制造、安装和使用中存在许多不确定因素，因此，在运行中可能会发生各项事故，一般可以分为三大类：爆炸事故、重大事故和一般事故。

1. 爆炸事故

爆炸事故是指锅炉内的主要受压部件如锅筒、联箱、炉胆、管板等损坏，不能承受锅炉内的工作压力，并从损坏处爆裂，使锅炉压力瞬间从工作压力降到大气压力的事故。这些受压部件内部容纳的汽水介质较多，一旦发生破裂，汽水瞬时膨胀，释放出大量的能量，具有极大的破坏力，可以导致厂房设备损坏并造成人员伤亡。

锅炉爆炸事故通常由锅炉超压、存在缺陷或超温造成。由于安全阀、压力表不齐全或损坏，操作人员对指示仪表监视不严或操作失误，致使受压元件超压引起爆炸。锅炉主要受压元件存在缺陷，如裂纹、腐蚀、严重变形、组织变化等，承压能力大大下降，使锅炉在正常工作压力下突然发生破裂。再有就是由于锅炉严重缺水，未按规定立即停炉，再匆忙上水，致使金属性能与组织变化丧失承载能力而破裂。

2. 重大事故

重大事故是指锅炉受压部件严重过热变形、鼓包、破裂、炉膛倒塌、钢架烧红或变形等，造成锅炉被迫停炉进行修理的事故。此类事故虽不及锅炉爆炸那么严重，但也往往造成设备损坏和人员伤亡，并可能导致用户局部或全部停工停产，造成严重的经济损失。此类事故主要包括以下几类。

（1）缺水事故 缺水事故是最常见的锅炉事故。当锅炉水位低于最低许可水位时便造成缺水。锅筒和锅管在缺水后被烧红的情况下，若大量上水，水接触到烧红的锅筒和锅管会产生大量蒸汽，汽压剧增就会导致锅炉烧坏甚至爆炸。

造成缺水的主要原因是违规脱岗、工作疏忽、判断错误或误操作；水位测量或报警系统失灵；自动给水控制设备故障；排污不当或排污设施故障；加热面损坏；负荷骤变；炉水含盐量过大。通常判断缺水程度的方法成为"叫水"。通过"叫水"，如果水位表中有水位出现，即为轻微缺水，此时可以立即上水，使水位恢复正常。如果水位表中仍无水位出现，则为严重缺水，必须紧急停炉。在未判定缺水程度或严重缺水时，严禁给锅炉上水，以免锅炉发生爆炸。

缺水的主要预防措施是严密监测水位，定期校对水位表和水位报警器，发现缺陷及时消除；注意观察是否有缺水现象，缺水时水位表玻璃管（板）呈白色；注意监视和调整给水压力和给水流量，与蒸汽压力相适应；排污应按规程要求，每开一次排污阀，时间不超过 30s，排污后关紧阀门，并检查排污阀门是否泄漏；监视汽水品质，控制炉水含量。

（2）满水事故 满水事故是锅炉水位超过了最高安全水位刻度线，也是常见事故之一。满水事故会引起蒸汽管道发生水击，易把锅炉本体、蒸汽管道和阀门震坏；此外，满水时蒸汽携带大量炉水，使蒸汽品质恶化。

造成满水的原因是操作人员疏忽大意，违章操作或误操作；水位表或水旋塞缺陷及水连接管堵塞；自动给水控制设备故障或自动给水调节器失灵；锅炉负荷降低，未能及时减少给水量。

处理措施是如果为轻微满水，应关小鼓风机和引风机的调节门，使燃烧减弱；停止给水，开启排污阀门放水，直到水位正常后，再关闭所有放水阀门，恢复正常运行。如果为严重满水，首先按紧急停炉程序停炉；停止给水，开启排污阀门放水；开启蒸汽母管及过热器疏水阀门，迅速疏水；水位正常后，关闭排污阀门和疏水阀门，再生火运行。

（3）汽水共沸 汽水共沸是锅炉内水位波动幅度超过正常情况，水面翻沸程度异常剧烈的一种现象。其后果是蒸汽大量带水，使蒸汽品质下降；易发生水冲击，使过热器管壁上积附盐垢，影响传热而使过热器超温，严重时会烧坏过热器而引发爆管事故。

造成汽水共沸的原因是锅炉水质没有达到标准；没有及时排污或排污不够，造成锅水中盐碱含量过高；锅水中油污或悬浮物过多；负荷突然增加。

处理措施主要有降低负荷，减少蒸发量；开启表面连续排污阀门，降低锅内含盐量；适当增加下部排污量，增加给水，使锅水不断调节新水。

（4）锅管爆炸　锅炉运行中，水冷壁面和对流管爆破是较常见的事故，性质严重，需要停炉检修，甚至造成伤亡。爆破时有显著声响，爆破后有显著喷汽声；水位迅速下降，汽压、给水压力、排烟温度均下降；火焰发暗，燃烧不稳定或被熄灭。发生此项事故时，如能维持正常水位，可紧急通知有关部门后再停炉，如水位、汽压均不能保持正常，必须按照程序紧急停炉。

发生这类事故的原因是水质不符合要求，管壁结垢或管壁受腐蚀；或受飞灰磨损变薄；生火过猛，停炉过快，使锅管受热不均匀，造成焊口破裂；下集箱积泥垢未及时排除，阻塞锅管水循环，锅管得不到冷却而过热爆破。

应该采取的预防措施是加强水质检查；定期检查锅炉；按照规定生火、停炉及防止超负荷运行。

（5）水击事故　发生水击时，管道承受的压力骤然升高，发生猛烈振动并发出猛烈声响，常常造成管道、法兰、阀门等的损坏。锅炉中易发生水击的部件有给水管道、省煤器、过热器、锅管等。

给水管道发生水击时，可适当关小给水控制阀门；蒸汽管道发生水击时，应减少供汽，开启水击段疏水阀门；省煤器发生水击时，应开启旁路门，关闭烟道门。

（6）炉膛爆炸　在燃气、燃油锅炉或粉煤炉中，当炉膛中的可燃物质与空气混合物的浓度达到爆炸极限时，遇明火就会爆炸，甚至引起炉膛爆炸。炉膛爆炸虽较锅炉爆炸（个体爆炸）的破坏力小，但也会造成严重后果，损坏受热面、炉墙及架构，造成锅炉停炉，有时还会造成人员伤亡。因此，发生炉膛爆炸事故后，应立即停炉，避免二次爆燃和连锁反应。

（7）尾部烟道二次燃烧　尾部烟道二次燃烧主要发生在燃油锅炉上。当锅炉运行中燃烧不完全时，部分可燃物随着烟气进入尾部烟道，积存于烟道内或黏附于尾部受热面上，在一定条件下这些可燃物自行着火燃烧，尾部烟道二次燃烧常将空气预热器、省煤器破坏。

为防止尾部二次燃烧，要提高燃烧效率，尽可能减少不完全燃烧损失，减少锅炉的启停次数；加强尾部受热面的吹灰；保证烟道各种门孔及烟风挡板的密封良好；在燃油锅炉的尾部烟道上应安装灭火装置。

此外，锅炉的重大事故还有省煤器的损坏、过热器损坏、锅炉结渣等，均可危及锅炉的正常运行。

3. 一般事故

一般事故是指锅炉设备发生故障或损坏，锅炉被迫停炉或中断供汽，但能在短时间内恢复运行的事故。一般事故的损失比较小。

 相关技术应用

压力容器安全知识

一、压力容器概述

（一）压力容器定义

对我国压力容器的界限范围，2016年2月22日国家质量监督检验检疫总局根据容器的压力、容积、介质三个因素，从安全范围考虑，颁发了《固定式压力容器安全技术监察规程》。凡符合下列规定的容器均属于《固定式压力容器安全技术监察规程》安全管理范围。

① 工作压力大于或等于 0.1MPa（不含液体静压力）；

② 容积大于或等于 0.03m³ 并且内直径（非圆形截面指其截面内边界最大几何尺寸）大于或等于 150mm；

③ 盛装介质为气体、液化气体以及介质最高工作温度高于或等于其标准沸点的液体。

压力容器的设计、制造（组焊）、安装、改造、维护、使用、检验，均应当严格执行《固定式压力容器安全技术监察规程》的规定。压力容器的结构组成如图 6-5 所示。

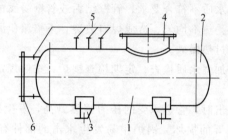

图 6-5　压力容器的结构组成
1—筒身；2—封头；3—支座；4—人孔；5—接管；6—液位计

（二）压力容器的分类

1. 按压力等级分类

压力容器的设计压力（p）划分为低压、中压、高压和超高压四个压力等级：

① 低压容器（代号 L）：$0.1MPa \leqslant p < 1.6MPa$；

② 中压容器（代号 M）：$1.6MPa \leqslant p < 10.0MPa$；

③ 高压容器（代号 H）：$10.0MPa \leqslant p < 100.0MPa$；

④ 超高压容器（代号 U）：$p \geqslant 100.0MPa$。

2. 按用途分类

压力容器按照在生产工艺过程中的作用原理，划分为反应压力容器、换热压力容器、分离压力容器、储存压力容器。具体划分如下：

（1）反应压力容器（代号 R）　指用来完成介质的物理、化学反应的压力容器。如各种反应器、反应釜、聚合釜、合成塔、变换炉、煤气发生炉等。

（2）换热压力容器（代号 E）　指用来完成介质的热量交换的压力容器。如各种热交换器、冷却器、冷凝器、蒸发器等。

（3）分离压力容器（代号 S）　指用来完成介质的流体压力平衡缓冲和气体净化分离的压力容器。如各种分离器、过滤器、集油器、洗涤器、吸收塔、铜洗塔、干燥塔、汽提塔、分汽缸、除氧器等。

（4）储存压力容器（代号 C，其中球罐代号 B）　指用于储存或者盛装气体、液体、液化气体等介质的压力容器。如各种型式的储罐。

在一种压力容器中，如同时具备两个以上的工艺作用原理，应当按照工艺过程中的主要作用来划分。

3. 按危险性和危害度分类

按照介质特征分类，并根据设计压力 p（单位为 MPa）和容积 V（单位为 m³），将压力容器分为第Ⅰ类压力容器、第Ⅱ类压力容器和第Ⅲ类压力容器：

① 第一组介质，即毒性危害程度为极度、高度危害的化学介质、易爆介质及液化气体，其压力容器分类方法见图6-6。

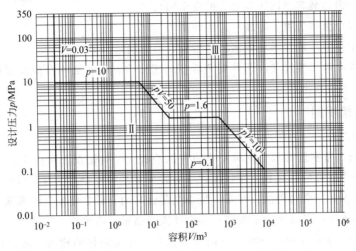

图 6-6　压力容器分类图——第一组介质

② 第二组介质，即除第一组以外的介质，其压力容器分类方法见图6-7。

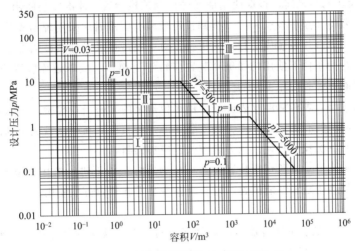

图 6-7　压力容器分类图——第二组介质

二、压力容器安全附件

根据《固定式压力容器安全技术监察规程》和有关规范规定压力容器的安全附件，包括安全阀、爆破片装置、快开门式压力容器的安全联锁装置。

1. 压力容器安全附件的分类

压力容器的安全附件按其功能分为三类：

（1）显示装置　各种形式的压力计、压力表、温度计、液位计等。

（2）控制式显示控制装置　这类装置能依照设定的工艺参数自行调节，保证该工艺参数稳定在一定的范围内。如减压阀、调节阀、电接点压力表、电接点温度计、自动液压计、紧急切断阀、过流阀、安全联锁装置。

（3）安全泄压装置　遇容器或系统内介质的压力超过额定压力时，该装置能自动泄放部分或全部气体。以防止压力持续升高而威胁到容器的正常使用，造成破坏。

① 阀型安全泄压装置（即各种型式的安全阀）。

② 断裂型安全泄压装置（爆破片、爆破帽等）。

③ 熔化型安全泄压装置，易熔塞、易熔片（用于钢瓶、槽车上）。

④ 组合型安全泄压装置（由两种安全泄压装置组合而成，如安全阀与爆破片，爆破片串联，在安全阀的进口或出口）。

2. 安全装置检验周期

安全附件的检验，分为两种：

① 运行检查。指在运行状态下对安全附件的检查。一般情况下可由生产第一线的人员进行。主要检查安全附件的外观和工作状况。压力表失灵、未校验；压力容器与安全阀之间的截止阀处于关闭状态；安全阀锈蚀、堵塞，特别是黏性高的介质会使安全阀滞塞；爆破片长期使用后会产生时间效应，爆破压力不准确；液面计液面指示不准确等。

② 停机检查。指在停止运行状态下由专业人员对安全附件的检查。运行检查可与容器外部检查同时进行，停机检查可与容器全面检验同步进行，也可单独进行。

（1）安全阀

① 新安全阀在安装之前，根据使用情况进行调试检验后，才准安装使用。

②安全阀一般每年至少校验一次，拆卸进行校验有困难时应采用现场校验（在线校验）。

（2）爆破片　爆破片装置应进行定期更换，对于超过最大设计爆破压力而未爆破的爆破片应立即更换；在苛刻条件下使用的爆破片装置应每年更换；一般爆破片装置应在 2～3 年内更换（制造单位明确可延长使用寿命的除外）。

（3）压力表　压力表和测温仪表应按使用单位规定的期限进行校验。压力表的校验和维护应符合国家计量部门的有关规定。压力表安装前应进行校验，在刻度盘上应划出指示最高工作压力的红线，注明下次校验日期。压力表校验后应加铅封。

（4）紧急切断装置　紧急切断装置应当从压力容器上拆下进行解体、检验、维修和调整，做耐压、密封、紧急切断等性能试验，检验合格并且重新铅封方准使用。

（5）液面计

① 安装使用前，低、中压容器用液面计应进行 1.5 倍液面计公称压力的液压试验，高压容器的液面计进行 1.25 倍液面计公称压力的液压试验；

② 液面计规定检修周期不应超过压力容器全面检验周期；

③ 液面计一个季度要定期冲洗一次。

（6）测温仪表　测温仪表应按使用单位规定的期限进行校验。新安装测温仪表应经国家质量部门鉴定合格。

3. 安全附件选用

① 安全阀、爆破片的排放能力必须大于压力容器的安全泄放量。

② 对于盛装易燃、易爆或剧毒有害介质压力容器，应采用板式玻璃液位计或自动液位指示器。

③ 压力容器的压力表、液面计等应根据压力容器的介质、最高工作压力和温度正确选用。

④ 安全附件下列情况之一不得使用：

a. 无产品合格证和铭牌的；

b. 性能不符合要求的；

c. 逾期不检查、不校验的；

d. 爆破片已超过使用期限的。

三、压力容器安全管理

（一）对压力容器的设计单位管理

为了确保压力容器安全运行，保障人民生命与财产的安全，根据我国管理工作特点，2009年1月国务院修订颁发了《特种设备安全监察条例》，明确规定了压力容器的设计单位应当经国务院特种设备安全管理部门许可，方可从事压力容器的设计活动。设计单位应当具备下列条件：

① 有与压力容器设计相适应的设计人员、设计审核人员；

② 有与压力容器设计相适应的场所和设备；

③ 有与压力容器设计相适应的健全的管理制度和责任制度。

（二）对压力容器的制造与安装单位管理

根据《固定式压力容器安全技术监察规程》与《特种设备安全监察条例》对压力容器制造单位提出明确的要求。

① 从事压力容器的制造、安装、改造单位，应当经国务院特种设备安全监察管理部门许可方可从事相应的活动。压力容器制造、安装、改造单位应当具备下列条件（压力容器维修单位经省、自治区、直辖市特种设备安全监察管理部门许可）：

a. 有与压力容器制造、安装、改装相适应的专业技术人员和技术工人；

b. 有与压力容器制造、安装、改装相适应的生产条件和检测手段；

c. 有健全的质量管理制度和责任制度。

② 压力容器制造单位对其生产的压力容器的安全性能负责。

③ 压力容器安装、改造、维修的施工单位应当在施工前书面告知直辖市或设区的市级特种设备安全监督管理部门后方可施工。

④ 在压力容器安装、改造、维修竣工后，安装、改造、维修的施工单位应当在验收后30日内将有关技术资料移交使用单位，使用单位应当将其存入该特种设备的安全技术档案。

⑤ 压力容器制造、安装、改造、重大维修过程必须经国务院特种设备安全监察部门核准的检验检测机构，按照安全技术规范的要求进行监察检验，未经监督检验合格的不准出厂或者交付使用。

（三）对压力容器的使用单位管理

压力容器使用管理也是压力容器管理的重要组成部分，按《固定压力容器安全技术监察规程》与《特种设备安全监察条例》及《压力容器定期检验规则》的要求，使用单位应做到：

① 应当使用符合安全技术规范要求的压力容器，压力容器投入使用前应核对生产厂家提供的设计文件、产品质量合格证明、安装及使用维修说明、监督检验证明等文件。

② 压力容器投入使用前，在30日之内应向地市级的特种设备安全监察管理部门登记。登记标志应当置于或附着于该压力容器的显著位置。

③ 压力容器使用单位应当建立压力容器安全技术档案。

④ 压力容器的操作人员及相关管理人员，应按照国家有关规定经特种设备安全监察管理

部门考核合格，取得特种设备作业人员证书，方可从事相应作业与管理工作。

⑤ 压力容器使用单位应当对压力容器作业人员进行安全教育和培训，保证压力容器作业人员具备必要的压力容器安全作业知识，严格执行压力容器操作规程与有关安全规章制度。

⑥ 使用单位除对在用的压力容器按技术规范的规定进行年度检查、全面检验、耐压试验外，每月要至少一次进行自行检查，包括安全附件、安全保护装置、测量调控装置及有关附属仪器仪表，并记录入档。

⑦ 在用压力容器按照技术规范的全面检验要求，在安全检验合格有效期届满前一个月向特检机构提出全面检验的要求。

⑧ 压力容器使用应制订压力容器事故应急措施和救援预案。

⑨ 压力容器存在严重事故隐患，无改造维修价值，或者超过安全技术规范规定的使用年限，使用单位应当及时将原登记的使用证向特种设备安全监察管理部门办理注销。

⑩ 压力容器出现故障或者发生异常情况，使用单位应对其进行检查，消除事故隐患后方可重新投入使用。

⑪ 对违反《固定式压力容器安全技术监察规程》与《特种设备安全监察条例》规定的行为，有权向特种设备安全监督管理部门和行政监察有关部门举报。

（四）对压力容器的日常维护保养管理

加强压力容器日常维护保养工作是安全管理一个主要环节，使用单位应做好以下事项：

① 设备保持完好：

a. 容器运行正常，效能良好；

b. 各种装备及安全附件完整。

② 消除产生腐蚀因素。

③ 消灭容器"跑冒滴漏"。

④ 减少与消除压力容器的震动。

⑤ 加强对停用期间的维护保养：

a. 内部介质排净，特别是腐蚀性介质，要做到排放置换、清洗干燥等技术处理，保持内部干燥和清洁；

b. 压力容器外壁涂刷油漆，防止大气腐蚀；

c. 有搅拌装置的容器还需做好搅拌装置的清理、保养工作，拆卸动力源；

d. 各种阀门及附件应进行保养，防止腐蚀卡死等。

四、压力容器的定期检查

（一）外部检验

检验周期：为了确保压力容器在检验周期内的安全而实施运行过程中的在线检查，每年至少一次。年度检查可以由使用单位的持证的压力容器检验人员进行（也可以由检验单位承担）。

① 年度检验内容。压力容器年度检查包括使用单位压力容器安全管理情况检查、压力容器本体及运行状况检查和压力容器安全附件检查等。

在线的压力容器本体及运行状况的主要检查内容：

a. 压力容器的铭牌、漆色、标志及喷涂的使用证号码是否符合有关规定；

b. 压力容器的本体、接口（阀门、管路）部位、焊接接头等是否有裂纹、过热、变形、泄漏、损伤等；

c. 外表面有无腐蚀，有无异常结霜、结露等；

d. 保温层有无破损、脱落、潮湿、跑冷；

e. 检漏孔、信号孔有无漏液、漏气，检漏孔是否畅通；

f. 压力容器与相邻管道或者构件有无异常振动、响声或者相互摩擦；

g. 支承或者支座有无损坏，基础有无下沉、倾斜、开裂，紧固螺栓是否齐全、完好；

h. 排放（疏水、排污）装置是否完好；

i. 运行期间是否有超压、超温、超量等现象；

j. 罐体有接地装置的，检查接地装置是否符合要求；

k. 安全状况等级为 4 级的压力容器的监控措施执行情况和有无异常情况；

l. 快开门式压力容器安全联锁装置是否符合要求；

m. 安全附件的检验包括对压力表、液位计、测温仪表、爆破片装置、安全阀的检查和校验。

② 进行压力容器本体及运行状况检查时，一般可以不拆保温层。

（二）全面检验

全面检验是指在用压力容器停机时的检验，全面检验应当由检验机构进行。

（1）检验周期

① 安全状况等级为 1～2 级，一般为每 6 年一次。

② 安全状况等级为 3 级，一般为 3～6 年一次。

③ 安全状况等级为 4 级，其检验周期由检验机构确定。安全状况等级为 4 级的压力容器，其累积监控使用的时间不得超过 3 年。在监控使用期间，应当对缺陷进行处理提高其安全状况等级，否则不得继续使用。

④ 新压力容器一般投入使用满 3 年时进行首次全面检验，下次的全面检验周期由检验机构根据本次全面检验结果再确定。

⑤ 介质为液化石油气且有应力腐蚀现象的，每年或根据需要进行全面检验。

⑥ 采用"亚铵法"造纸工艺，且无防腐措施的蒸球根据需要每年至少进行一次全面检验。

⑦ 球形储罐使用标准抗拉强度下限大于等于 540MPa 材料制造的，使用一年后应当开罐检验。

（2）全面检验项目、内容　按《压力容器定期检验规则》（TSG R7001—2013）进行。

（3）制订检验方案　检验单位根据压力容器具体状况，制订检验方案后实施检验，并按检验结果综合评定安全状况等级（需要维修改造的压力容器，按维修后的复检结果进行安全状况等级评定）。检验检测机构对其检验检测结果、鉴定结论承担法律责任。

（4）检验前准备　全面检验前，使用单位应做好有关准备工作，应具备以下条件：

① 使用单位应提交受检压力容器的所有技术资料、历年检验报告等及运行记录、维修记录、改造文件、监检记录等。

② 影响全面检验的附属部件或者其他物体，应当按检验要求进行清理或者拆除。

③ 为检验而搭设的脚手架、轻便梯等设施必须安全牢固（对离地面 3m 以上的脚手架设置安全护栏）。

④ 需要进行检验的表面，特别是腐蚀部位和可能产生裂纹性缺陷的部位，必须彻底清理干净，母材表面应当露出金属本体，进行磁粉、渗透检测的表面应当露出金属光泽。

⑤ 被检容器内部介质必须排放、清理干净，用盲板从被检容器的第一道法兰处隔断所有液体、气体或者蒸汽的来源，同时设置明显的隔离标志。禁止用关闭阀门代替盲板隔断。

⑥ 盛装易燃、助燃、毒性或者窒息性介质的，使用单位必须进行置换、中和、消毒、清洗，取样分析，分析结果必须达到有关规范、标准的规定。

⑦ 人孔和检查孔打开后，必须清除所有可能滞留的易燃、有毒、有害气体。压力容器内部空间的气体含氧量应当在 18%～23%（体积分数）之间。必要时，还应当配备通风、安全救护等设施。

⑧ 高温或者低温条件下运行的压力容器，按照操作规程的要求缓慢地降温或者升温，使之达到可以进行检验工作的程度，防止造成伤害。

⑨ 能够转动的或者其中有可动部件的压力容器，应当锁住开关，固定牢靠。移动式压力容器检验时，应当采取措施防止移动。

⑩ 切断与压力容器有关的电源，设置明显的安全标志。检验照明用电不超过 24V，引入容器内的电缆应当绝缘良好，接地可靠。

⑪ 需现场射线检测时，应当隔离出透照区，设置警示标识。

⑫ 全面检验时，应当有专人监护，并且有可靠的联络措施。

⑬ 检验时，使用单位压力容器管理人员和相关人员到场配合，协助检验工作，负责安全监护。

⑭ 在线全面检验时，检验人员认真执行使用单位有关动火、用电、高空作业、罐内作业、安全防护、安全监护等规定，确保检验工作安全。

（5）注意事项　有以下情况之一的压力容器，全面检验周期应适当缩短：

① 介质对压力容器材料的腐蚀情况不明或者介质对材料的腐蚀速率每年大于 0.25mm，以及设计者所确定的腐蚀数据与实际不符的。

② 材料表面质量差或者使用中发现应力腐蚀现象的。

③ 使用条件恶劣或者使用中发现应力腐蚀现象的。

④ 使用超过 20 年，经过技术鉴定或者由检验人员确认按正常检验周期不能保证安全使用的。

⑤ 停止使用时间超过 2 年的。

⑥ 改变使用介质并且可能造成腐蚀现象恶化的。

⑦ 设计图样注明无法进行耐压试验的。

⑧ 检验中对其他影响安全的因素有怀疑的。

⑨ 搪玻璃设备。

五、常用压力容器的安全操作要点

由于容器的工艺用途不同其操作内容方法及注意事项也不尽相同，下面就常用容器的安全操作要点作简单介绍。

（一）换热容器的操作要点

（1）熟悉热（冷）载体性质　正确选用热（冷）载体对加热过程安全十分重要，除考虑工艺设备的需要外，应尽量避免使用与被加热介质性质相抵触的物质作热载体。如水是冷载体，地区不同水质差别很大，水的硬度大小直接影响换热器内壁结垢。

（2）防止结疤、结炭　一些热载体在较高温度下易结疤、结炭，影响换热效果，甚至引起爆炸。

（3）按工艺规定，保证阀门开启度　阀门开启度直接影响热交换器内流体流速，可以提高传热系数，同时又可减少结垢及防止局部过热。

（4）定期排放冷凝水、不凝性气体　冷凝水、不凝性气体存于容器内影响传热，油污、易结垢物体还会造成堵塞。

（5）控制升降温速度　升降温速度过快会造成较大的温差应力，设备不能自由伸缩，严重时导致连接失效而泄漏。

（二）反应容器操作要点

（1）熟悉并掌握容器内反应物特性　反应过程的基本原理及工艺特点，确定反应容器安全操作。

（2）正确控制反应温度　温度是反应物在容器中的主要控制参数之一，不同的化学反应都有各自最适宜的反应温度。正确控制温度不仅提高产品质量、成品率，同时直接关系到容器的安全运行。温度高、压力增高会使反应物着火、容器壁温度上升、力学性能下降，造成变形甚至破坏。温度过低造成反应速度减慢或停滞。如处理不当会使反应物发生剧烈反应，乃至发生爆炸，要控制反应温度，需做到以下几点：

① 控制反应热；

② 防止反应过程中搅拌中断，换热中断；

③ 正确选择传热介质；

④ 加强保温措施；

⑤ 防止杂质进入反应器内；

⑥ 投料的控制；

⑦ 确保安全，保证反应正常。

（三）储存容器操作要点

① 严格控制温度、压力。储存容器的压力高低往往与温度有直接关系。特别是液化气体介质的压力容器，一旦温度上升，其压力也会随之增大，尤其是高温季节，必要时应采取冷却、降温措施。

② 严格控制液位，不得超规定充装。超储者，应确保液位计的显示正确。

③ 严格执行储存周期的规定，对于易聚合、易分解的介质，必须按规定周期储存。

④ 控制明火、电火花。危及安全的明火通常有生产用火、非生产用火、干燥装置、烟道、烟囱、火炉、火种等，这些必须严格控制，保证安全距离。

⑤ 防止静电。注意静电接地的检查及维护工作，严禁堆放杂物，因杂物、灰尘等都易造成静电积聚。

⑥ 杜绝容器及管道泄漏。容器或管道密封不严会造成容器内介质在空气中浓度增高，属易燃介质，则有可能达到爆炸极限范围，稍有疏忽会导致事故。

（四）分离容器操作要求

① 装设联锁装置或安全操作挂牌。分离容器基本上属于器外产生压力的容器，而压力来自器外的容器超压又大多是因操作失误引起的。为防止操作失误，必须安装联锁装置，也可以实行安全操作挂牌，标明阀门开闭方向、状态、注意事项等。

② 定期排放积存的油、水，避免因排污堵塞影响分离效果或影响后置工序。

③ 定期清理，更换过滤物质、滤网等提高分离效果。

 知识拓展

1. TSG 21—2016 固定式压力容器安全技术监察规程。

2. TSG G0001—2012 锅炉安全技术监察规程。

M6-12　TSG 21—2016 固定式压力
容器安全技术监察规程

M6-13　TSG G0001—2012 锅炉
安全技术监察规程

 拓展阅读

纺织战线的一面旗帜——赵梦桃

"高标准、严要求、行动快、工作实、抢困难、送方便"，这就是激励一代又一代纺织工人的"梦桃精神"。

1951年，16岁的赵梦桃进入陕西西北国棉一厂。1952年5月，在学习"郝建秀工作法"活动中，赵梦桃以最优异的成绩第一个戴上了"郝建秀红围腰"。进厂不到两年，她就创造了千锭小时断头只有55根、皮辊花率1.89％的好成绩，并第一个响应厂党委"扩台扩锭"的号召，看车能力从200锭扩大到600锭，生产效率提高了3倍。

赵梦桃提出了一个响亮的口号："不让一个伙伴儿掉队！"在她的影响下，"人人当先进，个个争劳模"。从1952年到1959年，7年中，她创造了月月完成国家计划的先进纪录，还帮助12名同志成为企业的先进工作者。

1959年，她和她的"赵梦桃小组"出席了全国群英会，成为纺织战线的一面旗帜。1963年，赵梦桃又创造了一套先进的清洁检查操作法，这一操作法在陕西省全面推广。同年，这位全国劳动模范因患肺癌病逝，年仅28岁。1980年，"赵梦桃小组"被授予"全国优秀质量管理小组"称号。

"赵梦桃小组"这面旗帜至今仍闪烁着耀眼的光辉。

 检查与评价

1. 学生对压力容器相关知识的理解。
2. 学生对锅炉的正确使用。

 课外作业

1. 网络作业（见智慧职教网 http://www.icve.com.cn/）。
2. 锅炉的分类有哪些？
3. 锅炉水质为何需要进行处理？
4. 锅炉的安全附件有哪些？锅炉常见事故及处理措施分别有哪些？
5. 什么叫压力容器？压力容器分为哪几类？换热容器的操作要点有哪些？

情境七

釜式反应器动设备的安全操作与管理

学习目标

知识目标	掌握釜式反应器的基本结构、特点及安全附件。
能力目标	学会釜式反应器的正确操作与维护、事故排除等安全要点。
素质目标	培养严谨细致的工作态度和严格遵守操作规程、追求卓越的工匠精神，提升现场处置能力、应变能力和职业素养。

教学引导案例

某公司反应釜爆燃事故

2018 年 4 月 3 日 3 时 20 分，广州市某公司的二甲醚生产车间二区发生一起爆燃事故，事故造成两名作业工人轻微擦伤，直接经济损失约 328.69 万元。

一、事故经过

该公司生产二区的 E2 反应釜于 2018 年 4 月 2 日 9 时引蒸汽开工，4 月 2 日 12 时 20 分开工检查结束，转入平稳生产。4 月 3 日凌晨 3 时 14 分，反应工序现场操作值班人员梁某、彭某听到在生产车间二区发生异响，立刻赶到现场查看，发现 E2 反应釜出口与 E2 石墨冷却器入口连接的玻璃钢管道断裂，溢出大量二甲醚可燃气体。发现泄漏后，二人马上通知值班中控和调度，报告泄漏险情，要求紧急关停 3 号反应系统。3 时 16 分至 18 分期间，反应一、二、三区的紧急抽排风机启动。3 时 22 分，泄漏气体在二区三层平台处扩散并与空气混合，在靠近 C2、D2 反应釜上方区域形成爆炸性混合气体，遇现场的静电或电气火花等点火源引起爆燃。梁某、彭某看到现场出现火光和听到上方传来巨响后，马上撤离，在生产二区车间门口处被现场跌落的碎玻璃刮擦受轻微伤。

二、事故原因

1. 直接原因

该公司生产车间二区 E2 反应釜出口与 E2 石墨冷却器入口间玻璃钢管道选材的工作温度与实际工况温度接近，加之反应釜频繁开停工，不断升温降温下产生热应力，加剧了玻璃钢管道的疲劳，最终引发玻璃钢管道在与石墨冷却器接口法兰颈部粘接处在运行中突然出现全管径断裂，造成二甲醚大量泄漏，遇点火源发生爆燃。

2. 间接原因

（1）玻璃钢选材不严谨　该公司在选用玻璃钢这种材质作为反应釜连接管道的材质时，玻璃钢管道选材的工作温度与实际工况温度接近，未充分考虑安全冗余。

（2）风险识别不到位　在风险识别中，未充分考虑近两年来间歇式生产、频繁开停车对玻璃钢管安全使用寿命的影响。

（3）缺乏有效的检测手段预先发现玻璃钢管存在的内部缺陷　企业只从外观上进行检查，没有技术手段来预先发现玻璃钢管的内部缺陷，仅凭经验对玻璃钢管进行 3 年一次的更换。

（4）隐患排查不细　法兰盘安装采用自制钢板压紧固定，无法对法兰颈部检查，未能预先发现法兰颈部疲劳老化的隐患，及未能及时消除防爆电气设备敷设不规范可成为点火源的隐患。

三、课堂思考

① 该事故中所用的反应釜为一种釜式反应器，什么是釜式反应器？
② 在日常生活中，你在什么地方见过釜式反应器？
③ 釜式反应器有哪些类型？

 相关知识介绍

釜式反应器的安全操作

一、认识釜式反应器

（一）釜式反应器简介

釜式反应器（图 7-1）是一种低高径比的圆筒形反应器，用于实现液相单相反应过程和液-

液、气-液、液-固、气-液-固等多相反应过程。器内常设有搅拌（机械搅拌、气流搅拌等）装置。在高径比较大时，可用多层搅拌桨叶。在反应过程中物料需加热或冷却时，可在反应器壁处设置夹套，或在器内设置换热面，也可通过外循环进行换热。

　　釜式反应器按操作方式可分为：①间歇釜式反应器，或称间歇釜。操作灵活，易于适应不同操作条件和产品品种，适用于小批量、多品种、反应时间较长的产品生产。间歇釜的缺点是：需有装料和卸料等辅助操作，产品质量也不易稳定。但有些反应过程，如一些发酵反应和聚合反应，实现连续生产尚有困难，至今还采用间歇釜。②连续釜式反应器，或称连续釜。可避免间歇釜的缺点，但搅拌作用会造成釜内流体的返混。在搅拌剧烈、液体黏度较低或平均停留时间较长的场合，釜内物料流型可视作全混流，反应釜相应地称作全混釜。在要求转化率高或有串联副反应的场合，釜式反应器中的返混现象是不利因素。此时可采用多釜串联反应器，以减小返混的不利影响，并可分釜控制反应条件。③半连续釜式反应器。指一种原料一次加入，另一种原料连续加入的反应器，其特性介于间歇釜和连续釜之间。

图 7-1　釜式反应器

（二）釜式反应器结构及特点

1. 间歇釜式反应器

　　反应器是化学品生产过程中的关键设备，决定了化工产品的品质、品种和生产能力。带搅拌釜式反应器是一种最为常见的反应器，广泛地应用于化工生产的各个领域。带搅拌釜式反应器主要分为立式容器中心搅拌、偏心搅拌、倾斜搅拌、卧式容器搅拌等。下面以立式容器中心搅拌反应器为例进行介绍。

　　图 7-2 为带搅拌间歇釜式反应器的结构示意图。釜式反应器通常做成圆筒形，装有球面形的盖和底，封头与筒体的连接处有垫圈，以保证釜内具有密闭性，一般设计到能承受 $3\times10^{5}\sim4\times10^{5}\,Pa$。它主要包括搅拌罐、搅拌装置、密封装置。搅拌罐由罐体和传热装置。罐体的作用是提供足够的容积，确保达到规定转化率所需的时间。传热装置主要是夹套和蛇管，用来输入或移出热量，以保持适宜的反应温度。搅拌装置由搅拌器、搅拌轴、传动装置组成。传动装置又由电动机、减速器、联轴器及机座等组成，是使搅拌器获得动能以强化液体流动的装置。密封装置主要是为了防止罐内介质泄漏或外界空气进入罐内。

　　间歇操作的釜式反应器，所有反应物均在操作前一次加入，随着反应的进行，釜内温度、浓度和反应速度都随时间变化，一直进行至达到预定的转化率出料为止。间歇反应器是分批操作，其操作时间由两部分组成，由反应时间和辅助时间（即装料、卸料、检查及清洗设备等所需时间）组成。其结构简单、操作方便、灵活性大、应用广泛，但是设备生产效率低、不易保持每批质量稳定、高转化率下体积较大。一般用于液-液相、气-液相等系统，其规模小、产量低，适用于精细化工行业，如染料、医药、农药等小批量多品种的行业。

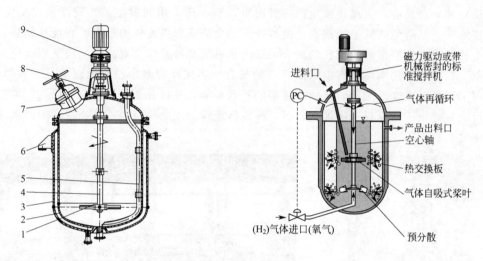

图 7-2　带搅拌间歇釜式反应器结构示意图
1—搅拌器；2—罐体；3—夹套；4—搅拌轴；5—压出管；6—支座；7—人孔；8—轴封；9—传动装置

2. 连续釜式反应器

连续釜式反应器是一种以釜式反应器实现连续生产的操作方式，是在间歇搅拌釜式反应器的基础上建立起来的，是化学工业中最先应用于连续生产的一种反应设备。图 7-3 是带搅拌连续釜式反应器结构示意图。虽然在型式和结构上二者基本上是相同的，但由于操作方式的改变，节省了大量的辅助操作时间，使得反应器的生产能力得到充分的发挥；同时，也大大地减轻了体力劳动强度，容易全面地实现机械化和自动化；在很多场合，也降低了原材料和能量的损耗。因此，在化学工业中，连续搅拌釜式反应器迄今仍然是应用得最广泛的反应器型式之一。

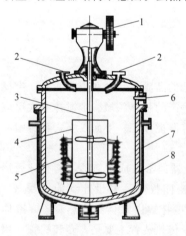

图 7-3　带搅拌连续釜式反应器结构示意图
1—搅拌装置；2—进料口；3—搅拌器；4—导流筒；5—叶片；6—出口；7—夹套；8—釜体

与间歇釜式反应器相比，连续釜式反应器具有生产效率高、劳动强度低、操作费用小、产品质量稳定、易实现自控等优点。物料随进随出，连续流动，原料进入反应釜后，立即被稀释，使反应物浓度降低，所以，连续釜式反应器的反应推动力较小，反应速率较低，可使某些对温度敏感的快速放热反应得以平稳进行。由于釜式反应器的物料容量大，当进料条件发生一定程度的波动时，不会引起釜内反应条件的明显变化，稳定性好，操作安全。稳态操作时，反应器内所有参数不随时间变化，符合理想混合假设，这是连续釜式反应器的基本特征。此外，这种反应器的操作稳定，适用范围较广，容易放大，也是其他类型连续反应器所不及的。连续釜式反应器规模大、产量高，适用于石油化工行业。

3. 半连续釜式反应器

指一种原料一次加入，另一种原料连续加入的反应器，其特性介于间歇釜式反应器和连续釜式反应器之间。

二、釜式反应器安全操作

（一）釜式反应器危险因素及解决方案

（1）投料失误　进料速度过快、进料配比失控或进料顺序错误，均有可能产生快速放热反应，如果冷却不能同步，形成热量积聚，造成物料局部受热分解，物料快速反应并产生大量危害气体，发生爆炸事故。

解决方法：加热控制措施。对于反应温度在100℃以下的物料加热系统，可采用蒸汽和热水分段加热，在保证物料不因局部过热出现变质的情况下，先用蒸汽中速加热到60℃左右，以提高生产效率，再用100℃沸腾水循环传热，缓慢升温到工艺规定的温度并保温反应。

（2）管道泄漏　进料时，对于常压反应，如果放空管未打开，此时用泵向釜内输送液体物料时，釜内易形成正压，易引起物料管连接处崩裂，物料外泄造成人身伤害的灼伤事故。卸料时，如果釜内物料在没有冷却到规定温度时（一般要求是50℃以下）卸料，较高温度的物料容易变质且易引起物料溅落而烫伤操作人员。

解决方法：联锁泄压措施。为了防止釜内在反应开始时未打开放空阀，应安装紧急泄压防崩裂的装置。或者在反应釜的顶部安装压力表，利用电脑对其进行控制，压力过大时能自动提醒控制人员。

（3）升温过快　釜内物料由于加热速度过快，冷却速率低，冷凝效果差，均有可能引起物料沸腾，形成汽液相混合体，产生压力，从放空管、汽相管等薄弱环节和安全阀、爆破片等卸压系统实施卸压冲料。如果冲料不能达到快速卸压的效果，则可能引起釜体爆炸事故的发生。

解决方法：联锁冷却措施。加热速度过快时会在打开联锁时自动进行降温，可以有效阻止压力过快升高造成的爆炸事故。

（4）维修动火　在釜内物料反应过程中如果在没有采取有效防范措施的情况下实施电焊、气割维修作业，或紧固螺栓、铁器撞击敲打产生火花，一旦遇到易燃易爆的泄漏物料就可能引起火灾爆炸事故。

解决方法：须让工人正确认识动火管理的重要性，增强安全意识，切实实施切断、隔离、置换、清洗、通风等安全技术措施，按程序做好初审、复查、批准、监护、清理、验收等安全管理措施。

（二）釜式反应器安全附件

1. 安全阀

安全阀是釜式反应器、锅炉和其他压力设备上重要的安全附件。其动作可靠性和性能好坏直接关系到设备和人身的安全，并与节能和环境保护紧密相关。

当被保护体内的流体压力达到略高于正常工作压力的某一规定值（即阀门开启压力）时，安全阀自动开启，排放部分流体，使压力下降。当压力下降到略低于正常工作压力的

某一值（即阀门回座压力）时，安全阀自动关闭，停止排放流体并保持密封。（详见情境六）

2. 爆破片

（1）概述。爆破片及与其连用的爆破片装置是一种安全压力泄放装置，具有结构简单、动作快速的特点，在压力升高速度很快的情况下，尤其是当发生爆炸或伴随有爆震的放热反应时，爆破片装置的动作速度比安全阀快得多。可在压力容器或管道等压力突然升高但尚未引起爆炸前先行爆破，将高压介质排出管道或压力容器，从而达到防止管道或压力容器因为压力过大而爆炸的目的。与安全阀相比，爆破片装置类型较多，如果选用不当或不能正确使用，设备的安全和正常操作就难以保证。例如，盛装腐蚀性介质的容器上，如果使用一般的普通型爆破片装置，爆破片强度会因受到介质的腐蚀作用而下降，从而造成在未达到设计爆破压力时就爆破泄压而导致不必要的损失和破坏。

爆破片主要由爆破片、夹持器、真空托架等零件装配而成。

（2）爆破片的结构型式及特点　爆破片的结构型式及特点如表 7-1 所示。

表 7-1　爆破片的结构型式及特点

型式		简图	主要特点
拉伸型	正拱刻槽		超压时爆破片为拉伸破坏；疲劳寿命可达 10000 次以上；因爆破片爆破时沿槽口撕开，无碎片，特别适合于和安全阀组合使用，以确保安全阀的密封可靠性
	平板刻槽		
	正拱开缝		当设备超压时，爆破片两缝之间（通称为桥长）因高度应力集中呈过度塑性变形而断裂；爆破压力可由桥长调节，不受材料厚度的限制，特别适用于低压或超低压的泄放工况，尤其对于粉尘料仓等设备具有泄放压力低、泄放面积大及泄放及时的特点，爆破时无碎片或有极少量碎片
	平板开缝		
	普通正拱		结构最简单，因而成本最低；但因其爆破时有碎片，所以不宜用于与安全阀组合的情况或严防有撞击火花的设备上，其疲劳寿命在 100000 次以上
	带托架带加强环		
压缩型	反拱刻槽		爆破片凸面受压，设备超压时爆破片由于压缩产生失稳破坏，沿预先加工好的槽口开裂，爆破形状规则，无碎片，泄放面积大。由于爆破片失稳压力远小于其拉拱爆破压力，所以在正常操作时爆破片的应力水平较低，工作压力可达失稳压力的 90%，疲劳寿命在 100000 次以上

型式		简图	主要特点
压缩型	反拱带刀		设备超压时爆破片受压缩而失稳，由安装在爆破片背面的刀架或腭齿致破，爆破时无碎片，疲劳寿命在 100000 次以上。但由于需要专用的致破元件，所以爆破片夹持器的结构较复杂，尺寸较大。并且对致破刀架的加工精度要求较高
	反拱腭齿		
非金属型	平板石墨		具有较好的耐腐蚀性，尤其在某些不锈钢材料无法胜任的情况下（如 Cl_2 等）可以很好地起到安全附件的作用。须注意石墨材料为脆性材料，抗压缩，不抗拉伸
	反拱石墨		

（3）爆破片的布置与安装　通常爆破片可单独使用，也可与安全阀组合使用。爆破片单独使用时，通常有两种形式：单个、并联或串联使用。此时，爆破片起主要的安全作用。两种布置形式可根据生产需要来正确设置。近年来，爆破片与安全阀组合使用显得更加突出。美国机械工程师学会（ASME）、美国石油学会（API）制定的标准 RP520 和国际标准 ISO 6718 均推荐在安全阀的入口或出口安装爆破片装置。

爆破片装置在与安全阀联合使用时具有如下优点：装置完全无泄漏；爆破片的使用隔离了腐蚀介质，从而使安全阀的寿命及安全阀的检修周期均得以延长，进而减少了工厂的检修费用，提高了设备的利用率；可使用廉价的材料作安全阀的阀芯，从而降低了安全阀的材料费用。

① 爆破片安装在安全阀入口。为了避免爆破片的破裂而损失大量工艺物料，在安全阀不能直接使用的场合（如物料有强腐蚀性、严禁泄漏等条件），一般在安全阀的入口处安装爆破片。其主要目的是最大限度减少可能由于安全阀的泄漏造成有价值、有毒或有危害的物质流失。当爆破片安装在安全阀入口时，必须在爆破片和安全阀之间设置压力表和放气阀（图 7-4）。

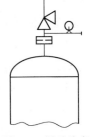

图 7-4　爆破片安装在安全阀入口

这是由于爆破片安装不当或别的原因，也有导致泄漏的可能，密切监测安全阀和爆破片之间的压力是很有必要的。另外，通过爆破片密封压力系统，将安全阀与介质隔开，避免安全阀受介质腐蚀，这样既可防止安全阀泄漏，又可保证安全阀的正常操作。但同时要注意，所选用的爆破片必须是非破碎型的，否则，当爆破片破裂时，会影响安全阀的动作。

此时，爆破片的标定爆破压力与安全阀的设定压力相同。爆破片的公称直径必须等于或大于安全阀的入口管径，以保持足够的流通能力和阀的特性。由于使用了爆破片，使得安全阀的泄放能力降低了 20%。

② 爆破片安装在安全阀出口。这样的布置可使安全阀在爆破片破裂之前不受爆破片后面泄放总管内或其他外部背压的影响，防止泄放总管中腐蚀介质对安全阀的侵蚀和安全阀的蠕变，又可延长爆破片的寿命。同时，也可防止有害或可燃物质从安全阀的出口泄漏到大气中（图 7-5）。爆破片的这种安装形式，有可能对安全阀的安装及泄放能力造成影响，因此，要特别注意所选的爆破片，其爆破后的净面积必须具有能通过安全阀的额定排量的能力，同时被保

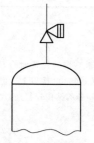

图 7-5 爆破片安装在安全阀出口

护的设备介质还必须是非黏性或不容易结渣的物料。

③ 爆破片与安全阀并联使用。为了防止在异常情况下被保护的压力容器内压的迅速上升，或增加在火灾情况下的泄放面积，安装一个或几个爆破片与安全阀并联使用。此时，爆破片的标定爆破压力略高于安全阀的设定压力，且不得大于容器的设计压力。

除了以上所述外，在安装爆破片时，还必须注意爆破片出入口管道的安装连接。首先要考虑介质能够排放到安全区域或密闭回收系统；其次当系统为可燃气体时，还应采取措施防止。介质在管道中燃烧，从而使系统压力升高，发生爆炸的危险。当然，在安装爆破片前，还应检查爆破片是否清洁，有无破损、锈蚀、气泡以及结渣等现象产生。

总之，爆破片的使用者和生产者应随时掌握爆破片技术的最新发展状况，熟知不同种类爆破片的使用场合，合理计算爆破片的起爆压力。综合按照上述的爆破片的使用安装操作，在不同场合能正确合理地选用和安装爆破片，这样定会有效地避免因超压爆炸或有害物质泄漏等，引起的危险事故的发生。

3. 阻火器

阻火器是利用管子直径或流通孔隙减小到某一程度，由于热损失突然增大，火焰就不能继续蔓延的原理制成的。常用于容易引起火灾爆炸的高热设备和输送可燃气体、易燃液体、蒸气的管线之间，以及可燃气体、易燃液体的排气管上。阻火器有金属网阻火器、波纹金属片阻火器和砾石阻火器等类别（详见情境三）。

4. 联锁控制系统

在化工企业生产中，为防止发生装置爆炸、着火、人员伤亡、中毒以及其他生产事故，会对有危险性的生产部位、关键设备、影响产品质量、产量等关键环节设置联锁系统，当生产出现异常时，就通过联锁控制系统，使装置局部或全部停车。

（1）联锁控制系统的重要性 从化工生产的特点分析，人工控制的危险有害因素有：

① 现场人工操作，一旦发生事故直接造成人员伤亡。

② 人的不安全行为是事故发生的重要原因。在温度、压力、液位、进料量的控制中，操作失误将会导致事故的发生。

③ 人工控制存在滞后性。人在危险时刻的判断和操作往往是滞后的、不可靠的。据有关资料报道，在操作人员面临生命危险的情况下，要在 60s 内做出反应，做出错误决策的概率高达 99.9%。稍有不慎即会出现投料比控制不当和超温、超压等异常现象，引发溢料、火灾甚至爆炸事故。

④ 作业环境对人体健康的影响不容忽视，很容易造成职业危害。

⑤ 设备和环境的不安全状态及管理缺陷，增加了现场人员机械伤害、触电、灼伤、高处坠落及中毒等事故的发生，直接威胁现场人员安危。

所有采用危险工艺的化工装置，必须完善温度、压力、流量、液位及可燃有毒气体浓度等工艺指标的超限、联锁报警装置，配齐安全阀、防爆膜等紧急泄压装置，实现工艺过程的自动控制和安全联锁。当控制系统或者是某些工艺设备发生故障，造成工艺指标出现异常，有可能超越安全许可范围的时候，通过联锁系统，立即动作，从而避免事故的发生。

（2）联锁控制系统的特点及分类

① 联锁控制系统的特点。

a. 元件多、程序复杂、质量要求高。组成全系统的仪表台件、部件及各类开关甚多，相互连接十分复杂，而任何环节的动作又不得有误，因此对系统中器件的质量要求是相当高的。

b. 动作迅速、灵敏度高。由于工艺参数传到系统后，各个环节都是通过电信号传递的，动作迅速、灵敏度高，不允许有任何的外界干扰和一丝的误操作（有防误操作装置的除外）。

c. 必须有严格的操作管理制度。因为联锁系统时刻在严格监督、控制着全装置与安全密切关联的部位，所以必须有一整套严格的操作管理制度。

② 联锁控制系统的分类。公司的生产工艺联锁分为两级，凡因涉及生产装置的开、停或对下一工序有较大影响而设立的联锁称为生产工艺一级联锁，其他生产工艺联锁为二级联锁。

（三）釜式反应器安全操作

① 高压釜应放置在室内。在装备多台高压釜时，应分开放置。每间操作室均应有直接通向室外或通道的出口，应保证设备地点通风良好。

② 在装釜盖时，应防止釜体釜盖之间密封面相互磕碰。将釜盖按固定位置小心地放在釜体上，拧紧主螺母时，必须按对角、对称地分多次逐步拧紧。用力要均匀，不允许釜盖向一边倾斜，以达到良好的密封效果。

③ 正反螺母连接处，只准旋动正反螺母，两圆弧密封面不得相对旋动，所有螺母纹连接件有装配时，应涂润滑油。

④ 针型阀系线密封，仅需轻轻转动阀针，压紧密封面，即可达到良好的密封效果。

⑤ 用手盘动釜上的回转体，检查运转是否灵活。

⑥ 控制器应平放于操作台上，其工作环境温度为 $10\sim40℃$，相对湿度小于 85%，周围介质中不含有导电尘埃及腐蚀性气体。

⑦ 检查面板和后板上的可动部件和固定接点是否正常，抽开上盖，检查接插件接触是否松动，是否有因运输和保管不善而造成的损坏或锈蚀。

⑧ 操作结束后，可自然冷却、通水冷却或置于支架上空冷。待温降后，再放出釜内带压气体，使压力降至常压（压力表显示零），再将主螺母对称均等旋松，再卸下主螺母，然后小心地取下釜盖，置于支架上。

⑨ 每次操作完毕，应清除釜体、釜盖上残留物。主密封口应经常清洗，并保持干净，不允许用硬物或表面粗糙物进行擦拭。

（四）聚合反应釜开停车安全操作要点

1. 聚合反应釜开车操作安全要点

聚合工艺岗位开车，分检修后开车和停车后的开车。无论何种开车，均应严格执行开车方案。

（1）检修后开车　检修后开车包括开车前检查、单机及联动试车、联系相关岗位（工序）与物料准备、开车及过渡到正常运行等环节。

① 开车前检查安全开车条件十分重要，检查确认的主要内容有：检查确认作业现场是否达到"三清"，清查设备内有无遗忘的工具和零件；清扫管线通道，查看有无应拆除的盲板；清除设备、屋顶、地面杂物垃圾；检查确认抽插盲板是否符合工艺安全要求；检查确认设备、管线是否已经吹扫、置换和密闭；检查确认容器和管线是否已经耐压试验、气密试验或无损探伤；检查确认安全阀、阻火器、爆破片等安全设施完好与否；检查确认调节控制阀、放空阀、

过滤器、疏水器等工艺管线设施完好与否；检查确认温度、压力、流量、液位等仪器、仪表完好有效与否；检查确认作业场所职业卫生安全设施完备可靠与否，备好防毒面具；检查确认个体防护用具是否配齐、完好有效与否。

② 单机试车与联动试车。单机试车，包括聚合反应釜搅拌器试运转、泵盘车等，检查确认是否完好、正常。单机试车后进行联动试车，检查水、电、汽等公用工程供应符合工艺要求与否，全流程贯通符合工艺要求与否。

③ 相关岗位工序的联系与物料准备，联系水、电、汽公用工程供应部门，按工艺要求提供水、电、汽等；联系前后工序做好物料供应和接受的准备；本岗位做好投料准备、计量分析化验。

④ 开车并过渡至正常运行，严格执行开车方案和工艺规程，进料前先进行升温（预冷）操作，对螺栓紧固件进行热或冷紧固，防止物料泄漏。进料前关闭放空阀、排污阀、倒淋阀，经班组长检查确认后，启动泵进料。进料过程中，沿工艺管线巡视，检查物料流程以及有无跑冒滴漏现象。

严格按工艺要求的物料配比、投料次序和速度投料；严格按工艺要求的幅度，缓慢升温或升压，并根据温度、压力等仪表指示，开启冷却水调节流量，或调节投料速度和投料量，调节控制系统温度、压力达到工艺规定的限值，逐步提高处理量，以达到正常生产，进入装置正常运行，检查阀门开启程度是否合适，维持并记录工艺参数。

开车过程中，严禁随便排放物料。深冷系统、油系应进行脱水和干燥操作。

（2）正常停车后的开车　正常停车后的开车包括开车前进一步检查确认装置情况，联系水、电、汽等公用工程供应，联系相关岗位（工序）与物料准备，开车及过渡到正常运行等环节。

2. 聚合反应釜停车操作安全要点

聚合工艺岗位停车，分正常停车和紧急停车。正常停车，即按正常停车方案或计划停车方案，使聚合装置有序停止正常运行。紧急停车即遇紧急情况，采取措施无效时，按紧急停车方案停止装置的运行。

（1）正常停车　正常停车包括通知上、下游岗位（工序）；关闭进料阀门，停止进料；关闭加热阀门，停止加热；开启冷却水阀门或保持冷却水流量，按程序逐渐降温、降压，泄压后采用真空卸料。

① 严格执行停车方案，按停车方案规定的周期、程序、步骤、工艺参数变化幅度等进行操作，按停车方案规定的残余物料处理、置换、清洗方法作业，严禁违反停车方案的操作，严禁无停车方案的盲目作业。

② 停车操作，严格控制降温、降压幅度或速度，一般按先高压、后低压，先高温、后低温的次序进行保温、保压设备或容器，停车后按时记录其温度压力的变化。聚合釜温度与其压力密切相关，降温才能降压，禁止骤然冷却降温和大幅度泄压。

③ 泄压放料前，应检查作业场所，确认准备就绪，且周围无易燃、易爆物品，无闲散人员等情况。

④ 清除剩余物料或残渣残液，必须采取相应措施，接受排放物或放至安全区域，避免跑冒、溢泛，造成污染和危险；作业者必须佩戴个体防护用品，防止中毒和灼伤。

⑤ 大型传动设备停车，必须先停主机，后停辅机，以免损害主机。

⑥ 停车后的维护，冬季防冻，低位、死角、蒸汽管线、阀门、疏水器和保温管线，应放净保温，避免冻裂损坏设备设施。

（2）紧急停车　遇有下列情况，按紧急停车方案操作，停止生产装置运行。

① 系统温度、压力快速上升，采取措施仍得不到有效控制；

② 容器工作压力、介质温度或器壁温度超过安全限值，采取措施仍得不到有效控制；

③ 压力容器主要承压部件出现裂纹、鼓包、变形和泄漏等危及安全的现象；

④ 聚合安全装置失效、连接管件断裂、紧固件损坏等，难以保证安全运行；

⑤ 投料充装过量、无液位、液位失控，采取措施仍得不到有效控制；

⑥ 压力容器与连接管道发生严重震动，危及安全运行；

⑦ 搅拌中断，采取措施无法恢复；

⑧ 突然发生停电、停水、停汽、停风等情况；

⑨ 大量物料泄漏，采取措施仍得不到有效控制；

⑩ 发生火灾、爆炸、地震、洪水等危及安全运行等突发事件。

紧急停车，应严格执行紧急停车方案，及时切断进料、加热热源，开启冷却水，开启放空泄压系统；及时报告车间主管，联系通知前、后岗位；做好个体防护。执行紧急停车操作，应保持镇定，判断准确，操作正确，处理迅速，做到"稳、准、快"，防止事故发生和限制事故扩大。

（五）聚合反应釜安全操作和紧急情况处置

1. 聚合反应釜正常安全操作

聚合工艺控制系统分安全操作与安全监控、工艺联锁系统。基于安全运行的工艺联锁系统，用于异常或事故状态下装置的应急步骤。用于工艺过程正常生产操作的安全操作与安全监控系统，以集中控制为基础，采用集散控制（DCS）或计算机高级控制系统（SCS）相结合，主要内容包括 DCS 系统对每个仪表回路、操作顺序、各种计算、数据记录、应用程序等实施控制和监测；联锁系统手工开锁和复位，通过控制系统进行操作；预期操作人员很少检查的地方，安装现场气动控制回路；采用工艺在线气相色谱分析，以确保聚合反应最佳化。泵、压缩机、鼓风机等转动设备，在现场控制站由操作人员启动和停运；在控制室检测其运转条件；紧急情况下联锁系统控制室实现自动停车；为便于开、停车操作，造粒机等组合设备配有现场控制仪表盘。

2. 聚合反应釜紧急情况处置

（1）温度、压力快速上升，采取措施后仍无法控制

① 关闭物料进口阀门，切断进料；

② 切断一切热源，开启并加大冷却水流量；

③ 开启放空阀泄压，或迅速开启放料阀，将物料放至事故槽；

④ 上述措施若无效果，立即通知岗位人员撤离。

（2）搅拌桨叶脱落、搅拌轴断裂、减速机或电动机故障，致使搅拌中断

① 立即停止加料，开启或加大冷却水的流量；

② 启动人工搅拌；

③ 紧急停车处理。

（3）大量毒害性物料泄漏

① 紧急停车处理；

② 迅速佩戴正压式呼吸器，关闭泄漏阀门或泄漏点上游阀门；

③ 无法关闭阀门时，立即通知现场及附近人员迅速向上风向撤离，并做好防范；

④ 根据物料危险特性，进行稀释、吸收或收容等处理。

（4）大量易燃、易爆气体物料泄漏

① 紧急停车处理；

② 迅速佩戴正压式呼吸器，关闭泄漏阀门或泄漏点上游阀门；

③ 无法关闭泄漏阀门时，立即通知周围其他人员停止作业，特别是下风向可能产生明火的作业；

④ 在可能的情况下，将易燃、易爆泄漏物移至安全区域；

⑤ 当气体泄漏物已经燃烧时，保持稳定燃烧，不急于关闭阀门，防止回火、扩散使其浓度达到爆炸极限；

⑥ 立即报警，按消防要求，采取措施灭火。

（5）出现人员中毒或灼伤

① 判明中毒原因，以便及时有效处理；

② 吸入中毒，迅速将中毒人员转移至上风向的新鲜空气处，严重者立即送医院就医；

③ 误食中毒，饮足量温水、催吐，或饮牛奶和蛋清解毒，或服催吐药物导泄，重者立即送医院就医；

④ 皮肤引起中毒，立即清除污染衣着，用大量流动清水冲洗，严重者立即送医院就医；

⑤ 中毒者停止呼吸，迅速进行人工呼吸，若心脏停止跳动立即人工按压心脏起跳，并送医院抢救；

⑥ 皮肤灼伤，立即用大量清水洗净灼伤面，冲洗 20min 以上，防止受凉冻伤，更换无污染衣物，迅速就医。

相关技术应用

釜式反应器的安全管理

一、釜式反应器的维护要点

（1）釜式反应器的维护要点

① 反应釜在运行中，严格执行操作规程，禁止超温、超压。

② 按工艺指标控制夹套（或蛇管）及反应器的温度。

③ 避免温差应力与内压应力叠加，使设备产生应变。

④ 要严格控制配料比，防止剧烈反应。

⑤ 要注意反应釜有无异常震动和声响，如发现故障，应检查修理并及时消除。

（2）搪玻璃反应釜在正常使用中的注意事项

① 加料要严防金属硬物掉入设备内，运转时要防止设备振动，检修时按化工厂搪玻璃反应釜维护检修规程执行。

② 尽量避免冷罐加热料和热罐加冷料，严防温度骤冷骤热。搪玻璃耐温剧变小于 120℃。

③ 尽量避免酸碱介质交替使用，否则将会使搪玻璃表面失去光泽而腐蚀。

④ 严防夹套内进入酸液（如果清洗夹套一定要用酸液时，不能用 pH＜2 的酸液），酸液

进入夹套会产生氢效应，引起搪玻璃表面像鱼鳞一样大面积脱落。一般清洗夹套可用2％的次氯酸钠溶液，最后用水清洗夹套。

⑤ 出料釜底堵塞时，可用非金属棒轻轻疏通，禁止用金属工具铲打。对粘在罐内表面上的反应物要及时清洗，不宜用金属工具，以防损坏搪玻璃衬里。

二、釜式反应器的故障处理

1. 反应釜完好标准

（1）运行正常，效能良好

① 设备生产能力能达到设计规定的90％以上；

② 带压釜需取得压力容器使用许可证；

③ 机械传动无杂音，搅拌器与设备内加热蛇管，压料管内部件应无碰撞并按规定留有间隙；

④ 设备运转正常，无异常震动；

⑤ 减速机温度正常，轴承温度应符合规定；

⑥ 润滑良好，油质符合规定，油位正常；

⑦ 主轴密封及减速机、管线、管件、阀门、人（手）孔、法兰等无泄漏。

（2）内部机件无损坏，质量符合要求

① 釜体、轴封、搅拌器、内外蛇管等主要机件材质选用符合图纸要求；

② 釜体、轴封、搅拌器、内外蛇管等主要机件安装配合，磨损、腐蚀极限应符合检修规程规定；

③ 釜内衬里不渗漏、不鼓包，内蛇管装置紧固可靠。

（3）主体整洁，零附件齐全好用

① 主体及附件整洁，基础坚固，保温油漆完整美观；

② 减压阀、安全阀、疏水器、控制阀、自控仪表、通风、防爆、安全防护等设施齐全、灵敏、好用，并应定期检查校验；

③ 管件、管线、阀门、支架等安装合理，横平竖直，涂色明显；

④ 所有螺栓均应满扣、齐整、紧固。

2. 常见故障处理

釜式反应器常见故障现象、原因及处理方法如表7-2所示。

表7-2　釜式反应器常见故障现象、原因及处理方法

序号	故障现象	故障原因	处理方法
1	壳体损坏（腐蚀、裂纹、透孔）	1. 受介质腐蚀（点蚀、晶间腐蚀） 2. 热应力影响产生裂纹或碱脆 3. 磨损变薄或均匀腐蚀	1. 用耐蚀材料衬里的壳体需重新修衬或局部补焊 2. 焊接后要消除应力，产生裂纹要进行修补 3. 超过设计最低的允许厚度需更换本体
2	超温超压	1. 仪表失灵，控制不严格 2. 误操作；原料配比不当；产生剧热反应 3. 因传热或搅拌性能不佳，发生副反应 4. 进气阀失灵，进气压力过大、压力高	1. 检查、修复自控系统，严格执行操作规程 2. 根据操作方法，紧急放压，按规定定量。定时投料，严防误操作 3. 增加传热面积或清除结垢，改善传热效果；修复搅拌器，提高搅拌效率 4. 关总气阀，切断气源修理阀门

序号	故障现象	故障原因	处理方法
3	密封泄漏	1. 搅拌轴在填料处磨损或腐蚀,造成间隙过大 2. 油环位置不当或油路堵塞不能形成油封 3. 压盖没压紧,填料质量差,或使用过久 4. 填料箱腐蚀机械密封 5. 动静环端面变形、碰伤 6. 端面比压过大,摩擦副产生热变形 7. 密封圈选材不对,压紧力不够,或 V 形密封圈装反,失去密封性 8. 轴线与静环端面垂直度误差过大 9. 操作压力、温度不稳,硬颗粒进入摩擦副 10. 轴窜量超过指标 11. 镶装或粘接动、静环的镶缝泄漏	1. 更换或修补搅拌轴,并在机床上加工,保证表面粗糙度 2. 调整油环位置,清洗油路 3. 压紧填料,或更换填料 4. 修补或更换 5. 更换摩擦副或重新研磨 6. 调整比压至合适,加强冷却系统,及时带走热量 7. 密封圈选材、安装要合理,要有足够的压紧力 8. 停车,重新找正,保证垂直度误差小于 0.5mm 9. 严格控制工艺指标,颗粒及结晶物不能进入摩擦副 10. 调整、检修使轴的窜量达到标准 11. 改进安装工艺,或过盈量要适当,或粘接剂要好用,粘接牢固
4	釜内有异常的杂音	1. 搅拌器摩擦釜内附件(蛇管、温度计管等)或刮壁 2. 搅拌器松脱 3. 衬里鼓包,与搅拌器撞击 4. 搅拌器弯曲或轴承损坏	1. 停车检修找正,使搅拌器与附件有一定间距 2. 停车检查,紧固螺栓 3. 修鼓包,或更换衬里 4. 检修或更换轴及轴承
5	搪瓷搅拌器脱落	1. 被介质腐蚀断裂 2. 电动机旋转方向相反	1. 更换搪瓷轴或用玻璃修补 2. 停车改变转向
6	搪瓷釜法兰漏气	1. 法兰瓷面损坏 2. 选择垫圈材质不合理,安装接头不正确,空位,错移 3. 卡子松动或数量不足	1. 修补、涂防腐漆或树脂 2. 根据工艺要求,选择垫圈材料,垫圈接口要搭拢,位置要均匀 3. 按设计要求,有足够数量的卡子,并要紧固
7	瓷面产生鳞爆及微孔	1. 夹套或搅拌轴管内进入酸性杂质,产生氢脆现象 2. 瓷层不致密,有微孔隐患	1. 用碳酸钠中和后,用水冲净或修补,腐蚀严重的需更换 2. 微孔数量少的可修补,严重的更换
8	电动机电流超过额定值	1. 轴承损坏 2. 釜内温度低,物料黏稠 3. 主轴转数较快 4. 搅拌器直径过大	1. 更换轴承 2. 按操作规程调整温度,物料黏度不能过大 3. 控制主轴转数在一定的范围内 4. 适当调整检修

三、聚合工艺作业安全管理

聚合工艺作业安全管理,包括基础管理和变更管理。

1. 聚合工艺基础管理

聚合工艺的基础管理,主要是通过作业人员安全生产责任制、岗位操控安全管理规章制度、聚合工艺规程和安全操作规程等制度的执行,实现聚合工艺作业人员、机械设备、物料、工艺过程、作业环境、应急救援和紧急避险等的安全管理。聚合作业人员应掌握聚合工艺技术,能辨识聚合物料及其过程的危险,熟知异常情况处置方法,认真遵守劳动纪律,执行工艺规程,严格按照安全操作规程作业。

① 实行岗位作业人员资格制度，作业人员必须经过培训、考核合格，取得资格证，方可上岗；

② 实行安全生产责任制，"一岗一责"，人人有责；

③ 实行"操作票""工艺卡片"制度，严格工艺要求，禁止超温、超压、超负荷运行，违章作业，如实及时记录工艺参数和作业情况；

④ 实行班组交接班制度和班组巡检制度；

⑤ 实行班组安全检查制度，坚持日常安全检查，定期进行工艺过程危险性分析及隐患排查治理等活动；

⑥ 实行岗位培训制度，新上岗或转岗应经安全教育培训，熟知法律法规和规章制度，落实岗位责任制；

⑦ 实行岗位工艺设备和机械的维护保养制度；

⑧ 实行检修作业（动火、受限空间等作业）监护制度；

⑨ 实行安全信息告知制度；

⑩ 实行岗位应急管理制度，制订聚合岗位现场处置方案，定期开展预案演练，不断修订和完善聚合岗位现场处置方案；

⑪ 实行事故报告和紧急避险制度。

2. 聚合工艺条件变更管理

（1）严格执行变更管理制度　作业人员执行的工艺规程和安全技术规程，必须经专门部门审定，工艺参数的变更必须由原审定部门批准变更，作业人员不得随意变更工艺及工艺参数。如确需变更，应遵循以下程序。

① 变更申请。按照要求填写变更申请表，变更申请表由专人管理。

② 变更审批。变更申请表逐级上报，按照变更管理权限审批后，方可实施。

③ 变更实施。根据批准的变更申请实施操作。

④ 变更验收。实施结束应及时总结，上报变更主管部门，变更主管部门对变更实施进行验收并通知相关部门。

（2）防控变更风险　对变更过程产生的风险，进行危险与可操作性分析，重点对变更工艺参数或工艺作业方式进行分析，以利正常操控和事故预防。

 拓展阅读

铁人精神——王进喜

1950 年春，王进喜成为新中国第一代钻井工人。

1960 年 2 月，东北松辽石油大会战打响。素有"玉门闯将"之称的王进喜，带领 1205 钻井队到达萨尔图车站。下车后，他一不问吃，二不问住，先问钻机到了没有，井位在哪里。面对极端恶劣的环境和困难，他带领全队工人用撬杠撬、滚杠滚、大绳拉等办法，愣是把钻机卸下来，运到了萨 55 井井区。而他不怕苦不怕累、艰苦奋斗的作风，也终于使得萨 55 井井区 4 月 19 号胜利完钻，进尺 1200m，缔造了 5 天零 4 小时打一口中深井的神话。

一天，突然出现井喷，当时没有压井用的重晶粉，王进喜当即决定用水泥代替。成袋的水泥倒入泥浆池搅拌不开，王进喜甩掉拐杖，大喊一声"跳"，便跃进齐腰深的泥浆池中，还有七八个工友也跟着跳了进去。奋战了 3 个多小时，终于制服了井喷。王进喜累得起不来了。房东赵大娘心疼地说："王队长，你可真是铁人啊！""铁人"的名字就是这样传开的。

王进喜为了祖国的石油事业日夜操劳，不幸英年早逝，年仅47岁。王进喜的一生，是战斗的一生，是无私的一生，他用自己的青春和热血故事，为祖国和人民换来了石油，助推了我国石油工业的发展。铁人精神无论在过去、现在和将来，都有着不朽的价值和永恒的生命力。

 ————————检查与评价

1. 案例总结。
2. 学生对釜式反应器的分类、结构及特点的理解。
3. 学生对釜式反应器的安全附件的认识与掌握。
4. 学生对釜式反应器的安装、操作安全、故障排除、维护的了解。
5. 学生对爆破片的理解。

 ————————课外作业

1. 网络作业（见智慧职教网 http：//www.icve.com.cn/）。
2. 什么是釜式反应器？釜式反应器有哪些类型？
3. 釜式反应器有哪些安全装置？怎样防止釜式反应器发生爆炸？
4. 安全阀的作用是什么？怎样选用安全阀？
5. 安全阀的安装和维护注意事项有哪些？
6. 什么是爆破片？爆破片的结构型式有哪些？各有什么特点？
7. 釜式反应器在安装、使用、维护过程中有哪些安全因素需要考虑？
8. 爆破片在与安全阀联合使用时的优点是什么？联合使用的形式有哪些？
9. 聚合工艺岗位的开停车操作安全要点有哪些？

情境八

化工装置安全检修与管理

知识目标	掌握化工装置检修必要性、开停车操作、安全检修与管理的基础知识。
能力目标	学会盲板抽加、动火作业、动土作业、高处作业、有限空间内作业和起重作业等安全技术应用。
素质目标	培养责任意识和敬业精神，培养严谨、细致的工作作风和团结协作精神，提高现场处置能力和应变能力。

教学引导案例

高处坠亡事故

一、事故经过

2019 年 4 月 30 日，某电力有限公司职工在对某村 10 千伏 3 号配电台区进行高压避雷器安装作业时，一线作业人员安全作业流程和方式存在极大随意性，在未采取有效防护措施的情况下登杆作业，造成 1 名作业人员高空坠落死亡。

二、事故原因

① 安全生产存在侥幸心理和麻痹思想，安全风险管控和隐患排查治理双重预防机制不健全，作业现场安全风险管理不到位。

② 一线作业人员的管理极其混乱，在未采取有效的安全组织措施和技术措施时冒险作业，现场人员对违章作业行为不及时制止，安全监护完全失效。

③ 安全培训流于形式，安全技能和应急处置能力严重不足。

三、课堂思考

① 高处作业现场的安全要求有哪些？

② 装置检修前需要采取哪些安全技术措施？

M8-1 检修中毒案例

M8-2 检修着火案例

 教学讨论案例

重庆某公司中毒事故

一、事故经过

2019 年 6 月 13 日 8:00 左右，重庆某公司工人在进行污水管网维护维修时，发生一起中毒事故，造成 2 人死亡。

二、事故原因

1. 直接原因

违章冒险作业，在进入污水管道前没有进行有效的通风换气，没有对管道内的有毒、有害气体进行检测；采用的救援方法不当，在救援环境不明、未佩戴任何安全防护设备的情况下，冒险进入污水管道内进行救援，导致事故扩大。

2. 间接原因

企业《安全作业规定》要求凡进入坑、池、罐、釜、沟以及井下管道作业的，作业前必须进行危害辨识，未经通风置换和有害气体进行检测，严禁作业人员进入有限空间及有害场所作业。但制度形同虚设，缺乏有效的监督执行安全规章制度和安全操作规程，日常安全生产教育培训不到位，从业人员的安全生产意识普遍不足。

三、课堂讨论

① 什么是有限空间内作业？

② 有限空间内作业有哪些安全要求？

 相关知识介绍

检修安全知识

一、概述

化工装置在长周期运行中，由于外部负荷、内部应力和相互磨损、腐蚀、疲劳以及自然侵蚀等因素影响，使个别部件或整体改变原有尺寸、形状，力学性能下降、强度降低，造成隐患和缺陷，威胁着安全生产。所以，为了实现安全生产，提高设备效率，降低能耗，保证产品质量，要对装置、设备定期进行计划检修，及时消除缺陷和隐患，使生产装置能够"安、稳、长、满、优"运行。

二、化工装置检修的分类与特点

1. 装置检修的分类

化工装置和设备检修可分为计划检修和非计划检修。

计划检修是指企业根据设备管理、使用的经验以及设备状况，制订设备检修计划，对设备进行有组织、有准备、有安排的检修。计划检修又可分为大修、中修、小修。由于装置为设备、机器、公用工程的综合体，因此装置检修比单台设备（或机器）检修要复杂得多。

非计划检修是指因突发性的故障或事故而造成设备或装置临时性停车进行的抢修。计划外检修事先无法预料，无法安排计划，而且要求检修时间短，检修质量高，检修的环境及工况复杂，故难度较大。

2. 装置检修的特点

化工生产装置检修与其他行业的检修相比，具有复杂、危险性大的特点。

由于化工生产装置中使用的设备如炉、塔、釜、器、机、泵及罐槽、池等大多是非定型设备，种类繁多，规格不一，要求从事检修作业的人员具有丰富的知识和技术，熟悉掌握不同设备的结构、性能和特点；装置检修因检修内容多、工期紧、工种多、上下作业、设备内外同时并进、多数设备处于露天或半露天布置，检修作业受到环境和气候等条件的制约，加之外来工、农民工等临时人员进入检修现场机会多，对作业现场环境又不熟悉，从而决定了化工装置检修的复杂性。

由于化工生产的危险性大，决定了生产装置检修的危险性亦大。加之化工生产装置和设备复杂，设备和管道中的易燃、易爆、有毒物质尽管在检修前做过充分的吹扫置换，但是仍有可能存在。检修作业又离不开动火、动土、限定空间等作业，客观上具备了发生火灾、爆炸、中毒、化学灼伤、高处坠落、物体打击等事故的条件。实践证明，生产装置在停车、检修施工、复工过程中最容易发生事故。据统计，在中石化总公司发生的重大事故中，装置检修过程的事故占事故总起数的42.63%。由于化工装置检修作业复杂、安全教育难度较大，很难保证进入检修作业现场的人员都具备比较高的安全知识和技能，也很难使安全技术措施自觉到位，因此化工装置检修具有危险性大的特点，同时也决定了装置检修的安全工作的重要地位。

三、装置停车检修前的准备工作

化工装置停车检修前的准备工作是保证装置停好、修好、开好的主要前提条件，必须做到集中领导、统筹规划、统一安排，并做好"四定"（定项目、定质量、定进度、定人员）和"八落实"[组织、思想、任务、物资（包括材料与备品备件）、劳动力、工器具、施工方案、安全措施落实]工作。除此以外，准备工作还应做到以下几点。

1. 设置检修指挥部

为了加强停车检修工作的集中领导和统一计划、统一指挥，要成立一个信息灵、决策迅速的指挥核心，以确保停车检修的安全顺利进行。检修前要成立以厂长（经理）为总指挥，主管设备、生产技术、人事保卫、物资供应及后勤服务等的副厂长（副经理）为副总指挥，机动、生产、劳资、供应、安全、环保、后勤等部门参加的指挥部。检修指挥部下设施工检修组、质量验收组、停开车组、物资供应组、安全保卫组、政工宣传组、后勤服务组。针对装置检修项目及特点，明确分工，分片包干，各司其职，各负其责。

2. 制订安全检修方案

装置停车检修必须制订停车、检修、开车方案及其安全措施。安全检修方案由检修单位的机械员或施工技术员负责编制。

安全检修方案，按设备检修任务书中的规定格式认真填写齐全，其主要内容应包括：检修时间、设备名称、检修内容、质量标准、工作程序、施工方法、起重方案、采取的安全技术措施，并明确施工负责人、检修项目安全员、安全措施的落实人等。方案中还应包括设备的置换、吹洗、盲板流程示意图。尤其要制订合理工期，确保检修质量。

方案编制后，编制人经检查确认无误并签字，经检修单位的设备主任审查并签字，然后送机动、生产、调度、消防队和安技部门，逐级审批，经补充修改使方案进一步完善。重大项目或危险性较大项目的检修方案、安全措施，由主管厂长或总工程师批准，书面公布，严格执行。

3. 制订检修安全措施

除了已制订的动火、动土、罐内空间作业、登高、电气、起重等安全措施外，应针对检修作业的内容、范围，制订相应的安全措施；安全部门还应制订教育、检查、奖罚的管理办法。

4. 进行技术交底，做好安全教育

检修前，安全检修方案的编制人负责向参加检修的全体人员进行检修方案技术交底，使其明确检修内容、步骤、方法、质量标准、人员分工、注意事项、存在的危险因素和由此而采取的安全技术措施等，达到分工明确、责任到人。同时还要组织检修人员到检修现场，了解和熟悉现场环境，进一步核实安全措施的可靠性。技术交底工作结束后，由检修单位的安全负责人作为安全员，根据本次检修的难易程度、存在的危险因素、可能出现的问题和工作中容易疏忽的地方，结合典型事故案例，进行系统全面的安全技术和安全思想教育，以提高执行各种规章制度的自觉性和对落实安全技术措施重要性的认识，使其从思想上、劳动组织上、规章制度上、安全技术措施上进一步落实，从而为安全检修创造必要的条件。对参加关键部位检修或有特殊技术要求的项目检修人员，还要进行专门的安全技术教育和考核，身体检查合格后方可参加装置检修工作。

5. 全面检查，消除隐患

装置停车检修前，应由检修指挥部统一组织，分组对停车前的准备工作进行一次全面细致的检查。检修工作中，使用的各种工具、器具、设备，特别是起重工具、脚手架、登高用具、通风设备、照明设备、气体防护器具和消防器材，要有专人进行准备和检查。检查人员要将检

查结果认真登记，并签字存档。

四、装置停车的安全处理

1. 停车操作注意事项

停车方案一经确定，应严格按照停车方案确定的时间、停车步骤、工艺变化幅度，以及确认的停车操作顺序图表，有秩序地进行。停车操作应注意下列问题。

① 降温降压的速度应严格按工艺规定进行。高温部位要防止设备因温度变化梯度过大使设备产生泄漏。化工装置中，多为易燃、易爆、有毒、腐蚀性介质，这些介质漏出会造成火灾爆炸、中毒窒息、腐蚀、灼伤事故。

② 停车阶段执行的各种操作应准确无误，关键操作采取监护制度。必要时，应重复指令内容，克服麻痹思想。执行每一种操作时都要注意观察是否符合操作意图。例如：开关阀门动作要缓慢等。

③ 装置停车时，所有的机、泵、设备、管线中的物料要处理干净，各种油品、液化石油气、有毒和腐蚀性介质严禁就地排放，以免污染环境或发生事故。可燃、有毒物料应排至火炬烧掉，对残留物料排放时，应采取相应的安全措施。停车操作期间，装置周围应杜绝一切火源。

主要设备停车操作：

① 制订停车和物料处理方案，并经车间主管领导批准认可，停车操作前，要向操作人员进行技术交底，告之注意事项和应采取的防范措施。

② 停车操作时，车间技术负责人要在现场监视指挥，有条不紊。忙而不乱，严防误操作。

③ 停车过程中，对发生的异常情况和处理方法，要随时作好记录。

④ 对关键性操作，要采取监护制度。

2. 吹扫与置换

化工设备、管线的抽净、吹扫、排空作业的好坏，是关系到检修工作能否顺利进行和人身、设备安全的重要条件之一。当吹扫仍不能彻底清除物料时，则需进行蒸汽吹扫或用氮气等惰性气体置换。

（1）吹扫作业注意事项

① 吹扫时要注意选择吹扫介质。炼油装置的瓦斯线、高温管线以及闪点低于130℃的油管线和装置内物料爆炸下限低的设备、管线，不得用压缩空气吹扫。空气容易与这类物料混合成爆炸性混合物，吹扫过程中易产生静电火花或其他明火，发生着火爆炸事故。

② 吹扫时阀门开度应小（一般为2扣）。稍停片刻，使吹扫介质少量通过，注意观察畅通情况。采用蒸汽作为吹扫介质时，有时需用胶皮软管，胶皮软管要绑牢，同时要检查胶皮软管承受压力情况，禁止这类临时性吹扫作业使用的胶管用于中压蒸汽。

③ 设有流量计的管线，为防止吹扫蒸汽流速过大及管内带有铁渣、锈、垢，损坏计量仪表内部构件，一般经由副线吹扫。

④ 机泵出口管线上的压力表阀门要全部关闭，防止吹扫时发生水击把压力表震坏。压缩机系统倒空置换原则，以低压到中压再到高压的次序进行。先倒净一段，如未达到目的而压力不足时，可由二、三段补压倒空，然后依次倒空，最后将高压气体排入火炬。

⑤ 管壳式换热器、冷凝器在用蒸汽吹扫时，必须分段处理，并要放空泄压，防止液体汽化，造成设备超压损坏。

⑥ 吹扫时，要按系统逐次进行，再把所有管线（包括支路）都吹扫到，不能留有死角。吹扫完应先关闭吹扫管线阀门，后停汽，防止被吹扫介质倒流。

⑦ 精馏塔系统倒空吹扫，应先从塔顶回流罐、回流泵倒液、关阀，然后倒塔釜、再沸器、中间再沸器液体，保持塔压一段时间，待盘板积存的液体全部流净后，由塔釜再次倒空放压。塔、容器及冷换设备吹扫之后，还要通过蒸汽在最低点排窄，直到蒸汽中不带油为止。最后停汽，打开低点放空阀排空，要保证设备打开后无油、无瓦斯，确保检修动火安全。

⑧ 对低温生产装置，考虑到复工开车系统内对露点指标控制很严格，所以不采用蒸汽吹扫，而要用氮气分片集中吹扫，最好用干燥后的氮气进行吹扫置换。

⑨ 吹扫采用本装置自产蒸汽，应首先检查蒸汽中是否带油。装置内油、汽、水等有互窜的可能，一旦发现互窜，蒸汽就不能用来灭火或吹扫。

一般说来，较大的设备和容器在物料退出后，都应进行蒸煮水洗，如炼化厂塔、容器、油品储罐等。乙烯装置、分离热区脱丙烷塔、脱丁烷塔由于物料中有较高含量的双烯烃、炔烃，塔釜、再沸器提馏段物料极易聚合，并且有重烃类难挥发油，最好也采用蒸煮方法。蒸煮前必须采取防烫措施。处理时间视设备容积的大小、附着易燃程度、有毒介质残渣或油垢多少、清除难易、通风换气快慢而定，通常为 8～24h。

（2）特殊置换

① 存放酸碱介质的设备、管线，应先予以中和或加水冲洗。如硫酸储罐（铁质）用水冲洗，残留的浓硫酸变成强腐蚀性的稀硫酸，与铁作用，生成氢气与硫酸亚铁，氢气遇明火会发生着火爆炸。所以硫酸储罐用水冲洗以后，还应用氮气吹扫，氮气保留在设备内，对着火爆炸起抑制作用。如果进入作业，则必须再用空气置换。

② 丁二烯生产系统，停车后不宜用氮气吹扫，因氮气中有氧的成分，容易生成丁二烯自聚物。丁二烯自聚物很不稳定，遇明火和氧、受热、受撞击可迅速自行分解爆炸。检修这类设备前，必须认真确认是否有丁二烯过氧化自聚物存在。要采取特殊措施破坏丁二烯过氧化自聚物。目前多采用氢氧化钠水溶液处理法直接破坏丁二烯过氧化自聚物。

3. 抽堵盲板

化工生产装置之间、装置与储罐之间、厂际之间，有许多管线相互连通输送物料，因此生产装置停车检修，在装置退料进行蒸、煮、水洗置换后，需要在检修的设备和运行系统管线相接的法兰接头之间插入盲板，以切断物料窜进检修装置的可能。我国在发生事故的经验教训的基础上，制定了《厂区盲板抽堵作业安全规程》以规范此项工作。

抽堵盲板应注意以下几点。

① 抽堵盲板工作应由专人负责，根据工艺技术部门审查批复的工艺流程盲板图，进行抽堵盲板作业，统一编号，做好抽堵记录。

② 负责盲板抽堵的人员要相对稳定，一般情况下，抽堵盲板的工作由专人负责。

③ 抽堵盲板的作业人员，要进行安全教育及防护训练，落实安全技术措施。

④ 登高作业要考虑防坠落、防中毒、防火、防滑等措施。

⑤ 拆除法兰螺栓时要逐步缓慢松开，防止管道内余压或残余物料喷出，发生意外事故。堵盲板的位置应在来料阀的后部法兰处，盲板两侧均应加垫片，并用螺栓紧固，做到无泄漏。

⑥ 盲板应具有一定的强度，其材质、厚度要符合技术要求，原则上盲板厚度不得低于管壁厚度，且要留有把柄，并于明显处挂牌标记。

根据《厂区盲板抽堵作业安全规程》的要求，在盲板抽堵作业前，必须办理盲板抽堵安全作业证，没有盲板抽堵安全作业证不能进行盲板抽堵作业。

4. 装置环境安全标准

通过各种处理工作，生产车间在设备交付检修前，必须对装置环境进行分析，达到下列标准。

① 在设备内检修、动火时，氧含量应为19%～21%，燃烧爆炸物质浓度应低于安全值，有毒物质浓度应低于最高容许浓度；

② 设备外壁检修、动火时，设备内部的可燃气体含量应低于安全值；

③ 检修场地水井、沟应清理干净，加盖砂封，设备管道内无余压、无灼烫物、无沉淀物；

④ 设备、管道物料排空后，加水冲洗，再用氮气、空气置换至设备内可燃物含量合格，氧含量在19%～21%。

五、化工装置的安全检修

1. 检修许可证制度

化工生产装置停车检修，尽管经过全面吹扫、蒸煮水洗、置换、抽堵盲板等工作，但检修前仍需对装置系统内部进行取样分析、测爆，进一步核实空气中可燃或有毒物质是否符合安全标准，认真执行安全检修票证制度。

2. 检修作业安全要求

为保证检修安全工作顺利进行，应做好以下几个方面的工作。

① 参加检修的一切人员都应严格遵守检修指挥部颁布的《检修安全规定》；

② 开好检修班前会，向参加检修的人员进行"五交"，即交施工任务、交安全措施、交安全检修方法、交安全注意事项、交遵守有关安全规定，认真检查施工现场，落实安全技术措施；

③ 严禁使用汽油等易挥发性物质擦洗设备或零部件；

④ 进入检修现场人员必须按要求着装；

⑤ 认真检查各种检修工器具，发现缺陷，立即消除，不能凑合使用，避免发生事故；

⑥ 消防井、栓周围5m以内禁止堆放废旧设备、管线、材料等物件，确保消防、救护车辆的通行；

⑦ 检修施工现场不许存放可燃、易燃物品；

⑧ 严格贯彻谁主管谁负责的检修原则和安全监察制度。

六、装置检修后开车

（一）装置开车前安全检查

生产装置经过停工检修后，在开车运行前要进行一次全面的安全检查验收。目的是检查检修项目是否全部完工、质量全部合格，劳动保护安全卫生设施是否全部恢复完善，设备、容器、管道内部是否全部吹扫干净、封闭，盲板是否按要求抽加完毕，确保无遗漏，检修现场是否工完料尽场地清，检修人员、工具是否撤出现场，达到了安全开工条件。

检修质量检查和验收工作，必须组织责任心强、有丰富实践经验的设备、工艺管理人员和一线生产工人进行。这项工作，既是评价检修施工效果，又是为安全生产奠定基础，一定要消除各种隐患，未经验收的设备不许开车投产。

1. 焊接检验

凡化工装置使用易燃、易爆、剧毒介质以及特殊工艺条件的设备、管线及经过动火检修的部位，都应按相应的规程要求进行 X 射线拍片检验和残余应力处理。如发现焊缝有问题，必须重焊，直到验收合格，否则将导致严重后果。某厂焊接气分装置脱丙烯塔与再沸器之间一条直径 80mm 的丙烷抽出管线，因焊接质量问题，开车后断裂跑料，发生重大爆炸事故。事故的直接原因是焊接质量低劣，有严重的夹渣和未焊透现象，断裂处整个焊缝有三个气孔，其中一个气孔直径达 2mm，有的焊缝厚度仅为 1~2mm。

2. 试压和气密试验

任何设备、管线在检修复位后，为检验施工质量，应严格按有关规定进行试压和气密试验，防止生产时跑、冒、滴、漏，造成各种事故。

一般来说，压力容器和管线试压用水作介质，不得采用有危险的液体，也不准用工业风或氮气做耐压试验。气压试验危险性比水压试验大得多，曾有用气压代替水压试验而发生事故的教训。

安全检查要点：

① 检查设备、管线上的压力表、温度计、液面计、流量计、热电偶、安全阀是否调校安装完毕，灵敏好用。

② 试压前所有的安全阀、压力表应关闭，有关仪表应隔离或拆除，防止起跳或超程损坏。

③ 对被试压的设备、管线要反复检查，流程是否正确，防止系统与系统之间相互串通，必须采取可靠的隔离措施。

④ 试压时，试压介质、压力、稳定时间都要符合设计要求，并严格按有关规程执行。

⑤ 对于大型、重要设备和中、高压及超高压设备、管道，在试压前应编制试压方案，制订可靠的安全措施。

⑥ 情况特殊，采用气压试验时，试压现场应加设围栏或警告牌，管线的输入端应装安全阀。

⑦ 带压设备、管线，在试验过程中严禁强烈机械冲撞或外来气窜入，升压和降压应缓慢进行。

⑧ 在检查受压设备和管线时，法兰、法兰盖的侧面和对面都不能站人。

⑨ 在试压过程中，受压设备、管线如有异常响声，如压力下降、表面油漆剥落、压力表指针不动或来回不停摆动，应立即停止试压，并卸压查明原因，视具体情况再决定是否继续试压。

⑩ 登高检查时应设平台围栏，系好安全带，试压过程中发现泄漏，不得带压紧固螺栓、补焊或修理。

3. 吹扫、清洗

在检修装置开工前，应对全部管线和设备彻底清洗，把施工过程中遗留在管线和设备内的焊渣、泥砂、锈皮等杂质清除掉，使所有管线都贯通。如吹扫、清洗不彻底，杂物易堵塞阀门、管线和设备，对泵体、叶轮产生磨损，严重时还会堵塞泵过滤网。如不及时检查，将使泵抽空，造成泵或电机损坏的设备事故。

一般处理液体管线用水冲洗，处理气体管线用空气或氮气吹扫，蒸汽等特殊管线除外。如仪表风管线应用净化风吹扫，蒸汽管线按压力等级不同使用相应的蒸汽吹扫等。吹扫、清洗中应拆除易堵卡物件（如孔板、调节阀、阻火器、过滤网等），安全阀加盲板隔离，关闭压力表手阀及液位计连通阀，严格按方案执行；吹扫、清洗要严，按系统、介质的种类、压力等级分别进行，并应符合现行规范要求；在吹扫过程中，要有防止噪声和静电产生的措施，冬季用水清洗应有防冻结措施，以防阀门、管线、设备冻坏；放空口要设置在安全的地方或有专人监视；操作人员应配齐个体防护用具，与吹扫无关的部位要关闭或加盲板隔绝；用蒸汽吹扫管线时，要先慢慢暖管，并将冷凝水引到安全位置排放干净，以防水击，并有防止检查人烫伤的安全措施；对低点排凝、高点放空，要顺吹扫方向逐个打开和关闭，待吹扫达到规定时间要求时，先关阀后停气；吹扫后要用氮气或空气吹干，防止蒸汽冷凝液造成真空而损坏管线；输送气体管线如用液体清洗，核对支撑物强度能否满足要求；清洗过程要用最大安全体积和流量。

4. 烘炉

各种反应炉在检修后开车前，应按烘炉规程要求进行烘炉。

① 编制烘炉方案，并经有关部门审查批准。组织操作人员学习，掌握其操作程序和应注意的事项。

② 烘炉操作应在车间主管生产的负责人指导下进行。

③ 烘炉前，有关的报警信号、生产联锁应调校合格，并投入使用。

④ 点火前，要分析燃料气中的氧含量和炉膛可燃气体含量，符合要求后方能点火。点火时应遵守"先火后气"的原则。点火时要采取防止喷火烧伤的安全措施以及灭火的设施。炉子熄灭后重新点火前，必须再进行置换，合格后再点火。

5. 传动设备试车

化工生产装置中机、泵起着输送液体、气体、固体介质的作用，由于操作环境复杂，一旦单机发生故障，就会影响全局。因此要通过试车，对机、泵检修后能否保证安全投料一次开车成功进行考核。

① 编制试车方案，并经有关部门审查批准。

② 专人负责，进行全面仔细的检查，使其符合要求，安全设施和装置要齐全完好。

③ 试车工作应由车间主管生产的负责人统一指挥。

④ 冷却水、润滑油、电机通风、温度计、压力表、安全阀、报警信号、联锁装置等，要灵敏可靠，运行正常。

⑤ 查明阀门的开关情况，使其处于规定的状态。

⑥ 试车现场要整洁干净，并有明显的警戒线。

6. 联动试车

装置检修后的联动试车，重点要注意做好以下几个方面的工作：

① 编制联动试车方案，并经有关领导审查批准。

② 指定专人对装置进行全面认真的检查，查出的缺陷要及时消除。检修资料要齐全，安全设施要完好。

③ 专人检查系统内盲板的抽加情况，登记建档，签字认可，严防遗漏。

④装置的自保系统和安全联锁装置调校合格，正常运行，灵敏可靠，专业负责人要签字认可。

⑤ 供水、供气、供电等辅助系统要运行正常，符合工艺要求。整个装置要具备开车条件。

⑥ 在厂部或车间领导统一指挥下进行联动试车工作。

（二）装置开车

装置开车要在开车指挥部的领导下，统一安排，并由装置所属的车间领导负责指挥开车。岗位操作工人要严格按工艺卡片的要求和操作规程操作。

1. 贯通流程

用蒸汽、氮气通入装置系统，一方面扫去装置检修时可能残留的部分焊渣、焊条头、铁屑、氧化皮、破布等，防止这些杂物堵塞管线；另一方面验证流程是否贯通。这时应按工艺流程逐个检查，确认无误，做到开车时不窜料、不憋压。按规定用蒸汽、氮气对装置系统置换，分析系统氧含量达到安全值以下的标准。

2. 装置进料

进料前，在升温、预冷等工艺调整操作中，检修工与操作工配合做好螺栓紧固部位的热把、冷把工作，防止物料泄漏。岗位应备有防毒面具。油系统要加强脱水操作，深冷系统要加强干燥操作，为投料奠定基础。

装置进料前要关闭所有的放空、排污等阀门，然后按规定流程，经操作工、班长、车间值班领导检查无误，启动机泵进料。进料过程中，操作工沿管线进行检查，防止物料泄漏或物料走错流程；装置开车过程中，严禁乱排乱放各种物料。装置升温、升压、加料，按规定缓慢进行；操作调整阶段，应注意检查阀门开度是否合适，逐步提高处理量，使达到正常生产为止。

 相关技术应用

相关检修安全技术

一、动火作业

在化工装置中，凡是动用明火或可能产生火种的作业都属于动火作业（图8-1）。例如：电焊、气焊、切割、熬沥青、烘砂、喷灯等明火作业；凿水泥基础、打墙眼、电气设备的耐压试验、电烙铁、锡焊等易产生火花或高温的作业。因此凡检修动火部位和地区，必须按《厂区动火作业安全规程》（HG 23011—1999）的要求，采取措施，办理审批手续。表8-1为中石化系统动火作业许可证样表。

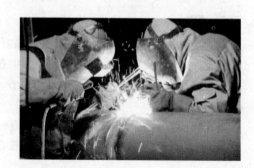

图8-1　动火作业

动火安全要点如下：

（1）审证 在禁火区内动火应办理动火证的申请、审核和批准手续，明确动火地点、时间、动火方案、安全措施、现场监护人等。审批动火应考虑两个问题：一是动火设备本身，二是动火的周围环境。要做到"三不动火"，即没有动火证不动火，防火措施不落实不动火，监护人不在现场不动火。

（2）联系 动火前要和生产车间、工段联系，明确动火的设备、位置。事先由专人负责做好动火设备的置换、清洗、吹扫、隔离等解除危险因素的工作，并落实其他安全措施。

（3）隔离 动火设备应与其他生产系统可靠隔离，防止运行中设备、管道内的物料泄漏到动火设备中来；将动火地区与其他区域采取临时隔火墙等措施加以隔开，防止火星飞溅而引起事故。

（4）移去可燃物 将动火周围10m范围以内的一切可燃物，如溶剂、润滑油、未清洗的盛放过易燃液体的空桶、木筐等移到安全场所。

（5）灭火措施 动火期间动火地点附近的水源要保证充分，不能中断；动火场所准备好足够数量的灭火器具；在危险性大的重要地段动火，消防车和消防人员要到现场，做好充分准备。

（6）检查与监护 上述工作准备就绪后，根据动火制度的规定，厂、车间或安全、保卫部门的负责人应到现场检查，对照动火方案中提出的安全措施检查是否落实，并再次明确和落实现场监护人和动火现场指挥，交代安全注意事项。

（7）动火分析 动火分析不宜过早，一般不要早于动火前的半小时。如果动火中断半小时以上，应重做动火分析。分析试样要保留到动火之后，分析数据应做记录，分析人员应在分析化验报告单上签字。

（8）动火 动火应由经安全考核合格的人员担任，压力容器的焊补工作应由锅炉压力容器考试合格的工人担任。无合格证者不得独自从事焊接工作。动火作业出现异常时，监护人员或动火指挥应果断命令停止动火，待恢复正常、重新分析合格并经批准部门同意后，方可重新动火。高处动火作业应戴安全帽、系安全带，遵守高处作业的安全规定。氧气瓶和移动式乙炔瓶发生器不得有泄漏，应距明火10m以上，氧气瓶和乙炔发生器的间距不得小于5m，有五级以上大风时不宜高处动火。电焊机应放在指定的地方，火线和接地线应完整无损、牢靠，禁止用铁棒等物代替接地线和固定接地点。电焊机的接地线应接在被焊设备上，接地点应靠近焊接处，不准采用远距离接地回路。

（9）善后处理 动火结束后应清理现场，熄灭余火，做到不遗漏任何火种，切断动火作业所用电源。

表8-1 中石化系统动火作业许可证

动 火 作 业 许 可 证

动火作业（   ）级   记录编号：   共2联 第 联

申请单位			申请人			
施工部位及内容			动火种类			
用火时间：	年 月 日 时 分至	年 月 日 时 分				
用火人		工种、证书编号			监火人	
氢气检测分段	氢气检测时间		氢气浓度		风速	检验员
动火前						
动火中						

危害识别:

□火灾 □爆炸 □燃烧 □有毒有害气体 □触电 □坍塌 □高处坠落

用火主要安全措施检查:

□动火设备性能良好,管线路符合规范要求,达到用火条件。

□断开与用火设施、材料相连接的所有管线。

□用火点周围(最小半径15m)清除易燃物、助燃物,不能移除的采取覆盖、铺沙等手段进行隔离。

□用火点周围不得进行其他施工作业,无关人员撤离至安全地点。

□高处作业应采取防火花飞溅措施。

□电焊回路线应接在焊件上,焊把线不得与其他设备搭接。

□乙炔气瓶(禁止卧放)和氧气瓶,两瓶间距7m,与火源间距不少于10m;管路无漏气,连接牢固可靠。

□现场配备消防水带( )根,灭火器( )台,铁锹( )把,石棉布( )块。

□作业人员个体防护用品齐备,并正确使用:配备足够的自救器( )个。

□用火点设置警示标识

确认人签字:

用火单位意见	年　月　日　　签名:
调度单位意见	年　月　日　　签名:
安全部门意见	年　月　日　　签名:
技术部门意见	年　月　日　　签名:
监测部门意见	年　月　日　　签名:
领导审批意见	年　月　日　　签名:
完工验收	年　月　日　时　分　签名:

动火作业六大禁令:

一、动火证未经批准,禁止动火。

二、不与生产系统可靠隔绝,禁止动火。

三、不清洗,置换不合格,禁止动火。

四、不消除周围易燃物,禁止动火。

五、不按时作动火分析,禁止动火。

六、没有消防措施,禁止动火。

二、高处作业

凡在坠落高度基准面2m以上（含2m）有可能坠落的高处进行作业，均称为高处作业。

在化工企业，作业虽在2m以下，但属下列作业的，仍视为高处作业：虽有护栏的框架结构装置，但进行的是非经常性工作，有可能发生意外的工作；在无平台、无护栏的塔、釜、炉、罐等化工设备和架空管道上的作业；高大独自化工设备容器内进行的登高作业；作业地段的斜坡（坡度大于45°）下面或附近有坑、井和风雪袭击、机械震动以及有机械转动或堆放物易伤人的地方作业等。高处作业如图8-2所示。

图 8-2　高处作业

一般情况下，高处作业按作业高度可分为四个等级。作业高度在 2～5m 时，称为一级高处作业；作业高度在 5～15m 时，称为二级高处作业；作业高度在 15～30m 时，称为三级高处作业；作业高度在 30m 以上时，称为特级高处作业。

化工装置多数为多层布局，高处作业的机会比较多。如设备、管线拆装，阀门检修更换，仪表校对，电缆架空敷设等。高处作业，事故发生率高，伤亡率也高。发生高处坠落事故的原因主要是：洞、坑无盖板或检修中移去盖板；平台、扶梯的栏杆不符合安全要求，临时拆除栏杆后没有防护措施，不设警告标志；高处作业不系安全带、不戴安全帽、不挂安全网；梯子使用不当或梯子不符合安全要求；不采取任何安全措施，在石棉瓦之类不坚固的结构上作业；脚手架有缺陷；高处作业用力不当、重心失稳；工器具失灵，配合不好，危险物料伤害坠落；作业附近对电网设防不妥触电坠落等。

1. 高处作业的一般安全要求

（1）作业人员　患有精神病等职业禁忌证的人员不准参加高处作业。检修人员饮酒、精神不振时禁止登高作业。作业人员必须持有作业证。

（2）作业条件　高处作业必须戴安全帽、系安全带。作业高度 2m 以上应设置安全网，并根据位置的升高随时调整。高度超 15m 时，应在作业位置垂直下方 4m 处，架设一层安全网，且安全网数不得少于 3 层。

（3）现场管理　高处作业现场，应设有围栏或其他明显的安全界标，除有关人员外，不准其他人在作业点的下面通行或逗留。

（4）防止工具材料坠落　高处作业应一律使用工具袋。较粗、重工具用绳拴牢在坚固的构件上，不准随便乱放；在格栅式平台上工作，为防止物件坠落，应铺设木板；递送工具、材料不准上下投掷，应用绳系牢后上下吊送；上下层同时进行作业时，中间必须搭设严密牢固的防护隔板、罩棚或其他隔离设施；工作过程中除指定的、已采取防护围栏处或落料管槽可以倾倒废料外，任何作业人员人严禁向下抛掷物料。

（5）防止触电和中毒　脚手架搭设时应避开高压电线。无法避开时，作业人员在脚手架上活动范围及其所携带的工具、材料等与带电导线的最短距离要大于安全距离（电压等级 ≤110kV，安全距离为 2m；220kV，3m；330kV，4m）。高处作业地点靠近放空管时，事先与生产车间联系，保证高处作业期间生产装置不向外排放有毒有害物质，并事先向高处作业的全体人员交代明白，万一有毒有害物质排放时，应迅速采取撤离现场等安全措施。

（6）气象条件　六级以上大风、暴雨、打雷、大雾等恶劣天气，应停止露天高处作业。

（7）注意结构的牢固性和可靠性　在槽顶、罐顶、屋顶等设备或建筑物、构筑物上作业时，除了临空一面应装安全网或栏杆等防护措施外，事先应检查其牢固可靠程度，防止失稳或破裂等可能出现的危险；严禁直接站在油毛毡、石棉瓦等易碎裂材料的结构上作业。为防止误登，应在这类结构的醒目处挂上警告牌；登高作业人员不准穿塑料底等易滑的或硬性厚底的鞋子；冬季严寒作业应采取防冻防滑措施或轮流进行作业。

2. 脚手架的安全要求

高处作业使用的脚手架和吊架必须能够承受站在上面的人员、材料等的重量。禁止在脚手架和脚手板上放置超过计算荷重的材料。一般脚手架的荷重量不得超过 $270kg/m^2$。脚手架使用前，应经有关人员检查验收，认可后方可使用。

（1）脚手架材料　脚手架的杆柱可采用竹、木或金属管，木杆应采用剥皮杉木或其他坚韧的硬木，禁止使用杨木、柳木、桦木、油松和其他腐朽、折裂、枯节等易折断的木料；竹竿应采用坚固无伤的毛竹；金属管应无腐蚀，各根管子的连接部分应完整无损，不得使用弯曲、压扁或者有裂缝的管子。木质脚手架踏脚板的厚度不应小于4cm。

（2）脚手架的连接与固定　脚手架要与建筑物连接牢固。禁止将脚手架直接搭靠在楼板的木楞上及未经计算荷重的构件上，也不得将脚手架和脚手架板固定在栏杆、管子等不十分牢固的结构上；立杆或支杆的底端宜埋入地下。遇松土或者无法挖坑时，必须绑设地杆子。

金属管脚手架的立杆应垂直地稳固放在垫板上，垫板安置前需把地面夯实、整平。立杆应套上由支柱底板及焊在底板上的管子组成的柱座，连接各个构件间的铰链螺栓一定要拧紧。

（3）脚手板、斜道板和梯子　脚手板和脚手架应连接牢固；脚手板的两头都应放在横杆上，固定牢固，不准在跨度间有接头；脚手板与金属脚手架则应固定在其横梁上。

斜道板要满铺在架子的横杆上；斜道两边、斜道拐弯处和脚手架工作面的外侧应设1.2m高的栏杆，并在其下部加设18cm高的挡脚板；通行手推车的斜道坡度不应大于1.7°，其宽度单方向通行应大于1m，双方向通行大于1.5m；斜道板厚度应大于5cm。

脚手架一般应装有牢固的梯子，以便作业人员上下和运送材料。使用起重装置吊重物时，不准将起重装置和脚手架的结构相连接。

（4）临时照明　脚手架上禁止乱拉电线。必须装设临时照明时，木、竹脚手架应加绝缘子，金属脚手架应另设横担。

（5）冬季、雨季防滑　冬季、雨季施工应及时清除脚手架上的冰雪、积水，并要撒上沙子、锯末、炉灰或铺上草垫。

（6）拆除　脚手架拆除前，应在其周围设围栏，通向拆除区域的路段挂警告牌；高层脚手架拆除时应有专人负责监护；敷设在脚手架上的电线和水管先切断电源、水源，然后拆除，电线拆除由电工承担；拆除工作应由上而下分层进行，拆下来的配件用绳索捆牢，用起重设备或绳子吊下，不准随手抛掷；不准用整个推倒的办法或先拆下层主柱的方法来拆除；栏杆和扶梯不应先拆掉，而要与脚手架的拆除工作同时配合进行；在电力线附近拆除应停电作业，若不能停电应采取防触电和防碰坏电路的措施。

（7）悬吊式脚手架和吊篮　悬吊式脚手架和吊篮应经过设计和验收，所用的钢丝绳及大绳的直径要由计算决定。计算时安全系数：吊物用不小于6、吊人用不小于14；钢丝绳和其他绳索事前应做1.5倍静荷重试验，吊篮还需做动荷重试验。动荷重试验的荷重为1.1倍工作荷重，做等速升降，记录试验结果；每天使用前应由作业负责人进行挂钩，并对所有绳索进行检查；悬吊式脚手架之间严禁用跳板跨接使用；拉吊篮的钢丝绳和大绳，应不与吊篮边沿、房檐等棱角相摩擦；升降吊篮的人力卷扬机应有安全制动装置，以防止因操作人员失误使吊篮落下；卷扬机应固定在牢固的地锚或建筑物上，固定处的耐拉力必须大于吊篮设计荷重的 5 倍；升降吊篮由专人负责指挥。使用吊篮作业时应系安全带，安全带拴在建筑物的可靠处。

根据《厂区高处作业安全规程》（HG 23014—1999）的规定，高处作业必须办理高处安全作业证，持证作业。

高处作业"十防"：

一防梯架乱晃荡；　　　二防平台无遮拦；

三防身后有空洞；　　　四防脚踩活动板；

五防撞击碰仪表；　　　六防毒气往外散；

七防高处有电线；　　　八防墙倒木板烂；

九防上方落杂物；　　　十防绳断仰天翻。

三、限定空间内作业或罐内作业

凡进入塔、釜、槽、罐、炉、器、机、筒仓、地坑或其他限定空间内进行检修、清理称为限定空间内作业。化工装置限定空间作业频繁，危险因素多，是容易发生事故的作业。人在氧含量为 19%～21% 空气中，表现正常；假如降到 13%～16%，人会突然晕倒；降到 13% 以下，人会死亡。限定空间内不能用纯氧通风换气，因为氧是助燃物质，万一作业时有火星，会着火伤人。限定空间作业还会受到爆炸、中毒的威胁。可见限定空间作业，缺氧与富氧、毒害物质超过安全浓度，都会造成事故。因此，必须办理许可证。

凡是用过惰性气体（氮气）置换的设备，进入限定空间前必须用空气置换，并对空气中的氧含量进行分析。如系限定空间内动火作业，除了空气中的可燃物含量符合规定外，氧含量应在 19%～21% 范围内。若限定空间内具有毒性，还应分析空气中有毒物质含量，保证在容许浓度以下。

值得注意的是，动火分析合格，不等于不会发生中毒事故。例如限定空间内丙烯腈含量为 0.2%，符合动火规定，当氧含量为 21% 时，虽为合格，但却不符合卫生规定。车间空气中丙烯腈最高容许浓度为 $2mg/m^3$，经过换算，0.2%（容积百分比）为最高容许浓度的 2167.5 倍。进入丙烯腈含量为 0.2% 的限定空间内作业，虽不会发生火灾、爆炸，但会发生中毒事故。

进入酸、碱储罐作业时，要在储罐外准备大量清水。人体接触浓硫酸，须先用布、棉花擦净，然后迅速用大量清水冲洗，并送医院处理。如果先用清水冲洗，后用布类擦净，则浓硫酸将变成稀硫酸，而稀硫酸则会造成更严重的灼伤。

进入限定空间内作业，与电气设施接触频繁，照明灯具、电动工具如漏电，都有可能导致人员触电伤亡，所以照明电源应为 36V，潮湿部位应是 12V。检修带有搅拌机械的设备，作业前应把传动皮带卸下，切除电源，如取下保险丝、拉下闸刀等，并上锁，使机械装置不能启动，再在电源处挂上"有人检修、禁止合闸"的警告牌。上述措施采取后，还应有人检查确认。

限定空间内作业时，一般应指派两人以上做罐外监护。监护人应了解介质的各种性质，应位于能经常看见罐内全部操作人员的位置，视线不能离开操作人员，更不准擅离岗位。发现罐内有异常时，应立即召集急救人员，设法将罐内受害人救出，监护人员应从事罐外的急救工作。如果没有其他急救人员在场，即使在非常时候，监护人也不得自己进入罐内。凡是进入罐内抢救的人员，必须根据现场情况穿戴防毒面具或氧气呼吸器、安全防带等防护用具，决不允许不采取任何个体防护措施而冒险入罐救人。

为确保进入限定空间作业安全，必须严格按照《厂区设备内作业安全规程》办理设备内安全作业证，持证作业。限定空间作业如图8-3所示。

图 8-3　限定空间内作业

进入容器、设备的八个必须：

一、必须申请、办证，并得到批准。

二、必须进行安全隔绝。

三、必须切断动力电，并使用安全灯具。

四、必须进行置换、通风。

五、必须按时间要求进行安全分析。

六、必须佩戴规定的防护用具。

七、必须有人在器外监护，并坚守岗位。

八、必须有抢救后备措施。

M8-3　限定空间
内作业

四、起重作业

重大起重吊装作业，必须进行施工设计，施工单位技术负责人审批后送生产单位批准。对吊装人员进行技术交底，学习讨论吊装方案。起重作业如图8-4所示。

图 8-4　起重作业

吊装作业前起重工应对所有起重机具进行检查，对设备性能、新旧程度、最大负荷要了解清楚。使用旧工具、设备，应按新旧程度折扣计算最大荷重。

起重设备应严格根据核定负荷使用，严禁超载，吊运重物时应先进行试吊，离地20～30cm，停下来检查设备、钢丝绳、滑轮等，经确认安全可靠后再继续起吊。二次起吊上升速度不超过8m/min，平移速度不超过5m/min。起吊中应保持平稳，禁止猛走猛停，避免引起冲击、碰撞、脱落等事故。起吊物在空中不应长时间滞留，并严格禁止在重物下方行人或停留。长、大物件起吊时，应设有"溜绳"，控制被吊物件平稳上升，以防物件在空中摇摆。起吊现场应设置警戒线，并有"禁止入内"等标志牌。

起重吊运不应随意使用厂房梁架、管线、设备基础，防止损坏基础和建筑物。

起重作业必须做到"五好"，"五好"是：思想集中好；上下联系好；机器检查好；扎紧提放好；统一指挥好。

各种起重机都离不开钢丝绳、链条、吊钩、吊环和滚筒等附件，这些机件必须安全可靠，若发生问题，都会给起重作业带来严重事故。

在启用钢丝绳时，必须了解其规格、结构（股数、钢丝直径、每股钢丝数、绳芯数等）、用途和性能、机械强度的试验结果等。起重机钢丝绳应符合 GB/T 5972—2016 的规定。选用的钢丝绳应具有合格证，没有合格证，使用前可截去 1～1.5m 长的钢丝绳进行强度试验。未经过试验的钢丝绳禁止使用。

起重用钢丝绳安全系数，应根据机构的工作级别、作业环境及其他技术条件决定。

起重作业时，应严格按照《厂区吊装作业安全规程》（HG 23015—1999）的要求，规范此项工作。

起重吊运安全要求：十不吊！

1. 超过额定负荷不吊；　　　　2. 指挥信号不明或乱指挥不吊；

3. 工件紧固不牢不吊；　　　　4. 吊物上面站人不吊；

5. 安全装置失灵不吊；　　　　6. 光线阴暗看不清不吊；

7. 工件埋在地下不吊；　　　　8. 斜扣工件不吊；

9. 棱刃物体没有衬垫不吊；　　10. 钢（铁）水包过满不吊。

五、运输与检修

化工企业生产、生活物资运输任务繁重，运输机具与检修现场工作关系密切，检修中机运事故也时有发生。事故发生原因：机车违章进入检修现场，发动车辆时排烟管火星引燃装置泄漏物料，发生火灾事故；电瓶车运送检修材料，装载不合乎规范，司机视线不良，把行人轧死；检修时车身落架，被压死等。为做好运输与检修安全工作，必须加强辅助部门人员的安全技术教育工作，以提高职工安全意识。机动车辆进入化工装置前，给排烟管装上火星扑灭器；装置出现跑料时，生产车间对装置周围马路实行封闭，熄灭一切火源。执行监护任务的消防、救护车应选择上风处停放。在正常情况下厂区行驶车速不得大于 15km/h，铁路机车过交叉口要鸣笛减速。液化石油气罐、站操作人员必须经过培训考试，发给合格证。罐车状况要符合设计标准，定期检验。

六、检修用电

检修使用的电气设施有两种：一是照明电源，二是检修施工机具（卷扬机、空压机、电焊机）电源。以上电气设施的接线工作须由电工操作，其他工种不得私自乱接。

电气设施要求线路绝缘良好，没有破皮漏电现象。线路敷设整齐不乱，埋地或架高敷设均不能影响施工作业、行人和车辆通过。线路不能与热源、火源接近。移动或局部式照明灯要有铁网罩保护。光线阴暗、设备内以及夜间作业要有足够的照明，临时照明灯具悬吊时，不能使导线承受张力，必须用附属的吊具来悬吊。行灯应用导线预先接地。检修装置现场禁用闸刀开关板。正确选用熔断丝，不准超载使用。

电气设备，如电钻、电焊机等手拿电动机具，在正常情况下，外壳没有电，当内部线圈年久失修，腐蚀或机械损伤，其绝缘层遭到破坏时，它的金属外壳就会带电，如果人站在地上、设备上、手接触到带电的电气工具外壳或人体接触到带电导体上，人体与脚之间产生了电位差，并超过40V，就会发生触电事故。因此使用电气工具，其外壳应可靠接地，并安装触电保护器，避免触电事故发生。国外某工厂检修一台直径1m的溶解锅，检修人员在锅内作业使用220V电源，功率仅0.37kW的电动砂轮机打磨焊缝表面，因砂轮机绝缘层破损漏电，背脊碰到锅壁，触电死亡。

电气设备着火、触电，应首先切断电源。不能用水灭电气火灾，宜用干粉机扑救；如触电，用木棍将电线挑开，当触电人停止呼吸时，进行人工呼吸，送医院急救。

电气设备检修时，应先切断电源，并挂上"有人工作，严禁合闸"的警告牌。停电作业应履行停、复用电手续。停用电源时，应在开关箱上加锁或取下熔断器。

在生产装置运行过程中，临时抢修用电时，应办理用电审批手续。电源开关要采用防爆型、电线绝缘要良好，宜空中架设，远离传动设备、热源、酸碱等。抢修现场使用临时照明灯具宜为防爆型，严禁使用无防护罩的行灯，不得使用220V电源，手持电动工具应使用安全电压。（用电安全管理详见情境九）

七、动土作业

化工厂区的地下生产设施复杂隐蔽，如地下敷设电缆，其中有动力电缆，信号、通信电缆，另外还有敷设的生产管线。凡是影响地下电缆、管道等设施安全的地上作业都包括在动土作业的范围内。如：挖土、打桩埋设接地极等入地超过一定深度的作业；用推土机、压路机等施工机械的作业。随意开挖厂区土方，有可能损坏电缆或管线，造成装置停工，甚至人员伤亡。因此，必须按《厂区动土作业安全规程》（HG 23017—1999）的要求加强动土作业的安全管理。

1. 审证

根据企业地下设施的具体情况，划定各区域动土作业级别，按分级审批的规定办理审批手续。申请动土作业时，需写明作业的时间、地点、内容、范围、施工方法、挖土堆放场所和参加作业人员、安全负责人及安全措施。一般由基建、设备动力、仪表和工厂资料室的有关人员根据地下设施布置总图对照申请书中的作业情况仔细核对，逐一提出意见，然后按动土作业规定交有关部门或厂领导批准，根据基建等部门的意见，提出补充安全要求。办妥上述手续的动土作业许可证方才有效。

2. 安全注意事项

防止损坏地下设施和地面建筑，施工时必须小心。防止坍塌，挖掘时应自上而下进行，禁止采用挖空底角的方法挖掘；同时应根据挖掘深度装设支撑；在铁塔、电杆、地下埋设物及铁道附近挖土时，必须在周围加固后，方可进行施工。防止机器工具伤害。夜间作业必须有足够的照明。防止坠落；挖掘的沟、坑、池等应在周围设置围栏和警告标志，夜间设红灯警示。

此外，在可能出现煤气等有毒有害气体的地点工作时，应预先告知工作人员，并做防毒准备。在挖土作业时如突然发现煤气等有毒气体或可疑现象，应立即停止工作，撤离全部工作人员并报告有关部门处理，在有毒有害气体未彻底清除前不准恢复工作。在禁火区内进行动土作业还应遵守禁火的有关安全规定。动土作业完成后，现场的沟、坑应及时填平。

晚上 19 点钟的太阳——徐虎

徐虎在水电修理工的平凡岗位上，长期积极主动地为居民排忧解难，用"辛苦我一人，方便千万家"的精神，谱写了一曲新时代的雷锋之歌。

作为上海普陀区中山北路房管所的水电修理工，徐虎发现居民下班以后正是用水用电高峰，也是故障高发时间，而水电修理工也已下班休息这一问题，于 1985 年在他管辖的地区率先挂出三只醒目的"水电急修特约报修箱"，每天晚上 19 时准时开箱，并立即投入修理。从此，晚上 19 时，成了徐虎生活中最重要的一个时间概念。10 多年来，不管刮风下雨、冰冻严寒，还是烈日炎炎或节假日，徐虎总会准时背上工具包，骑上他的那辆旧自行车，直奔这三个报修箱，然后按着报修单上的地址，走了一家又一家。

10 多年中，他从未失信于他的用户。十年辛苦不寻常，徐虎累计开箱服务 3700 多天，共花费 7400 多个小时，为居民解决夜间水电急修项目 2100 多个，他被群众誉为"晚上 19 点钟的太阳"。徐虎爱岗敬业，十年如一日义务为居民服务，在平凡的工作中做出不平凡的成绩。

 ———————— 检查与评价

1. 案例总结。
2. 学生对停车检修前、检修过程和开车过程中安全注意事项的理解。
3. 学生对动火作业、高处作业、起重作业等安全技术应用的理解。
4. 学生的现场处置能力和应变能力。

 ———————— 课外作业

1. 网络作业（见智慧职教网 http：//www.icve.com.cn/）。
2. 装置停车检修前的准备工作有哪些？
3. 装置开车过程中的安全注意事项有哪些？
4. 动火作业、高处作业的安全技术内容有哪些？
5. 抽堵盲板过程中应注意哪些安全注意事项？

情境九

电气安全应用与管理

知识目标　了解触电的种类和方式，掌握电气、静电及雷电安全基本知识，熟练掌握电气防火、防静电、防雷技术。

能力目标　能够遵守安全用电常识，学会静电消除和防雷技术，学会触电人工急救。

素质目标　培养生命至上、珍惜生命的意识；培养责任感和敬业精神；树立"星星之火可以燎原"的理念，激发了解中国共产党发展史的热情。

 教学引导案例

江苏某化工有限公司"7·23"触电事故

一、事故经过

2019 年 7 月 23 日 9 时 20 分左右，江苏某化工有限公司 220kV 总降变电站 35kV 区域 1M 段 PT 及消弧柜清灰作业过程中发生一起生产安全事故，造成 2 人死亡，直接经济损失约 180 万元。

二、事故原因

(1) 母线未停电作业　作业人员未按照国家电网公司《电力安全工作规程（变电部分）》（Q/GDW 1799.1—2013）要求，在未采取安全可靠措施的情况下进行了不停电作业。

(2) 安全防护措施落实不到位　作业人员仅在压变柜内熔丝座与消谐器之间安装一组7号接地线，未按要求在3515闸刀与压变之间增设一组接地线，未在3515闸刀动静触头之间增装绝缘隔板，作业人员与带电的3515闸刀静触头之间小于要求规定的0.6m的安全距离。

(3) 企业存在违章指挥、违章作业情况　操作人员在无特种作业证件的情况下冒险作业；作业前也未按照要求办理工作票，风险辨识不到位，作业相关人员未按要求各司其职，导致安全生产主体责任落空。

三、事故教训

① 企业应加强特种作业管理，坚决杜绝无证上岗情况发生，避免操作人员对特种作业安全风险辨识不到位、操作过程不规范引发事故。

② 明确岗位责任制，严防岗位责任覆盖不全、落实不到位等问题，确保岗位履职尽责，使安全生产得到有力保障。

四、课堂思考

① 人体触电方式有哪些？电流对人体有什么伤害？

② 本次事故的主要原因有哪些？不同场所对电气安全的规定有哪些？

 教学讨论案例

某公司"9·19"触电伤亡事故

一、事故经过

2019年9月19日上午9时41分许，位于惠州市的某公司6号污水处理站发生一起人员触电事故，事故造成一人死亡，直接经济损失约137.787万元。

二、事故原因

1. 直接原因

员工安全意识淡薄，未按规定采取安全防护措施，未佩戴劳动防护用品就进入污水处理池查看渗水情况，因水泵线圈绝缘破损漏电引起触电，后经抢救无效死亡。

2. 间接原因

① 企业未严格落实安全生产主体责任，安全生产责任制不健全，设施设备维护保养制度缺失；用电设备设施经常性维护保养不到位；安全检查和事故隐患排查治理工作组织不力，未及时发现并消除6号污水处理站未安装漏电保护装置及潜水泵漏电等生产安全事故隐患。

② 企业主要负责人未严格履行安全生产管理职责，未督促工程部建立设施设备维护保养制度；未督促从业人员的安全生产培训教育工作。

③ 企业工程部管理者未按规定对6号污水处理站安装漏电保护装置；未对事发6号污水

处理站的用电管理及设施设备进行经常性维护、保养。

三、事故教训

化工装置大多在有毒有害、易燃易爆、强腐蚀、露天环境下，电气设备和回路的合理保护设置是火灾防控的重要措施，其中漏电保护的应用更为重要，须执行 GB/T 13955—2017《剩余电流动作保护装置安装和运行》。

四、课堂讨论

① 电气设备火灾防控的关键环节是什么？
② 如何做好电气设备的选型工作？

 相关知识介绍

电气安全知识

一、电气事故及其预防

（一）电气的供配电系统

工业企业供配电是指工业企业所需电能的供应和分配。由于电能易于由其他形式的能量转换而来，又易于转换为其他形式的能量而被利用，并且电能在传输和分配上简单经济，便于控制，因此，其成为现代工业生产的重要能源和动力。实际上，电能的生产、输送、分配和使用是在同一瞬间完成的，实现这个全过程的各个环节构成了一个有机联系的整体，这个整体就称为电力系统。

（1）电力系统组成　电力系统由发电厂、送电线路、变电所、配电网和电力负荷组成。

（2）额定电压和电压等级　电气设备都是设计在额定电压下工作的。额定电压是保证设备正常运行并能够获得最佳经济效果的电压。

电压等级是国家根据国民经济发展的需要、电力工业的水平以及技术经济的合理性等因素综合确定的。

我国标准规定的三相交流电网和电力设备常用的额定电压如表 9-1 所列。

表 9-1　我国三相交流电网和电力设备的额定电压

分类	电网和电力设备额定电压/kV	发电机额定电压/kV	电力变压器额定电压/kV	
			一次绕组	二次绕组
低压	0.22	0.23	0.22	0.23
	0.38	0.40	0.38	0.40
	0.66	0.69	0.66	0.69
高压	3	3.15	3 及 3.15	3 及 3.13
	6	6.30	6 及 6.3	6.3 及 6.6
	10	10.5	10 及 10.5	10.5 及 11
	—	13.8,15.75,18.20	13.8,15.75,18.20	—
	35	—	35	38.5
	63	—	63	69
	110	—	110	121
	220	—	220	242
	330	—	330	363
	500	—	500	550

我国标准规定：额定电压 1000V 以上的属于高压装置，1000V 及以下的属于低压装置。对地电压而言，250V 以上为高压，250V 以下为低压。

一般又将高压分为中压（1~10kV）、高压（10~330kV）、超高压（330~1000kV）、特高压（>1000kV）。随着大型电站和输电距离的增加，电力网的送电电压有提高的趋势。

（二）电气事故的特点

众所周知，电能的开发和应用给人类的生产和生活带来了巨大的变革，大大促进了社会的进步。在现代社会中，电能已被广泛应用于工农业生产和人民生活等各个领域。然而，在用电的同时，如果对电能可能产生的危害认识不足，控制和管理不当，防护措施不利，在电能的传递和转换的过程中，将会发生异常情况，造成电气事故。电气事故具有以下特点：

1. 电气事故危害大

电气事故的发生伴随着危害和损失，严重的电气事故不仅带来重大的经济损失，甚至还可造成人员的伤亡。发生事故时，电能直接作用于人体，会造成电击；电能转换为热能作用于人体，会造成烧伤或烫伤；电能脱离正常的通道，会形成漏电、接地或短路，构成火灾、爆炸的起因。电气事故在工伤事故中占有不小的比例，据有关部门统计，我国触电死亡人数占全部事故死亡人数的 5% 左右。

2. 电气事故危险直观识别难

由于电既看不见、听不见，又嗅不着，其本身不具备为人们直观识别的特征。由电所引发的危险不易为人们所察觉、识别和理解。因此，电气事故往往来得猝不及防。也正因为此，给电气事故的防护以及人员的教育和培训带来难度。

3. 电气事故涉及领域广

这个特点主要表现在两个方面。一方面，电气事故并不仅仅局限在用电领域的触电、设备和线路故障等。在一些非用电场所，因电能的释放也会造成灾害或伤害，例如，雷电、静电和电磁场危害等，都属于电气事故的范畴。另一方面，电能的使用极为广泛，不论是生产还是生活，不论是工业还是农业，不论是科研还是教育文化部门，不论是政府机关还是娱乐休闲场所，都广泛使用电，哪里使用电，哪里就有可能发生电气事故，哪里就必须考虑电气事故的防护问题。

电气事故是具有规律性的，且其规律是可以被人们认识和掌握的。在电气事故中，大量的事故都具有重复性和频发性。无法预料、不可抗拒的事故毕竟是极少数。人们在长期的生产和生活实践中，已经积累了同电气事故做斗争的丰富经验，各种技术措施、各种安全工作规程及有关电气安全规章制度，都是这些经验和成果的体现，只要依照客观规律办事，不断完善电气安全技术措施和管理措施，电气事故是可以避免的。

（三）电气事故的类型

根据能量转移论的观点，电气事故是由于电能非正常地作用于人体或系统所造成的。根据电能的不同作用形式，可将电气事故分为触电事故、静电危害事故、雷电灾害事故、电磁场危害和电气系统故障危害事故等。在此主要介绍触电事故。

1. 触电事故

（1）电击　电击是电流通过人体，刺激机体组织，使肌肉非自主地发生痉挛性收缩而造成的伤害，严重时会破坏人的心脏、肺部、神经系统的正常工作，形成危及生命的伤害。电击对人体的效应是由通过的电流决定的，而电流对人体的伤害程度与通过人体电流的强度、种类、持续时间、通过途径及人体状况等多种因素有关。在低压系统通电电流不大、通电时间不长的情况下，电流引起人体的心室颤动是电击致死的主要原因。在通电电流较小但通电时间较长的情况下，电流会造成人体窒息而导致死亡。

绝大部分触电死亡事故都是由电击造成的，通常所说的触电事故基本上是电击事故。电击后通常会留下较为明显的特征：电标、电纹、电流斑。按照人体触及带电体的方式，电击可分为以下几种情况：

① 单相电击。这是指人体某一部位接触到地面或其他接地导体的同时，人体另一部位触及某相带电体所引起的电击。发生电击时，所触及的带电体为正常运行的带电体时，称为直接接触电击。而当电气设备发生事故（例如绝缘破损造成设备外意外带电的情况），人体触及意外带电体所发生的电击称为间接接触电击。

单相电击在电力系统的电网中，有中性点直接接地单相电击和中性点不接地单相电击两种情况，其中中性点直接接地电网中的单相电击是当人体接触到导线时，人体承受相电压。电流经过人体、大地和中性点接地装置形成闭合回路，如图 9-1 所示。电击电流的大小取决于相电压和回路电阻。

中性点不接地单相电击因为中性点不接地，所以有两个回路电流通过人体，如图 9-2 所示，一个是从 W 相导线出发，经过人体、大地、线路对地阻抗 Z 到 U 相导线，另一个是同样路径到 V 相导线。触电电流的数值取决于线电压、人体电阻和线路的对地阻抗。

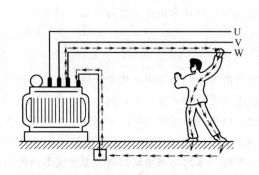

图 9-1　中性点直接接地单相电击

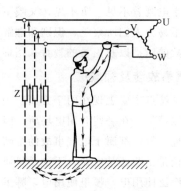

图 9-2　中性点不接地单相电击

根据国内外的统计资料，单相电击事故占全部触电事故的 70% 以上。因此，防止触电事故的技术措施应将单相电击作为重点。

② 两相电击。这是指人体的两个部位同时触及两相带电体所引起的电击。在此情况下，人体所承受的电压为三相系统中的线电压，因电压相对较大，其危险性也较大。如图 9-3 所示，因为施加于人体的电压为全部工作电压，即线电压，且此时电流不经过大地，直接从 V 相经过人体到 W 相，而构成了闭合回路。所以不论中性点接地与否、人体对地是否绝缘，都会使人触电。

③ 跨步电压电击。这是指站立或行走的人体，受到人体两脚之间的电压，即跨步电压作用所引起的电击。跨步电压是当带电体接地，电流自接地的带电体流入地下时，在接地点周围的土壤中产生的电压降形成的。当一根带电导线落地时，落地点的电位就是导线所具有的电位，电流会从落地点直接流入大地，离落地点越远，电流越分散，地面电位也就越低。对地电位的分布曲线如图 9-4 所示。

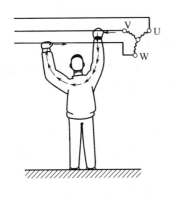

图 9-3　两相触电

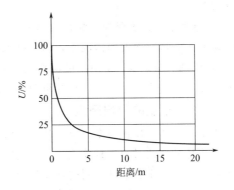

图 9-4　对地电位的分布曲线

以电线落地点为圆心可以画出若干同心圆，它们表示落地点周围的电位分布，离落地点越近，地面电位越高。人的两脚若站在离落地点远近不同的位置上，两脚之间就存在电位差，这个电位就称为跨步电压。落地电线的电压越高，距离落地点同样距离处的跨步电压就越大。跨步电压电击如图 9-5 所示，此时由于电流通过人的两脚而较少通过心脏，所以危险性较小。如果两脚发生抽筋而跌倒时，触电的危险性就显著增大，此时应尽快将双脚并拢或用单脚着地跳出危险区。

（2）电伤　电伤是电流的热效应、化学效应、机械效应等对人体所造成的伤害，此伤害多见于机体的外部，往往在机体表面留下伤痕。能够形成电伤的电

图 9-5　跨步电压电击

流通常比较大。电伤属于局部伤害，其危险程度取决于受伤面积、受伤深度、受伤部位等。

电伤包括电烧伤、电烙印、皮肤金属化、机械损伤、电光眼等各种伤害。

① 电烧伤。电烧伤是最常见的电伤，大部分触电事故都含有电烧伤成分。电烧伤可分为电流灼伤和电弧烧伤。

电流灼伤。电流灼伤是指人体同带电体接触，电流通过人体时，因电能转换成的热能引起的伤害。由于人体与带电体的接触面积一般都不大，且皮肤电阻又比较高，因而产生在皮肤与带电体接触部位的热量就较多，因此，使皮肤受到比体内严重得多的灼伤。电流愈大、通电时间愈长、电流途径上的电阻愈大，则电流灼伤愈严重。

电弧烧伤。电弧烧伤是由弧光放电造成的烧伤。电弧发生在带电体与人体之间，有电流通过人体的烧伤称为直接电弧烧伤；电弧发生在人体附近，对人体形成的烧伤以及熔化金属溅落后造成的烫伤称为间接电弧烧伤。弧光放电时电流很大，能量也很大，电弧温度高达数千摄氏度，可造成大面积的深度烧伤，严重时能将机体组织烘干、烧焦，电弧烧伤既可以发生在高压系统，也可以发生在低压系统。

② 电烙印。电烙印是电流通过人体后，在皮肤表面接触部位留下与接触带电体形状相似的斑痕，斑痕处皮肤变硬，失去原来的弹性和色泽，表层坏死，失去知觉，如同烙印。

③ 皮肤金属化。是由高温电弧使周围金属熔化、蒸发并飞溅渗透到皮肤表层内部所造成的。受伤部位粗糙、张紧，并呈特殊颜色（多为青黑色或褐红色）。需要解释的是，皮肤金属化多在弧光放电时发生，而且一般都伤在人体的裸露部位，与电弧烧伤相比，皮肤金属化并不

是主要伤害。

④ 电光眼。其表现为角膜和结膜发炎。弧光放电时辐射的红外线、可见光、紫外线都会损伤眼睛。在短暂照射的情况下，引起电光眼的主要原因是紫外线。

⑤ 机械损伤。多数是由于电流作用于人体，使肌肉产生非自主的剧烈收缩所造成的，其损伤包括肌腱、皮肤、血管、神经组织断裂以及关节脱位乃至骨折等。

2. 触电伤害程度的影响因素

电流对人体的伤害程度，也就是影响触电后果的因素主要包括：通过人体电流的大小、电流通过人体的持续时间与具体途径、电流的种类与频率高低、人体的健康状况等。其中，以通过人体电流的大小和触电时间的长短最为主要。

（1）电流大小的影响　电流的大小直接影响人体触电的伤害程度，不同的电流会引起人体不同的反应，通过人体电流越大，人体的生理反应越明显，感觉越强烈，引起心室颤动所需的时间越短，致命的危险性就越大。对于常用的工频交流电，按照通过人体的电流大小，将会呈现出不同的人体生理反应。根据人体对电流的反应，习惯上将触电电流分为感知电流、反应电流、摆脱电流和心室纤颤电流。

（2）电流持续时间的影响　人体触电时间越长，电流对人体产生的热伤害、化学伤害及生理伤害越严重。

（3）电流流经途径的影响　电流流过人体的途径也是影响人体触电严重程度的重要因素之一。电流通过大脑是最危险的，会立即引起死亡，但这种触电事故极为罕见。绝大多数场合是由于电流刺激人体心脏引起心室纤维性颤动致死。因此大多数情况下，触电的危险程度取决于通过心脏的电流大小。由试验得知，电流在通过人体的各种途径中，流经心脏的电流占人体总电流的百分比如表 9-2 所示。

表 9-2　不同途径流经心脏电流的比例

电流通过人体的途径	通过心脏的电流占通过人体总电流的比例	电流通过人体的途径	通过心脏的电流占通过人体总电流的比例
从一只手到另一只手	3.8%	从右手到脚	6.7%
从左手到脚	3.7%	从一只脚到另一只脚	0.4%

可见，当电流从手到脚及从一只手到另一只手时，触电的伤害最为严重。电流纵向通过人体比横向通过人体时更易发生心室颤动，故危险性更大；电流通过脊髓时，很可能使人截瘫；若通过中枢神经，会引起中枢神经系统强烈失调，造成窒息而导致死亡。

（4）电流频率的影响　经研究表明，人体触电的危害程度与触电电流频率有关。一般来说，频率在 30～300Hz 的电流对人体触电的伤害程度最为严重。低于或高于此频率段的电流对人体触电的伤害程度明显减轻。如在高频情况下，人体能够承受更大的电流作用，但并不是说就没有危险性。

（5）人体电阻的影响　在一定电压作用下，流过人体的电流与人体电阻成反比。因此，人体电阻是影响人体触电后果的另一因素。人体电阻由表面电阻和体积电阻构成。表面电阻即人体皮肤电阻，对人体电阻起主要作用。有关研究结果表明，人体电阻一般在 1000～3000Ω。

人体皮肤电阻与皮肤状态有关，随条件不同在很大范围内变化。如皮肤在干燥、洁净、无破损的情况下，可高达几十千欧，而潮湿的皮肤，其电阻可能在 1000Ω 以下。同时，人体电阻还与皮肤的粗糙程度有关。

（四）电气事故预防

（1）采用安全电压　安全电压值取决于人体允许电流和人体电阻的大小。中国规定工频安全电压的上限值，即在任何情况下，两导体之间或导体与地面之间均不得超过工频有效值为50V。这一限制是根据人体允许电流 30mA 和人体电阻 1700Ω 的条件确定的。

国家标准规定，安全电压额定值的等级为 42V、36V、24V、12V、6V。当电气设备采用了超过 24V 电压时，必须采取防止人直接接触带电体的保护措施。

凡手提照明灯、危险环境和特别危险环境的局部照明灯、高度不足 2.5m 的一般照明灯、危险环境和特别危险环境中使用的携带式电动工具，如果没有特殊安全结构或安全措施，应采用 36V 安全电压；凡工作地点狭窄，行动不便，以及周围有大面积接地导体的环境（如金属容器内、隧道或矿井内等），所使用的手提照明灯应采用 12V 安全电压。

（2）保证绝缘性能　绝缘是指利用绝缘材料对带电体进行封闭相隔离，使之不能对人身安全产生威胁。一般使用的绝缘物有瓷、云母、橡胶、胶木、塑料、布、纸、矿物油等。用绝缘电阻衡量电气设备的绝缘性能，是一个最基本的指标。足够的绝缘电阻能把电气设备的泄漏电流限制在很小的范围内，可以防止漏电引起的事故。不同电压等级的电气设备，有不同的绝缘电阻要求，并要定期进行测定。此外，电工作业人员还应正确使用绝缘用具，穿着绝缘靴、鞋。绝缘台、绝缘夹钳和绝缘杆的示意图如图 9-6 所示。

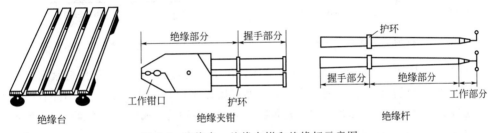

图 9-6　绝缘台、绝缘夹钳和绝缘杆示意图

（3）采用屏护　屏护是一种对电击危险因素进行隔离的手段，即采用遮拦、护罩、护盖、箱匣等把危险的带电体同外界隔离开来，以防止人体触及或接近带电体所引起的触电事故。屏护还起到防止电弧伤人、防止弧光短路或便于检修工作的作用。

屏护可分为屏蔽和障碍（或称阻挡物），两者的区别在于：后者只能防止人体无意识触及或接近带电体，而不能防止有意识移开、绕过或翻越该障碍触及或接近带电体。从这点来说，前者属于完全的防护，而后者是一种不完全的防护。

屏护装置主要用于电气设备不便于绝缘或绝缘不足以保证安全的场合。如开关电气的可动部分一般不能包以绝缘，因此需要屏护。对于高压设备，由于全部绝缘往往有困难，因此，不论高压设备是否有绝缘，均要求加装屏护装置。

（4）保持安全距离　安全距离是指带电体与地面之间，带电体与其他设备和设施之间，带电体与带电体之间必要的距离。安全距离的作用是防止人体触及或接近带电体造成触电事故；避免车辆或其他器具碰撞或过分接近带电体造成事故；防止火灾及各种短路事故，以及方便操作。在设计选择间距时，既要考虑安全的要求，同时也要符合人-机工效学的要求。

不同电压等级、不同设备类型、不同安装方式、不同周围环境所要求的安全距离不同。

（5）合理选用电气装置　合理选用电气装置是减少触电危险和火灾爆炸危害的重要措施。选择电气设备时主要根据周围的环境，如在干燥少尘的环境中，可以采用开启式或封闭式电气设备；在潮湿和多尘的环境中，应采用封闭式电气设备；在有腐蚀性气体的环境中，必须采用封闭式电气设备；在有易燃易爆物的环境中，必须采用防爆式电气设备。

（6）装设漏电保护装置　漏电保护是利用漏电保护装置来防止电气事故的一种安全技术措

施。漏电保护装置又称为剩余电流保护装置（RCD）。漏电保护装置是一种低压安全保护电器，主要用于单相电击保护，也用于防止由漏电引起的火灾，还可用于检测和切断各种一相接地故障。漏电保护装置的功能是提供间接接触电击保护，而额定漏电动作电流不大于 30mA 的漏电保护装置，在其他保护措施失效时，也可作为直接接触电击的补充保护，但不能作为基本的保护措施。

实践证明，漏电保护装置和其他电气安全技术措施配合使用，在预防电气事故方面有显著的作用。

（7）保护接地与接零　接地装置是接地体（极）和接地线的总称。运行中电气设备的接地装置应当始终保持在良好状态。保护接地与接零示意图如图 9-7、图 9-8 所示。

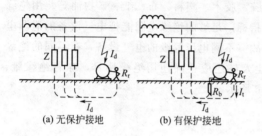

图 9-7　保护接地原理示意图　　　　　　图 9-8　保护接零原理示意图

① 自然接地体和人工接地体。自然接地体是用于其他目的，且与土壤保持紧密接触的金属导体。例如，埋设在地下的金属管道（有可燃或爆炸介质的管道除外）、金属井管，与大地有可靠连接的建筑物的金属结构、水工构筑物及类似构筑物的金属管、桩等自然导体均可用作自然接地体。利用自然接地体不仅可以节省钢材和施工费用，还可以降低电阻和等化地面及设备间的电位，如果有条件，应当优先利用自然接地体。当自然接地体的接地电阻符合要求时，可不敷设人工接地体（发电厂和变电所除外）。在利用自然接地体的情况下，应考虑到自然接地体拆装或检修时，接地体被断开，断口处出现的电位差及接地电阻发生变化的可能性。自然接地体至少应有两根导体在不同地点与接地网相连（线路杆塔除外）。利用自来水管及电缆的铅、铅包皮作接地体时，必须取得主管部门同意，以便互相配合施工和检修。

② 接地线。交流电气设备应优先利用自然导体作接地线，在非爆炸危险环境，如自然接地线有足够的截面积，可不再另行敷设人工接地线。

如果车间电气设备较多，宜敷设接地干线。各电气设备外壳分别与接地干线连接，而接地干线经两条连接线与接地体连接。各电气设备的接地支线应单独与接地干线或接地体相连，不应串联连接，接地线的最小尺寸亦不得小于规定的数值。

二、静电的危害及其消除

（一）静电的起因

静电通常是指静止电荷，它是由物体间的相互摩擦或感应而产生的。静电现象是一种常见的带电现象。摩擦能够产生静电是人们早就知道的，在干燥的天气中用塑料梳子梳头，可以听到清晰的噼啪声；夜晚脱衣服时，还能够看见明亮的蓝色小火花；北方或西北地区的冬天或春天，有时会在客人握手寒暄之际，出现双方骤然缩手或几乎跳起的喜剧场面，这是由于客人在地毯或木质地板上走动，电荷积累又无法泄漏，握手时发生了轻微电击的缘故。为什么摩擦能够产生静电呢？有内因和外因两个方面，静电产生的内因主要有：

① 物质的逸出功不同。任何两种固体物质，当两者做相距小于 25×10^{-8} cm 的紧密接触时，在接触界面上会产生电子转移现象，这是由于各种物质逸出功不同的缘故。两物质相接触时，逸出功较小的一方失去电子带正电，而另一方就获得电子带负电。

② 物质的电阻率不同。电阻率高的物体，其导电性能差，带电层中的电子移动较困难，为静电荷积聚创造了条件。

③ 介电常数（电容率）不同。在具体配置条件下，物体的电容与电阻结合起来决定了静电的消散规律。如果液体的介电常数大于20，并以连续性存在及接地，一般说来，无论是运输还是储存都不可能积累静电。

产生静电的外因有多种，如物体的紧密接触和迅速分离（如摩擦、撞击、撕裂、挤压等）促使静电的产生；带电微粒附着与地绝缘的固体上，使之带上静电；感应起电；固定的金属与流动的液体之间会出现电解起电；固体材料在机械力的作用下产生压电效应；流体、粉末喷出时，与喷口剧烈摩擦而产生喷出带电等。需要指出的是，静电产生的方式不是单一的，而是几种方式共同作用的结果。如摩擦起电的过程中，就包括了接触起电、热电效应起电、压电效应起电等几种方式。

在工业生产中，静电现象也是很常见的。特别是石油化工部门，塑料、化纤等合成材料生产部门，橡胶制品生产部门，印刷和造纸部门，纺织部门以及其他制造、加工、运输高电阻材料部门，都会经常遇到有害的静电。

（1）固体静电　固体静电可直接用双电层和接触电位差的理论来解释。双电层上的接触电位差是极为有限的，而固体静电电位高达数万伏以上，其原因不在于静电电量大（工艺过程中局部范围内的静电电量一般只是微库级的），而在于电容的变化，电容器上的电压 U、电量 Q、电容 C 三者之间保持 $U = Q/C$ 的关系。对于平板电容器，其电容为：

$$C = \varepsilon S / d$$

式中　ε——极间电介质的介电常数；

　　　S——极板面积；

　　　d——极间距离。

由上述关系可以导出：$U = Qd / (\varepsilon S)$

这就是说，当 Q、ε、S 不变时，U 与 d 成正比。将两种相接近的两个带电面看成是电容器的极板，紧密接触时，其间距离只有 25×10^{-8} cm。若二者分开为 1cm，距离即增大为 400 万倍。因此，如接触电位差仅为 0.01V，则在不考虑分开时电荷逆流的情况下，二者之间的电压高达 40000V。应当指出，不仅平面接触产生的静电有这种情况，由其他方式产生的静电也有类似的情况。由此不难理解静电电压高的道理。

固体物质大面积地接触-分离或大面积地摩擦，以及固体物质的粉碎等过程中，都可能产生强烈的静电。橡胶、塑料、纤维等行业工艺过程中的静电高达数万伏，甚至数十万伏，如不采取有效措施，很容易引起火灾。

（2）人体静电　在从毛衣外面脱下合成纤维衣料的衣服时，或经头部脱下毛衣时，在衣服之间或衣服与人体之间，均可能发生放电。这说明人体及衣服在一定条件下是会产生静电的。在活动过程中，人的衣服、鞋以及所携带的用具与其他材料摩擦或接触-分离时，均可能产生静电。例如，人穿混纺衣料的衣服坐在人造革的椅子上，如人和椅子的对地绝缘都很高，则当人起立时，由于衣服与椅面之间的摩擦和接触-分离，人体静电高达 10000V 以上。

液体或粉体从人拿着的容器中倒出或流出时，带走一种极性的电荷，而人体上将留下另一种极性的电荷。人体是导体，在静电场中可能感应起电而成为带电体，也可能引起感应放电。

如果空间存在带电尘埃、带电水沫或其他带电粒子，并为人体所吸附，人体也能带电。人体静电与衣服料质、操作速度、地面相和鞋底电阻、相对湿度、人体对地电容等因素有关。因为人体活动范围较大，而人体静电又容易被人们忽视，所以往往是酿成静电灾害的重要原因之一。

（3）粉体静电　粉体只不过是处在特殊状态下的固体，其静电的产生符合双电层的基本原理。粉体物料在研磨、搅拌、筛分或高速运动时，粉体颗粒与颗粒之间及粉体颗粒与管道壁、容器壁或其他器具之间的碰撞、摩擦，以及破断都会产生有害的静电。塑料粉、药粉、面粉、麻粉、煤粉和金属粉等各种粉体可能产生静电，粉体静电电压可高达数万伏。

与整块固体相比，粉体具有分散性和悬浮状态的特点，由于分散性，使得粉体表面积比同样材料、同样质量的整块固体的表面积要大很多倍。例如，把直径 100mm 的球状材料分散成等效直径为 0.1mm 的粉体时，表面积增加 1000 倍以上。表面积的增加使得静电更容易产生。表面积增加亦即材料与空气的接触面积的增加，使得材料的稳定度降低。因此，铝粉、镁粉等金属粉体也能产生和积累静电。

（4）液体静电　液体在流动、过滤、搅拌、喷雾、喷射、飞溅、冲刷、灌注和剧烈晃动等过程中，可能产生十分危险的静电。

由于电渗透、电解、电泳等物理过程，液体与固体的接触面上也会出现双电层。如图 9-9 所示，紧贴分界面的电荷层只有一个复杂直径的厚度，是不随液体流动的固定电荷层。

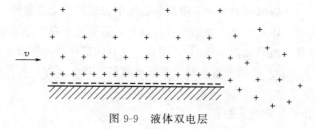

图 9-9　液体双电层

与其相邻的异性电荷层为数十至数百倍分子直径的随液体流动的滑移电荷层，如果液体在管道内呈紊流状态，则滑移的电荷被搅动，不局限在某一范围，而近似地沿管道断面均匀分布。显然，一种极性的电荷随液体流动，形成所谓流动电流。由于流动电流的出现，管道的终端容器里将积累静电电荷。

（5）蒸气和气体静电　蒸气或气体在管道内高速流动或由阀门缝隙高速喷出时，会产生危险的静电。蒸汽产生静电类似流体产生静电。即其静电也是由于接触、分离和分裂等原因产生的。完全纯净的气体是不会产生静电的，但由于气体内往往含有灰尘、铁末、干冰、液滴、蒸汽等固体颗粒或液体颗粒，这些颗粒的碰撞、移擦、分裂等过程可产生静电。喷漆是含有大量杂质的气体高速喷出，会产生比较强的静电。蒸气和气体静电比固体和液体的静电要弱一些，但也能高达万伏以上。

（二）静电的危害

在化工生产工艺过程中，静电的危害主要有三个方面，可能引起爆炸和火灾，也可能给人以电击，还可能妨碍生产。其中，爆炸和火灾是最大的危害和危险。

（1）爆炸和火灾　静电能量虽然不大，但因其电压很高而容易放电，如果所在场所有易燃物质，又有由易燃物质形成的爆炸性混合物（包括爆炸性气体和蒸汽），以及爆炸性粉尘等，即可能由静电火花引起爆炸或火灾。

静电放电可引起可燃液体蒸气、可燃气体以及可燃性粉尘的着火、爆炸。由静电火花引起的爆炸和火灾事故是静电最为严重的危害。从已发生的事故实例中发现，由静电引起的火灾、爆炸事故常见于一些轻质油料及化学溶剂，如汽油、煤油、酒精、苯等容易挥发，与空气形成爆炸性混合物。在这些液体的载运、搅拌、过滤、注入、喷出和流出等工艺过程中，容易由静电火花引起爆炸和火灾。与轻质油料相比，重油和渣油的危险性较小，但其静电的危险依然存在，而且也有爆炸和火灾的事例。

金属粉末、药品粉末、合成树脂和天然树脂粉末、燃料粉末和农作物粉末等都能与空气形成爆炸性混合物。在这些粉末的磨制、干燥、筛分、收集、输送、倒装及其他有摩擦、撞击、喷射、振动的工艺过程中，都比较容易由静电火花引起爆炸和火灾。

塑料、橡胶、造纸等行业经常用一些化学溶剂，也能形成爆炸性混合物。在其原料搅拌、制品挤压和分离、摩擦等工艺过程中，容易由静电火花引起火灾，甚至引起爆炸。

氢气、乙炔等气体易形成爆炸性混合物，易燃液体的蒸汽或气体高速喷射时容易由静电引起爆炸。水蒸气高速喷射时也能引起乙炔爆炸、危险环境里的爆炸性混合物爆炸。

在化工操作过程中，操作人员在活动时，穿的衣服、鞋以及携带的工具与其他物体摩擦时，就可能产生静电。当携带静电荷的人走近金属管道和其他金属物体时，人的手指或脚趾会释放出电火花，往往酿成静电灾害。

（2）静电电击　橡胶和塑料制品等高分子材料与金属摩擦时，产生的静电荷往往不易泄漏。当人体接近这些带电体时，就会受到意外的电击。这种电击是由从带电体向人体发生放电，电流流向人体而产生的。同样，当人体带有较多静电荷时，电流流向接地体，也会发生电击现象。

静电电击不是电流持续通过人体的电击，而是静电放电造成的瞬间冲击性的电击。冲击电流引起心室颤动使人致命的最小电流为 0.054A。

生产和工艺过程中产生的静电所引起的电击不致直接致命，但是，不能排除由静电电击导致严重后果的可能性。例如，人体可能因静电电击而坠落或摔倒，造成二次事故；静电电击还可能引起工作人员紧张而妨碍工作等，屡次遭受电击后产生恐惧心理，从而降低工作效率。

人体受到静电电击时的反应见表 9-3。

表 9-3　静电电击时人体的反应

静电电压/kV	人体反应	备注
1.0	无任何感觉	
2.0	手指外侧有感觉但不痛	发生微弱的放电响声
2.5	放电部分有针刺感,有些微颤样的感觉,但不痛	
3.0	有像针刺样的痛感	可看到放电时的发光
4.0	手指有微痛感,好像用针深深地刺一下的痛感	
5.0	手掌至前腕有电击痛感	由指尖延伸放电的发光
5.0	感到手指强烈疼痛,受电击后手腕有沉重感	
7.0	手指、手掌感到强烈疼痛,有麻木感	
8.0	手掌至前腕有麻木感	
9.0	手腕感到强烈疼痛,手麻木而沉重	
10.0	全手感到疼痛和电流流过感	
11.0	全手感到剧烈麻木,全手有强烈的触电感	
12.0	有较强的触电感,全手有被狠打的感觉	

（3）影响和妨碍生产　静电对化工生产的影响主要表现在粉体加工，塑料、橡胶和感光胶片加工工艺过程中。在某些生产过程中，如不消除静电，将会妨碍生产或降低产品质量。

在纺织行业及有纤维加工的行业，特别是随着涤纶、腈纶、锦纶等合成纤维材料的应用，静电问题变得十分突出。例如，在抽丝过程中，会使丝飘动、纠结等而妨碍工作。在纺纱、织布过程中，由于橡胶辊轴与丝、纱摩擦及其他原因产生静电，可能导致乱纱、挂条、缠花、断头等而妨碍工作。在纺织印染过程中，由于静电电场力的作用，可能吸附灰尘等而降低产品质量，甚至影响缠卷，使卷绕不紧。

在粉体加工行业，生产过程中产生的静电除带来火灾和爆炸危险外，还会降低生产效率，影响产品质量。例如，粉体筛分时，由于静电电场力的作用吸附细微的粉末，使筛目变小而降低生产效率；在气流输送时，管道的某些部位由于静电作用，积存一些被输送物料，减小了管道的流通面积，使输送效率降低；在球磨时，因为钢球带电而吸附一层粉末，这不但会降低球磨的粉碎效果，而且这一层粉末脱落下来混进产品中，会影响产品细度，降低产品质量。在计量时，由于计量器具吸附粉体，还会造成误差，影响投料或包装重量的准确性；粉体装袋时，由于静电斥力的作用，使得粉体四散飞扬，既损失粉体，又污染了环境等。

在塑料和橡胶行业，由于制品与辊轴的摩擦或制品的挤压和拉伸，会产生较多静电。除火灾和爆炸危险外，由于静电不能迅速消散会吸附大量灰尘，而为了清扫灰尘要花费很多时间，浪费工时，塑料薄膜还会因静电作用而缠绕不紧。在印花或绘画的情况下，静电力使油墨移动会大大降低产品质量。

在印刷行业，纸张上的静电可能导致纸张不能分开，粘在传动带上，使套印不准，折收不齐；油墨受力移动会降低印刷质量等。

随着科学技术的现代化，化工生产普遍采用了电子计算机，静电的存在可能会影响电子计算机的正常运行，致使系统发生误动作而影响生产。

但静电也有其可以被利用的一面。静电技术作为一项先进的技术，在工业生产中已经得到越来越广泛的应用。如静电除尘、静电喷漆、静电植绒、静电选矿、静电复印等都是利用静电的特点来进行工作的。它们是利用外加能源来生产高压静电场，与生产工艺过程产生的有害静电不尽相同。

（三）静电的特性

（1）化工生产过程中产生的静电电量都很小，但电压却很高，其放电火花的能量大大超过某些物质的最小点火点，所以易引起着火爆炸，因此是很危险的。

（2）在绝缘体上静电泄漏很慢，这样就使带电体保留危险状态的时间也长，危险程度相应增加。

（3）绝缘的静电导体所带的电荷平时无法导走，一有放电机会，全部自由电荷将一次经放电点放掉，因此带有相同数量静电荷和表观电压的绝缘的导体要比非导体危险性大。

（4）远端放电（静电于远处放电）。若厂房中一条管道或部件产生了静电，其周围与地绝缘的金属设备就会在感应下将静电扩散到远处，并可在预想不到的地方放电，或使人体受到电击。它的放电发生在与地绝缘的导体上，自由电荷可一次全部放掉，因此危害性很大。

（5）尖端放电。静电电荷密度随着表面曲率增大而升高，因此在导体尖端部分电荷密度最大，电场最强，能够产生尖端放电。尖端放电可导致火灾、爆炸事故的发生，还可使得产品质量受损。

（6）静电屏蔽。静电场可以用导体的金属元件加以屏蔽。如可以用接地的金属网、容器将带静电的物体屏蔽起来，不使外界遭受静电危害。相反，使被屏蔽的物体不受外电场感应起电，也是"静电屏蔽"。静电屏蔽在安全生产上被广为利用。

（四）静电预防及消除

静电最为严重的危险是引起爆炸和火灾，因此，静电安全防护主要是对爆炸和火灾的防护。当然，一些防护措施对于防护静电电击和消除影响生产的危害也同样是有效的。

静电引起燃烧爆炸的基本条件有四个：一是有产生静电的来源；二是静电得以积累，并达到足以引起火花放电的静电电压；三是静电放电的火花能量达到爆炸性混合物的最小点燃能量；四是静电火花周围有可燃性气体、蒸汽和空气形成的可燃性气体混合物。因此只要采取适当的技术措施，消除以上四个条件中的任何一个，就能防止静电引起的火灾爆炸。

1. 环境危险程度的控制

静电引起爆炸和火灾的条件之一是有爆炸性混合物存在。为了防止静电的危害，可采取以下控制所在环境爆炸和火灾危险性的措施。

（1）取代易燃介质　在很多可能产生和积累静电的工艺过程中，要用到有机溶剂和易燃液体，并由此带来爆炸和火灾的危险。在不影响工艺过程的正常运转和产品质量且经济上合理的情况下，用不可燃介质代替易燃介质是防止静电引起的爆炸和火灾的重要措施之一。

（2）降低爆炸性混合物的浓度　在爆炸和火灾危险环境，采用通风装置或抽气装置及时排出爆炸性混合物，使混合物的浓度不超过爆炸下限，可防止静电引起爆炸的危险。

（3）减少氧化剂含量　这种方法实质上是充填氮、二氧化碳或其他不活泼的气体，蒸气或粉尘爆炸性混合物中氧的含量不超过 8％时即不会引起燃烧。

比较常见的是充填氮或二氧化碳降低混合物的含氧量。但是，对于镁、铝、锆、钍等粉尘爆炸性混合物，充填氮或二氧化碳是无效的。这时，可充填氩、氦等惰性气体以防止发生爆炸和火灾。

2. 工艺控制

工艺控制是从工艺上采取适当的措施，限制和避免静电的产生和积累。工艺控制方法很多，应用很广，是消除静电危害的重要方法之一。

（1）材料的选用　在存在摩擦而且容易产生静电的场合，生产设备宜于配备与生产物料相同的材料。在某些情况下，还可以考虑采用位于静电序列中段的金属材料制成生产设备，以减轻静电的危害。选用导电性较好的材料可限制静电的产生和积累。例如，为了减少皮带上的静电，除皮带轮采用导电材料制作外，皮带也宜采用导电性较好的材料制作，或者在皮带上涂以导电性涂料。

（2）限制摩擦速度或流速　降低摩擦速度或流速等工艺参数可限制静电的产生。例如，为了限制产生危险的静电，烃类燃油在管道内流动时，流速与管径应满足以下关系：

$$v^2 D \leqslant 0.64$$

式中　v——流速，m/s；

D——油管直径，m。

允许流速与液体电阻率有着十分密切的关系。当电阻率不超过 $1 \times 10^5 \Omega \cdot m$ 时，允许流速不超过 10m/s；当电阻率在 $1 \times 10^5 \sim 1 \times 10^9 \Omega \cdot m$ 之间时，允许流速不超过 5m/s；当电阻率超过 $1 \times 10^9 \Omega \cdot m$ 时，允许流速取决于液体性质、管道直径、管道内壁光滑程度等条件，不可一概而论，但 1.2m/s 的流速一般总是允许的。

（3）增强静电消散过程　在产生静电的工艺过程中，总是包含着静电产生和静电消散两个区域。两个区域中电荷交换的规律是不一样的。在静电产生的区域主要是分离成电量相等而电性相反的电荷，即产生静电；在静电消散的区域，带静电物体上的电荷经泄漏或松弛而消散。基于这一规律，设法增强静电的消散过程，可消除静电的危害。

随着流速的降低，静电消散过程变得比较突出，在输送工艺过程中，在管道的末端加装一个直径较大的松弛容器，可大大降低液体在管道内流动时积累的静电。为了防止静电放电，在液体灌装、循环或搅拌过程中不得进行取样、检测或测温操作。进行上述操作前，应使液体静置一定的时间，使静电得到足够的消散或松弛。此外，为了消除感应静电的危险，料斗或其他容器内不得有不接地的孤立导体。

（4）消除附加静电　在工艺过程中，产生静电的区域（如输送管道）总是不可缺少的环节，要想做到不产生静电是很困难的，甚至是不可能的。但是，对于工艺过程中产生的附加静电，往往是可以设法防止的。在储存容器内，注入液流的喷射和分裂，液体或粉体的混合和搅动，气泡通过液体，以及粉体飞扬等均可能产生附加静电。

为了避免液体在容器内喷射或溅射，应将注油管延伸至容器底部，而且，其方向应有利于减轻容器底部积水或沉淀物搅动。

3. 接地和屏蔽

（1）导体接地　接地是消除静电危害最常见的方法，它主要是消除导体上的静电。金属导体应直接接地。

为了防止火花放电，应将可能发生火花放电的间隙跨接连通起来，并予以接地，使其各部位与大地等电位。不仅产生静电的金属部分应当接地，而且为了防止感应静电产生的危险，其他不相连接但邻近的金属部分也应接地。

（2）导电性地面　采用导电性地面，实质上也是一种接地措施。采用导电性地面不但能泄漏设备上的静电，而且有利于泄漏聚集在人体上的静电。导电性地面是用电阻率为 $1\times10^8\,\Omega\cdot$m 以下的材料制成的地面，如混凝土、导电橡胶、导电合成树脂、导电木板、导电水磨石和导电瓷砖等地面。在绝缘板上喷刷导电性涂料，也能起到与导电性地面同样的作用。采用导电性地面或导电性涂料喷刷地面时，地面与大地之间的电阻不应超过 $1M\Omega$，地面与接地导体的接触面积不宜小于 $10cm^2$。

（3）绝缘体接地　接地现象如图 9-10 所示，对于产生和积累静电的高绝缘材料，即对于电阻率为 $1\times10^9\,\Omega\cdot$m 以上的固体材料和电阻率为 $1\times10^{10}\,\Omega\cdot$m 以上的液体材料，即使与接地导体接触，其上静电变化也不大。这说明一般接地对于消除高绝缘体上的静电效果是不大的。而且，对于产生和积累静电的高绝缘材料，如经导体直接接地，则相当于把大地电位引向带电的绝缘体，有可能反而增加火花放电的危险性。电阻率为 $1\times10^7\,\Omega\cdot$m 以下的固体材料和电阻率为 $1\times10^8\,\Omega\cdot$m 以下的液体材料不容易积累静电。因此，为了使绝缘体上的静电较快地泄漏，绝缘体宜通过 $1\times10^6\,\Omega$ 或稍大一些的电阻接地。

接地带

图 9-10　接地符号及现象

（4）屏蔽　它是用接地导体（即屏蔽导体）靠近带静电体放置，以增大带静电体对地电容，降低带电体静电电位，从而减轻静电放电的危险。应当注意到，屏蔽不能消除静电电荷。此外，屏蔽还能减小可能的放电面积，限制放电能量，防止静电感应。

4. 增湿

前面说过，随着湿度的增加，绝缘体表面上形成薄薄的水膜。该水膜的厚度只有 1×10^{-5} cm，其中含有杂质和溶解物质，有较好的导电性，因此，它能使绝缘体的表面电阻大大降低，能加速静电的泄漏。应当指出，增湿主要是增强静电沿绝缘体表面的泄漏，而不是增加通过空气的泄漏。

M9-1 静电消除器动画

允许增湿与否以及允许增加湿度的范围需根据生产要求确定。从消除静电危害的角度考虑，保持相对湿度在 70% 以上较为适宜。当相对湿度低于 30% 时，产生的静电是比较强烈的。为防止大量带电，相对湿度应在 50% 以上；为了提高降低静电的效果，相对湿度应提高到 65%~70%；对于吸湿性很强的聚合材料，为了保证降低静电的效果，相对湿度应提高到 80%~90%。应当注意，空气的相对湿度在很大程度上受温度的影响。增湿的方法不宜用于消除高温环境里的绝缘体上的静电。

5. 抗静电添加剂

抗静电添加剂是化学药剂，具有良好的导电性或较强的吸湿性。因此，在容易产生静电的高绝缘材料中，加入抗静电添加剂之后，能降低材料的体积电阻率或表面电阻率，加速静电的泄漏，消除静电的危险。对于固体，若能将其体积电阻率降低至 1×10^{7} Ω·m 以下，或将其表面电阻率降低至 1×10^{8} Ω·m 以下，即可消除静电的危险。对于液体，若能将其体积电阻率降低至 1×10^{8} Ω·m 以下，即可消除静电的危险。使用抗静电添加剂是从根本上消除静电危险的办法，但应注意防止某些抗静电添加剂的毒性和腐蚀性造成的危害。这应从工艺状况、生产成本和产品使用条件等方面考虑使用抗静电添加剂的合理性。

6. 静电中和器

静电中和器又叫静电消除器，静电中和器是能产生电子和离子的装置。由于产生了电子和离子，物料上的静电电荷得到相反极性电荷的中和，从而消除静电的危险。与抗静电添加剂相比，静电中和器具有不影响产品质量、使用方便等优点。静电中和器应用很广，种类很多。按照工作原理和结构的不同，大体上可以分为感应式中和器、高压式中和器、放射线式中和器和离子风式中和器。

（1）感应式中和器 它的工作原理如图 9-11 所示，生产物料上的静电在放电针上感应出极性相反的电荷，并在针尖附近形成很强的电场。当局部电场强度超过 30kV/cm 时，空气被电离，形成电晕放电，产生正离子和负离子。在电场的作用下，正、负离子分别向生产物料和放电针移动，静电电荷得到中和。液体管道用静电中和器的结构如图 9-12 所示，其全长 1m 左右，向内装放电针 5 环，每环 3 支。

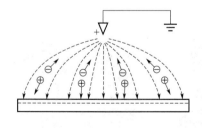

图 9-11 感应式中和器工作原理

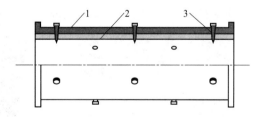

图 9-12 液体管道静电中和器的结构
1—管道；2—绝缘套管；3—放电针

感应式静电中和器的优点是不需要外加电源，结构简单，容易制作，安装和维修也比较方便，引燃危险性很小。缺点是不能消除临界电压（一般为 2.2～5.8kV）以下的静电，即消电不够彻底，而且作用范围小，范围半径一般只有10～20mm。感应式中和器可用于橡胶、塑料、造纸、纺织、石油化工等行业。感应式静电中和器应装在静电电压较高的位置。

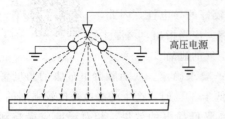

图 9-13　高压式中和器工作原理

（2）高压式中和器　高压式中和器带有高压电源，即主要由高压电源和多支放电针的电晕放电器组成。高压式中和器是利用高电压在放电针尖端附近造成强电场使空气电离来进行工作的，如图 9-13 所示。

高压式中和器种类很多，按电流种类可分为交流高压式中和器和直流高压式中和器。

（3）放射线中和器　它是利用放射线同位素使空气电离，产生正离子和负离子，中和生产物料上的静电。放射线中和器由放射源、屏蔽框和保护网组成。放射源采用厚 0.3～0.5mm 的片状元件，用紧固件固定在屏蔽框底部。屏蔽框应有足够的厚度，以防止射线穿泄危害。中和器前面装有保护网，以防止工作人员意外地直接接触到放射源。

放射线中和器可用于化工、橡胶、纺织、造纸、印刷等行业。

静电消除器的选择，应根据工艺条件和现场环境等具体情况而定，操作人员要做好消除器的维护保养工作，保持消除器的有效工作，不能借口生产操作不便而自行拆除或挪动其位置。

7. 人体防静电措施

人体带电除了使人遭到电击和对安全生产构成威胁外，还能在生产中造成质量事故。因此，消除人体所带的静电非常必要。

（1）人体接地　在人体必须接地的场所，工作人员应随时用手接触接地棒，以清除人体所带的静电。在易燃防静电场所的入口处、外侧应有裸露的硬铝或铜等导电金属接地物，如采用接地的金属门、扶手、支架等。操作人员从通道经过后，可以导除人体静电。

在有静电危害的场所，工作人员应穿戴防静电的工作服、鞋和手套，不得穿用化纤衣物，如图 9-14 所示。当气体爆炸危险场所的等级属 0 区和 1 区，且可燃物的最小点燃能量在0.25mJ 以下时，工作人员需穿防静电鞋、防静电服。当环境相对湿度保持在 50％以上时，可穿棉工作服。

在气体爆炸危险场所的等级属 0 区和 1 区工作时，应佩戴防静电手套。防静电衣物所用材料的表面电阻率小于 $5×10^{10}\,\Omega$，防静电工作服技术要求见 GB 12014。可以采用安全有效的局部静电防护措施（如腕带），以防止静电危害的发生。

图 9-14　一些常见防静电的工作服、鞋

（2）工作地面导电化　特殊危险场所的工作地面，应有导电性或具备导电条件。不但能导走设备上的静电，而且又有利于导除积累在人体上的静电，这一要求可通过洒水或铺设导电垫板来实现。工作地面泄漏电阻的阻值一般应在 $3\times10^4\Omega\leqslant R\leqslant10^5\Omega$。静电危险场所的工作人员，外露穿着物（包括鞋、衣物）应具防静电或导电功能，各部分穿着物应存在电气连续性，地面应配用导电地面。

（3）安全操作　工作中，应尽量不进行可使人体带电的活动，如接近或接触带电体；操作应有条不紊，避免急骤性动作。在有静电的场所，不得携带与工作无关的金属物品，如钥匙、硬币、手表等；合理使用规定的劳动保护用品和工具，不准使用化纤材料制作的拖布或抹布擦洗物体或地面，按照标准操作规程进行操作。禁止在静电危险场所穿脱衣物、帽子及类似物，并避免剧烈的身体运动。

M9-2　防静电常识

三、雷电危害及其防范

（一）雷电的产生

雷电是自然界中一种常见的静电放电现象，其本质与生产过程中所产生的静电放电现象相同，但雷电放电过程中所积累和释放的电能量十分巨大，这与前面所介绍的静电不同。雷电是如何形成的目前还没有公认的解释，其中有一种冰晶与冰块带电说。

该学说认为，在雷雨季节，水分受热蒸发上升，水蒸气在上升过程中遇冷，空气变成饱和蒸汽，水蒸气凝结成水滴，上升到更高空中时，受冷被结成冰晶粒，冰晶粒表面再凝结更多的水蒸气，重量增加，开始逐渐下降，在降落途中粘住相遇的小水滴和蒸汽，部分形成冰粒。在冰粒周围形成一层水膜，在冰粒与水膜之间的界面上产生电位差，冰粒带负电荷，水膜带正电荷。由于冰粒黏附的水滴越来越多，水膜不断加厚，下降的速度越来越快，最后水膜层被上升的气流吹散，成为小水滴，水滴带正电荷。小水滴被上升的热气流带到云层的顶部，再遇冷又形成小冰晶。如此反复，就在雷云的顶部形成带正电荷的冰晶区，而大粒的冰粒下降到雷云的底部，融化形成带负电荷的液水区。多数雷云的底部带负电荷，顶部带正电荷，即雷云电荷结构是上正、下负的偶极型。随着雷云上下部分电荷的积聚，雷云的电位逐渐升高，产生的电场强度也逐渐增强。

当雷雨云飘移到某处时，雷雨中下层是强大的负电荷中心，在云底下面与云底相对的地面上感应出正电荷，形成正电荷中心，在负电荷中心与正电荷中心之间形成强大的电场。当电荷越聚越多，电场强度越来越大时，云雾大气会被击穿，气体分子被电离产生大量离子，该部分导电的气体有发光现象，所以此导电的气体称为流柱。在电场的作用下，从雷云逐级向下弯曲的流柱称为梯级先导或阶跃先导。阶跃先导向下至距离地面一定高度时，地面上突出部分与阶跃先导下端之间的距离最近，二者之间的空气被击穿，地面上正电荷开始向上回击，以更高的速度从地面驰向云底，此为迎面先导。阶跃先导与迎面先导汇合时，就形成了从云层到地面的强烈电离通道，云中大量的电荷沿着此通道飞驰向地面，由于电流巨大，温度极高，使得气体发光，形成光亮耀眼的光柱，这就是雷电闪击放电过程。

（二）雷电的种类及危害

1. 雷电的种类

（1）片状雷　在云间线状闪电放电时被云体遮住，或者是云内闪电被云滴遮住时，看到的漫射光，好像是云面上有一片闪光。经常在云的强度已经减弱，降水趋于停止时出现片状雷。

片状雷一般不会对地面上的建筑物和构筑物等高大物体造成伤害。

（2）线状雷　有时雷云较低，周围没有带异性电荷的云层，而在地面上突出的树木、建筑物、化工装置上感应出异性电荷，由于同性电荷相斥作用，尖端或顶部积累较多的电荷，雷云就会通过这些物体与大地之间直接放电，这种直接击在建筑物或其他物体的雷击称为直击雷。

由于放电通道直径较小，看似呈线状，所以又称为线状雷。线状雷多发生在强对流天气，云层中积聚的电能很大，放电释放的电能量大，雷电流也极大。

（3）球状雷电　球状雷电简称球形雷、球状雷。关于球状雷电的图像资料较少，通常表现为直径 100～300mm 的炽热等离子体，温度极高，呈彩色火焰状球体，一般呈红色或橙色，有时呈黄色、绿色、蓝色或紫色，存在寿命一般在 3～5s，有时也可达几分钟。球状雷自天空降落后，有时在距地面 1m 左右的高度，沿水平方向以 1～2m/s 的速度上下跳跃；有时在距地面 0.5～1m 的高处滚动，或突然升起 2～3m，因此常常被民间称为地滚雷。常常沿着建筑物的孔洞、未关闭的门窗、烟囱等进入室内，可用网孔小于 4cm 且接地的镀锌金属网予以防范。

（4）联珠状闪电　联珠状闪电似投向地面的发光点的连线，又像闪光的珍珠项链，一般紧随线状雷而至，其持续时间比直接雷长得多，熄灭时间也缓慢。

（5）蛛状闪电　蛛状闪电较少出现，一般发生在雷云消散阶段的云下面，闪电发展速度较慢，放电通道呈多级分枝状，其状类似于蜘蛛的爬行而得名。

2. 雷电的危害

雷电的危害主要由直击雷、闪电感应和闪电电涌浸入等雷电的三大作用引发。

（1）直击雷　直击雷作用于地面物体上时，在巨大电压的作用下，强大的电流流过被击中的物体，由此导致多种灾害。

（2）闪电感应　闪电感应是指闪电放电时，在附件导体上产生的闪电静电感应和闪电电磁感应，它可能使金属部件之间产生火花放电。闪电感应的发生概率远远高于直击雷的发生概率，所以其危害更容易发生。

（3）闪电电涌浸入　闪电电涌是指闪电电击于防雷装置或输电线路或管道上以及由闪电静电感应或雷击电磁脉冲引发，表现为过电压、过电流的瞬态波。闪电电涌浸入又称为雷电波浸入，是指由于雷电对架空线路、电缆线路或金属管道的作用，雷电波可能沿着这些管线浸入屋内或室外设备，危及人身安全或损坏设备。

（三）雷电的防范措施

1. 直击雷防护技术

直击雷防护的主要措施是装设接闪杆、架空接闪线或网。接闪杆分独立接闪杆和附设接闪杆。独立接闪杆是离开建筑物单独装设的，接地装置应当单设。

2. 闪电感应防护技术

闪电感应的防护主要有静电感应防护和电磁感应防护两方面。

3. 闪电电涌浸入防护技术

在低压系统，闪电电涌事故占总雷害事故的 70% 以上。室外电压配电线路宜全线采用电缆直接埋地敷设，在入户处将电缆的金属外皮、钢管接到等电位连接带或防闪电感应的接地装置上，在入户处的总配电箱内是否装设电涌保护器应根据具体情况按雷击电磁脉冲防护的有关规定确定。

当难以全线采用电缆时，不得将架空线路直接引入室内，允许从架空线上换接一段有金属铠装（埋地部分的金属铠装直接与周围土壤接触）的电缆或护套电缆穿钢管直接埋地引入。这时，电缆首端必须装设户外型电涌保护器并与绝缘的铁架、金具、电缆金属外皮等共同接地，入户端的电缆外皮、钢管必须接到防闪电感应接地装置上。

4. 建筑物防雷技术

在我国现行的《建筑物防雷设计规范》中，根据建筑物的重要性、使用性质、发生雷电事故的可能性和后果，按照防雷要求分为三类。建筑物或设备设施发生雷电事故的可能性与所在地的年平均雷暴日、雷击大地的平均密度、年预计雷击次数和建筑物接收相同雷击次数的等效面积等参数有关。

M9-3 如何防雷电

 相关技术应用

安全技术应用

一、试电笔的正确使用

1. 低压试电笔

（1）低压试电笔的原理　低压试电笔是广大电工经常使用的工具之一，用来判别物体是否带电，被喻为电工的"眼睛"。它的内部构造是一只有两个电极的灯泡，泡内充有氖气，俗称氖泡，它的一极接到笔尖，另一极串联一只高电阻后接到笔的另一端。当氖泡的两极间电压达到一定值时，两极间便产生辉光，辉光强弱与两极间电压成正比。当带电体对地电压大于氖泡起始的辉光电压，而将测电笔的笔尖端接触它时，另一端则通过人体接地，所以测电笔会发光。测电笔中电阻的作用是限制流过人体的电流，以免发生危险。

（2）低压试电笔使用注意事项

① 使用试电笔之前，首先要检查试电笔里有无安全电阻，再直观检查试电笔是否有损坏，有无受潮或进水，检查合格后才能使用。

② 使用试电笔时，不能用手触及试电笔前端的金属探头，这样做会造成人身触电事故。

③ 使用试电笔时，一定要用手触及试电笔尾端的金属部分，否则，因带电体、试电笔、人体与大地没有形成回路，试电笔中的氖泡不会发光，造成误判，认为带电体不带电，这是十分危险的。

④ 在测量电气设备是否带电之前，先要找一个已知电源测一测试电笔的氖泡能否正常发光，能正常发光才能使用。

⑤ 在明亮的光线下测试带电体时，应特别注意试电笔的氖泡是否真的发光（或不发光），必要时可用另一只手遮挡光线仔细判别。千万不要造成误判，将氖泡发光判断为不发光，而将有电判断为无电。

2. 高压试电笔

（1）高压试电笔的类型及结构　高压试电笔主要类型有发光型高压试电笔、声光型高压试电笔。其中发光型高压试电笔由握柄、护环、紧固螺钉、氖管窗、氖管和金属探针（钩）等部分组成。

（2）高压试电笔使用方法　验电时单手操作，握住护环下面的手柄，逐渐靠近带电体，至指示灯亮或发出信号时为止，如图9-15所示。验电器可以短时间接触带电体。需要验电时，在拉闸停电前应先在带电部位检验一下验电器，即先判断验电器是否有效和在什么距离能测出

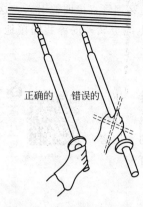

正确的　错误的

图 9-15　高压试电笔的握法

电压，在停电后再测时能有一个比较。验电器一般不用接地线，如果使用带地线的，应注意防止接地线碰到带电体引起事故。

（3）高压试电笔使用注意事项

① 使用前应首先确定高压试电笔额定电压必须与被测电气设备的电压等级相适应，以免危及操作者人身安全或产生误判。

② 验电时操作者应戴好绝缘手套，手握在护环以下部分，同时设专人监护。

同样应在有电设备上先验证高压试电笔性能完好，然后再对验电设备进行检测。注意操作中应将试电笔逐渐移向设备，在移近过程中若有发光或发声指示，则必须立即停止试电。

③ 使用高压试电笔时，必须在气候良好的情况下进行，以确保操作人员的安全。

④ 验电时人体与带电体应保持足够的安全距离，10kV 以下的电压安全距离应为 0.7m 以上。

⑤ 验电器应每半年进行一次预防性试验。

二、绝缘手套的正确使用

绝缘手套是用绝缘性能良好的特种橡胶制成的，且薄、柔软，有足够的绝缘强度和机械强度。绝缘手套可以使人的两手与带电体绝缘，防止人手触及同一电位带电体或同时触及同一电位带电体或同时触及不同电位带电体而触电，在现有的绝缘安全用具中，使用范围最广，用量最多。按所用的原料可分为橡胶和乳胶绝缘手套两大类。

绝缘手套的规格有 12kV 和 5kV 两种，12kV 的绝缘手套实验电压达 12kV，在 1kV 以上的高压区作业时，只能用作辅助安全防护用具，不得接触带电设备；在 1kV 以下带电作业区作业时，可用作基本安全用具，即戴手套后，两手可以接触 1kV 以下的有电设备（人身其他部分除外）。5kV 绝缘手套，适用于电力工业、工矿企业和农村中一般低压电气设备。在电压 1kV 以下的电压区作业时，用作辅助安全用具；在 250V 以下电压作业区，可作为基本安全用具，在 1kV 以上的电压区作业时，严禁使用此种绝缘手套。

在使用绝缘手套时，应按《电业安全工作规程》中的有关规定进行。绝缘手套的试验每半年一次，高压绝缘手套试验电压（交流）是 9kV，泄漏电流 9mA；低压绝缘手套试验电压是 2.5kV，泄漏电流 5mA。不符合要求时，应立即停止使用。

① 使用经检验合格的绝缘手套（每半年检验一次）。

② 绝缘手套使用前应进行外观检查，如发现有发黏、裂纹、破口（漏气）、气泡、发脆等损坏时禁止使用。对绝缘手套进行气密性检查，具体方法：将手套从口部向上卷，稍用力将空气压至手掌及指头部分检查上述部位有无漏气，如有则不能使用。

③ 使用绝缘手套时应将上衣袖口套入手套筒口内。

④ 使用时注意防止尖锐物体刺破手套。

⑤ 进行设备验电，倒闸操作、装拆接地线等工作应戴绝缘手套。

⑥ 使用后注意存放在干燥处，并不得接触油类及腐蚀性药品等。

三、绝缘靴的正确使用

绝缘靴是使用绝缘材制作的一种安全鞋。所谓绝缘，是指用绝缘材料把带电体封闭起来，借以隔离带电体或不同电位的导体，使电流能按一定的通路流通。良好的绝缘是保证设备和线路正常运行的必要条件，也是防止触电事故的重要措施。

绝缘鞋（靴）使用方法：

① 应根据作业场所电压高低正确选用绝缘鞋（靴），低压绝缘鞋（靴）禁止在高压电气设备上作为安全辅助用具使用，高压绝缘鞋（靴）可以作为高压和低压电气设备上辅助安全用具使用。但不论是穿低压或高压绝缘鞋（靴），均不得直接用手接触电气设备。

② 布面绝缘鞋（靴）只能在干燥环境下使用，避免布面潮湿。

③ 绝缘鞋（靴）不可有破损。

④ 穿用绝缘靴时，应将裤管套入靴筒内。穿用绝缘鞋时，裤管不宜长及鞋底外沿条高度，更不能长及地面，保持布帮干燥。

⑤ 非耐酸、碱、油的橡胶底，不可与酸、碱、油类物质接触，并应防止尖锐物刺伤。低压绝缘鞋若底花纹磨光，露出内部颜色时则不能作为绝缘鞋使用。

四、电气灭火

火灾发生后，电气设备和电气线路可能是带电的，如不注意，可能引起触电事故。根据现场条件，可以断电的应断电灭火；无法断电的则带电灭火。电力变压器、多油断路器等电气设备充有大量的油，着火后可能发生喷油甚至爆炸事故，造成火焰蔓延，扩大火灾范围，这是必须加以注意的。

1. 触电危险和断电

电气设备或电气线路发生火灾，如果没有及时切断电源，扑救人员身体或所持器械可能接触带电部分而造成触电事故。使用导电的灭火剂，如水枪射出的直流水挂、泡沫灭火器射出的泡沫等射至带电部分，也可能造成触电事故。火灾发生后，电气设备可能因绝缘损坏而碰壳短路；电气线路可能因电线断落而接地短路，使正常时不带电的金属构架、地面等部位带电，也可能导致接触电击或跨步电压触电危险。

因此，发现起火后，首先要设法切断电源。切断电源应注意以下几点：

① 火灾发生后，由于受潮和烟熏，开关设备绝缘能力降低，因此，拉闸时最好用绝缘工具操作。

② 高压应先操作断路器而不应该先操作隔离开关闭断电源，低压应先操作电磁启动器而不应该先操作闸刀开关切断电源，以免引起弧光短路。

③ 切断电源的地点要选择适当，防止切断电源后影响灭火工作。

④ 剪断电线时，不同相的电线应在不同的部位剪断，以免造成短路。剪断空中的电线时，剪断位置应选择在电源方向的支持物附近，以防止电线剪后断落下来，造成接地短路和触电事故。

2. 带电灭火安全要求

有时，为了争取灭火时间，防止火灾扩大，来不及断电；或因灭火、生产等需要，不能断电，则需要带电灭火。带电灭火须注意以下几点：

① 应按现场特点选择适当的灭火器。二氧化碳灭火器、干粉灭火器的灭火剂都是不导电的，可用于带电灭火。泡沫灭火器的灭火剂（水溶液）有一定的导电性，而且对电气设备的绝缘有影响，不宜用于带电灭火。

② 用水枪灭火时宜采用喷雾水枪，这种水枪流过水柱的泄漏电流小，带电灭火比较安全。

用普通直流水枪灭火时，为防止通过水柱的泄漏电流通过人体，可以将水枪喷嘴接地（即将水枪接入接地体或接向地面网络接地板）；也可以让灭火人员穿戴绝缘手套、绝缘靴或穿戴均压服操作。

③ 人体与带电体之间保持必要的安全距离。用水灭火时，水枪喷嘴至带电体的距离：电压为10kV及以下者不应小于3m，电压为220kV及以上者不应小于5m。用二氧化碳等有不导电灭火剂的灭火器灭火时，机体、喷嘴至带电体的最小距离：电压为10kV者不应小于0.4m，电压为35kV者不应小于0.6m等。

④ 对架空线路等空中设备进行灭火时，人体位置与带电体之间的仰角不应超过45°。

3. 充油电气设备的灭火

充油电气设备的油，其闪点多在130～140℃之间，有较大的危险性。如果只在该设备外部起火，可用二氧化碳、干粉灭火器带电灭火。如火势较大，应切断电源，并可用水灭火。如油箱破坏，喷油燃烧，火势很大时，除切断电源外，有事故储油坑的应设法将油放进储油坑，坑内和地面上的油火可用泡沫扑灭，要防止燃烧着的油流入电缆沟而顺沟蔓延，电缆沟内的油火只能用泡沫覆盖扑灭。

发电机和电动机等旋转电机起火时，为防止轴和轴承变形，可令其慢慢转动，用喷雾水灭火，并使其均匀冷却；也可用二氧化碳或蒸气灭火，但不宜用干粉、沙子或泥土灭火，以免损伤电气设备的绝缘。

五、触电的急救

1. 触电后的症状

局部表现有不同程度的烧伤、出血、焦黑等现象。烧伤区与正常组织界线清楚。或全身机能障碍，如休克、呼吸心跳停止。致死原因是电流引起脑（延髓的呼吸中枢）的高度抑制及心肌的抑制，心室纤维性颤动。触电后的损伤与电压、电流以及导体接触体表的情况有关。电压高、电流强、电阻小而体表潮湿，易致死；如果电流仅从一侧肢体或体表传导入地，或肢体干燥、电阻大，可能引起烧伤而未必死亡。

2. 触电急救的步骤

① 触电急救，首先要使触电者迅速脱离电源，切断电源，拉下电闸，或用不导电的竹、木棍将导电体与触电者分开。在未切断电源或触电者未脱离电源时，切不可触摸触电者；电流作用的时间越长，伤害越重。

② 对呼吸和心跳停止者，应立即利用心肺复苏法进行抢救，直至呼吸和心跳恢复。如呼吸不恢复，人工呼吸至少应坚持4h或出现尸僵和尸斑时方可放弃抢救。有条件时直接给予氧气吸入更佳。

③ 在就地抢救的同时，尽快呼叫医护人员或向有关医疗单位求援。用呼吸中枢兴奋药，针刺人中和十宣穴。在心跳停止前禁用强心剂。

3. 救护时的注意事项

① 救护人员切忌直接用手、其他金属或潮湿的物件作为救护工具，而必须使用干燥绝缘工具。

② 防止触电者脱离电源后摔倒，造成二次伤害。

③ 救护中要耐心坚持。

资料扫一扫

M9-4　国家用电
安全管理条例

大国工匠——高凤林

在0.08mm厚的火箭燃料输送管道壁上，焊枪的停留时间不能超过0.01s，否则就会焊穿管壁，任何一个漏点都可能导致火箭在升空过程中的毁灭性爆炸。

为了确保焊接的精准，高凤林需要常年练习。十分钟不眨眼，只是最基础的基本功之一。除此之外，端砖头、端水缸、绑沙袋、绑铅条等臂力、腕力的训练更是像家常便饭一样。

当然，高凤林焊接技术的"牛"不仅仅在于精准。

在常年跟踪关注这位中国顶级焊工成长的中国职工技术协会专家看来，高凤林焊接的"牛"，在于他能掌握不同材质的焊接需求，特别是在太空这个特殊环境中，更需要特殊材料和焊接技术的完美配合。这也是高凤林在2006年接受邀请时，能成功解决反物质探测仪项目难题的秘诀之一。

北斗导航、嫦娥探月、载人航天和长征五号新一代运载火箭发动机上，都有他焊接的烙印。"中国顶级焊工"之称，高凤林当之无愧。

从1999年"五一"劳动节期间，登台《实话实说》"咱们工人有力量"节目；到2015年，作为第一位工匠亮相《大国工匠》；再到2018年，走上大国工匠年度人物的领奖台……熟悉的藏蓝色航天工服，偏分的发型，淡定从容的微笑，高凤林一如往昔，从未改变。

只不过，今天的高凤林，有了更多的身份，担着更重的责任。

2018年10月，中国工会十七大在北京召开，高凤林当选全国总工会兼职副主席。坐在主席台上，高凤林的背挺得更直。他知道，这个位置不仅属于他，更代表着成千上万技术工人的位置。

在大国工匠年度人物的领奖台上，中国运载火箭系列总设计师龙乐豪院士为高凤林颁奖。他评价说："我国长征系列运载火箭的成绩，正是以高凤林为代表的一批高素质技能型人才，包括研究、设计、制造在内的一批航空人，勇于攀登、艰苦奋斗、砥砺前行共同劳动的结果。"

2019年，长三甲系列运载火箭将迎来第100次发射，每一次发射的背后，都有30多万双工匠之手共同"托举"着。

今天，高凤林仍是这托举中的一员，不同的是，他已阔步从幕后走到了台前，站在更高、更广的舞台上，助力更多年轻技术工人成长，为技术工人发声，为工匠代言。

 —————— 检查与评价

1. 案例总结。
2. 学生对触电保护措施、静电及雷电防护措施的理解。
3. 学生能在电气着火时进行灭火、能对人体静电进行防护、能对雷电进行预防处置。
4. 学生的触电、静电释放现场处置能力和应变能力。

—————————— 课外作业

1. 网络作业（见智慧职教网 http：//www. icve. com. cn/ ）。
2. 电气事故的特点有哪些？电气事故的类型有哪几种？
3. 触电伤害程度与哪些因素有关？
4. 试电笔如何正确使用？
5. 触电的防护措施有哪些？
6. 触电后如何进行急救？
7. 静电是如何产生的？在工业生产中静电有哪些危害？
8. 静电的防护技术有哪些？人体防静电的措施有哪些？
9. 雷电的主要危害有哪几种？

第三篇
化工人身安全

情境十

职业病防治与管理

知识目标 掌握职业病的基础知识；职业病的防护与管理基本方法。

能力目标 学会职业病防治与管理的基本方法，正确使用劳动防护用品。

素质目标 培养节能环保的意识；培养正确面对压力、抗压抗挫的能力；培养创新精神。

教学引导案例

山西某化学制品有限公司中毒事故

一、事故经过

2018 年 8 月 6 日凌晨 3 时 8 分许，山西某化学制品有限公司发生一起硫化氢中毒事故，造成 2 人死亡，直接经济损失约 200 万元。

二、事故原因

操作人员违反操作规程，在没有关闭酮反应釜底部阀门的情况下，盲目往酮反应釜中加料，导致甲基硫代羟基肼溶液直接流入东侧抽滤槽内，与槽内残留的稀硫酸发生剧烈化学反应，产生的泡沫液体溢出抽滤槽外，并释放出大量硫化氢气体。

三、事故教训

操作人员缺乏对有毒有害气体危险性认识和安全防护技能，在事故处置、救援过程中，未进行任何个人防护，盲目施救，导致中毒死亡。

四、课堂思考

① 硫化氢有哪些理化性质？

② 本次事故的主要原因有哪些？

③ 硫化氢泄漏的防护措施有哪些？

 相关知识介绍

职业危害与职业病

一、职业危害的定义与分类

1. 职业危害的定义

职业危害是指劳动者在从事职业活动中，由于接触生产性粉尘、有害化学物质、物理因素、放射性物质而对其身体健康所造成的伤害。

2. 职业危害因素分类

在生产劳动场所存在的，可能对劳动者的健康及劳动能力产生不良影响或者有害作用的因素，统称为职业危害因素。

职业危害因素按其来源可分为：

（1）生产过程的职业危害因素　包括：

① 化学因素，包括生产性粉尘、工业毒物。

② 物理因素，如高温、低温、辐射、噪声、振动等。

③ 生物因素，布鲁氏菌、森林脑炎、真菌、霉菌、病毒等传染性因素。

（2）劳动过程的职业危害因素　主要是劳动强度过大、作业时间过长或作业方式不合理等。

（3）生产劳动环境中的有害因素

① 自然环境中的有害因素，如夏季的太阳辐射等。

② 生产工艺要求的不良环境条件，如冷库或烘房中的异常温度等。

③ 不合理的生产工艺过程造成的环境污染。

④ 由于管理缺陷造成的作业环境不良，如采光照明不利、地面湿滑、作业空间狭窄、杂乱等。

二、职业危害表现

危险化学品的职业危害主要有职业中毒及化学灼伤等，具体表现如下。

1. 粉尘致尘肺病❶

有的固体危险化学品当形成粉尘并分散于环境空气中时，作业人员长期吸入这些粉尘可以引起尘肺病，如铝尘可引起铝尘肺。

2. 致职业中毒

绝大多数危险化学品，不仅是毒性物质，而且多数爆炸品、易燃气体、易燃液体、易燃固体、氧化物和有机氧化物都能致作业人员发生职业中毒。

职业中毒可分为急性中毒和慢性中毒。其中毒表现各有不同：有的是致神经衰弱综合征表现；有的是致呼吸系统的刺激症状，表现为气管炎、肺炎或肺水肿；还有的是致中毒性肝病或中毒性肾病；也有的对血液系统损伤，出现溶血性贫血、白细胞减少、血红蛋白变性，如高铁血红蛋白、碳氧血红蛋白、硫化血红蛋白而导致组织缺氧、窒息；还可对消化系统、泌尿系统、生殖系统等造成损伤。

3. 致化学灼伤

化学灼伤是最常见、最普遍发生的化学风险之一。它是指人体分子、细胞或皮肤组织由于受到化学品的刺激或腐蚀，部分或全部遭到破坏。当人的眼睛或皮肤接触到具有腐蚀性或刺激性的危险化学品时，就会引起化学灼伤。有 6 类化学品易造成化学灼伤：酸、碱、氧化剂、还原剂、添加剂与溶剂。

4. 致放射性疾病

放射性物质可导致各种放射性疾病。在《职业病分类和目录》中，列入职业病名单的放射性疾病有 11 种，都是由放射性射线引起的。

5. 致职业性皮肤病

职业性皮肤病包括接触性皮炎、光敏性皮炎等 9 种皮肤病，其中除电光性皮炎外，其他 7 种职业性皮肤病都可以由危险化学品所致。因此，危险化学品对皮肤的危害必须引起足够的重视。

6. 致职业性肿瘤

在《职业病分类和目录》中我国列入法定职业病的职业性肿瘤有 11 种。每种职业性肿瘤都是由危险化学品所致。目前已由试验证实，或由职业流行病学调查资料提示，还有许多种危险化学品具有致癌性，如甲醛等。

7. 致职业性传染病

列入我国法定职业病的传染性所致职业病有 5 种：炭疽、森林脑炎、布鲁氏菌病、艾滋病、莱姆病，都是由危险化学品第 6 类的感染性物质所导致。

8. 致职业性眼病

我国法定职业病中的"化学性眼部灼伤""职业性白内障"等是由危险化学品引起的。

9. 致职业性耳鼻喉口腔疾病

我国法定的职业性耳鼻喉口腔疾病中有"铬鼻病""牙酸蚀病"是由危险化学品导致的。

---

❶ 尘肺的规范名称为肺尘埃沉着病。

10. 致其他职业病

在我国法定的其他职业病中，如"金属烟热""职业性哮喘"和"职业性变态反应性肺泡炎"等是由危险化学品导致的。

另外，危险化学品生产工艺复杂，生产条件苛刻（高温、高压等），在生产中会引起火灾、爆炸事故等。机械设备、装置、容器等爆炸产生的碎片会造成较大范围的危害，冲击波对周围机械设备、建筑物产生破坏作用并造成人员伤亡、急性中毒等事故。

三、职业病

1. 职业病的定义及分类

职业病是指劳动者在生产劳动及其他职业活动中，因接触职业性有害因素引起的疾病。

职业病的分类和目录由国家卫生计生委、安全监管总局、人力资源社会保障部和全国总工会联合印发并公布。根据《职业病分类和目录》（国卫疾控发〔2013〕48号），将职业病分为10类132种。其中①尘肺，13种；其他呼吸系统疾病，6种；②职业性皮肤病，9种；③职业性眼病，3种；④职业性耳鼻喉疾病，4种；⑤职业性化学中毒，60种；⑥物理因素所致职业病，7种；⑦职业性放射性疾病，11种；⑧职业性传染病，5种；⑨职业性肿瘤，11种；⑩其他职业病，3种。

2. 职业病危害

职业病危害是指对从事职业活动的劳动者可能导致职业病的各种危害。职业病危害因素包括：职业活动中存在的各种有害的化学、物理、生物因素以及在作业过程中产生的其他职业有害因素。

M10-1 中华人民共和国
职业病防治法（2018版）

 相关技术应用

职业危害因素及其防护

一、工业毒物危害及其防护

（一）工业毒物及其分类

1. 工业毒物的定义

广而言之，凡作用于人体并产生有害作用的物质均可称之为毒物，而狭义的毒物概念是指少量进入人体即可导致中毒的物质。

工业生产过程中使用和产生的有毒物质称为工业毒物或生产性毒物。工业毒物常见于化工产品的生产过程，它包括原料、辅料、中间体、成品和废弃物、夹杂物中的有毒物质，并以不同形态存在于生产环境中。例如，散发于空气中的氯、溴、氨、甲烷、硫化氢、一氧化碳气体；悬浮于空气中的由粉尘、烟、雾混合形成的气溶胶尘；镀铬和蓄电池充电时逸出的铬酸雾和硫酸雾；熔镉和电焊时产生的氧化镉烟尘和电焊烟尘；生产中排放的废水、废气、废渣等。

由毒物侵入机体而导致的病理状态称为中毒。在生产过程中引起的中毒称为职业中毒。

2. 工业毒物的分类

由于毒物的化学性质各不相同，因此分类的方法很多。生产性毒物可以固体、液体、气体的形态存在于生产环境中。按物理形态可将工业毒物分为以下五种：

（1）气体　在常温、常压条件下，散发于空气中的无定形气体，如氯、溴、氨、一氧化碳和甲烷等。

（2）蒸气　固体升华、液体蒸发时形成蒸气，如水银蒸气和苯蒸气等。

（3）雾　混悬于空气中的液体微粒，如喷洒农药和喷漆时形成的雾滴，镀铬和蓄电池充电时逸出的铬酸雾和硫酸雾等。

（4）烟　烟是指直径小于 $0.11\mu m$ 的悬浮于空气中的固体微粒，如熔铜时产生的氧化铜烟尘，熔镉时产生的氧化镉烟尘，电焊时产生的电焊烟尘等。

（5）粉尘　粉尘是能较长时间悬浮于空气中的固体微粒，直径大多数为 $0.1\sim10\mu m$。固体物质的机械加工、粉碎、筛分、包装等可引起粉尘飞扬。

悬浮于空气中的粉尘、烟和雾等微粒，统称为气溶胶。了解生产性毒物的存在形态，有助于研究毒物进入机体的途径和发病原因，且便于采取有效的防护措施，以及选择车间空气中有害物采样方法。

生产性毒物进入人体的途径主要是经呼吸道，也可经皮肤和消化道进入。

（二）工业毒物的毒性

1. 毒性及其评价指标

毒性是指某种毒物引起机体损伤的能力，用来表示毒物剂量与反应之间的关系。通常用实验动物的死亡数来反映物质的毒性。常用的评价指标有以下几种。

（1）绝对致死剂量或浓度（ LD_{100} 或 LC_{100}）　LD_{100} 或 LC_{100} 表示绝对致死剂量或浓度，即能引起实验动物全部死亡的最小剂量或最低浓度。

（2）半数致死剂量或浓度（ LD_{50} 或 LC_{50}）　LD_{50} 或 LC_{50} 表示半数致死剂量或浓度，即能引起实验动物的 50% 死亡的剂量或浓度。这是将动物实验所得数据经统计处理而得的。

（3）最小致死剂量或浓度（ MLD 或 MLC）　MLD 或 MLC 表示最小致死剂量或浓度，即指全组染毒动物中只引起个别动物死亡的毒性物质的最小剂量或浓度。

（4）最大耐受剂量或浓度（ LD_0 或 LC_0）　LD_0 或 LC_0 表示最大耐受剂量或浓度，即指全组染毒动物全部存活的毒性物质的最大剂量或浓度。

2. 毒物的毒性分级

毒物的急性毒性可根据动物染毒实验资料 LD_{50} 进行分级。据此将毒物分为剧毒、高毒、中等毒、低毒和微毒五级，如表 10-1 所示。

表 10-1　化学物质急性毒性分级

毒性分级	大鼠一次经口 LD_{50}/(mg/kg)	6 只大鼠吸入 4h 死亡 2～4 只的浓度/(μg/g)	兔涂皮时 LD_{50}/(mg/kg)	对人可能致死量	
				g/kg	60kg 体重总量/g
剧毒	<1	<10	<5	<0.05	0.1
高毒	1～50	10～100	5～44	0.05～0.5	3
中等毒	50～500	100～1000	44～350	0.5～5.0	30
低毒	500～5000	1000～10000	350～2180	5.0～15.0	250
微毒	≥5000	≥10000	≥2180	≥15.0	>1000

（三）工业毒物侵入人体的途径

毒性物质一般是经过呼吸道、消化道及皮肤接触进入人体的。职业中毒中，毒性物质主要是通过呼吸道和皮肤侵入人体的；而在生活中，毒性物质则是以呼吸道侵入为主。职业中毒时毒物经消化道进入人体是很少的，往往是用被毒物沾染过的手取食物或吸烟，或发生意外事故毒物冲入口腔造成的。

1. 经呼吸道侵入

人体肺泡表面积为 $90\sim160m^2$，每天吸入空气 $12m^3$，约 $15kg$。空气在肺泡内流速慢，接触时间长，同时肺泡壁薄、血液丰富，这些都有利于吸收。所以呼吸道是生产性毒物侵入人体的最重要的途径。在生产环境中，即使空气中毒物含量较低，每天也会有一定量的毒物经呼吸道侵入人体。

从鼻腔至肺泡的整个呼吸道的各部分结构不同，对毒物的吸收情况也不相同。越是进入深部，表面积越大，停留时间越长，吸收量越大。固体毒物吸收量的大小，与颗粒和溶解度的大小有关。而气体毒物吸收量的大小，与肺泡组织壁两侧分压大小，呼吸深度、速度以及循环速度有关。另外，劳动强度、环境温度、环境湿度以及接触毒物的条件，对吸收量都有一定的影响。肺泡内的二氧化碳可能会增加某些毒物的溶解度，促进毒物的吸收。

2. 经皮肤侵入

有些毒物可透过无损皮肤或经毛囊的皮脂腺被吸收。经表皮进入体内的毒物需要越过三道屏障。第一道屏障是皮肤的角质层，一般分子量大于 300 的物质不易透过无损皮肤。第二道屏障是位于表皮角质层下面的连接角质层，其表皮细胞富含固醇磷脂，它能阻止水溶性的物质通过，而不能阻止脂溶性的物质通过。毒物通过该屏障后即扩散，经乳头毛细血管进入血液。第三道屏障是表皮与真皮连接处的基膜。脂溶性毒物经表皮吸收后，还要有水溶性，才能进一步扩散和吸收。

毒物经皮肤进入毛囊后，可以绕过表皮的屏障直接透过皮脂腺细胞和毛囊壁进入真皮，再从下面向表皮扩散。但这个途径不如经表皮吸收严重。电解质和某些重金属，特别是汞在紧密接触后可经过此途径被吸收。操作中如果皮肤沾染上溶剂，可促使毒物贴附于表皮并经毛囊被吸收。

某些气体毒物如果浓度较高，即使在室温条件下，也可同时通过以上两种途径被吸收。毒物通过汗腺吸收并不显著。手掌和脚掌的表皮虽有很多汗腺，但没有毛囊，毒物只能通过表皮屏障而被吸收。而这些部分表皮的角质层较厚，吸收比较困难。

如果表皮屏障的完整性遭破坏，如外伤、灼伤等，可促进毒物的吸收。潮湿也有利于皮肤吸收，特别是对于气体物质更是如此。皮肤经常沾染有机溶剂，使皮肤表面的类脂质溶解，也可促进毒物的吸收。黏膜吸收毒物的能力远比皮肤强，部分粉尘也可通过黏膜吸收进入体内。

3. 经消化道侵入

许多毒物可通过口腔进入消化道而被吸收。胃肠道的酸碱度是影响毒物吸收的重要因素。胃液呈酸性，对于弱碱性物质可增加其电离，从而减少其吸收；对于弱酸性物质则有阻止其电离的作用，因而增加其吸收。脂溶性的非电解物质能渗透过胃的上皮细胞。胃内的食物、蛋白质和黏液蛋白等，可以减少毒物的吸收。

肠道吸收最重要的影响因素是肠内的碱性环境和较大的吸收面积。弱碱性物质在胃内不易被吸收，到达小肠后即转化为非电离物质，可被吸收。小肠内分布着酶系统，可使已与毒物结合的蛋白质或脂肪分解，从而释放出游离毒物促进其吸收。在小肠内物质可经过细胞壁直接渗入细胞，这种吸收方式对毒物的吸收，特别是对大分子的吸收起重要作用。制约结肠吸收的条件与小肠相同，但结肠面积小，所以其吸收比较次要。

（四）工业毒物对人体的危害

毒物侵入人体后，通过血液循环分布到全身各组织或器官，破坏人的正常生理机能，导致中毒。中毒可大致分为急性中毒和慢性中毒两种情况。急性中毒发病急剧、病情变化快、症状较重；慢性中毒一般潜伏期长，发病缓慢，病理变化缓慢且不易在短时期内治好。职业中毒以慢性中毒为主，而急性中毒多见于事故场合，一般较为少见，但危害甚大。

1. 对呼吸系统的危害

人体呼吸系统的分布如图10-1所示。毒物对呼吸系统的影响表现为以下三个方面。

（1）窒息状态　如氨、氯、二氧化硫急性中毒时能引起喉痉挛和声门水肿。甲烷等稀释空气中的氧，一氧化碳等能形成高血红蛋白，使呼吸中枢因缺氧而受到抑制。

（2）呼吸道炎症　吸入刺激性气体以及镉、锰、铍的烟尘可引起化学性肺炎。汽油误吸入呼吸道会引起右下叶肺炎。铬酸雾能引起鼻中隔穿孔。

（3）肺水肿　中毒性肺水肿常由吸入大量水溶性的刺激性气体或蒸气所引起。如氯气、氨气、氮氧化物、光气、硫酸二甲酯、三氧化硫、卤代烃、羰基镍等。

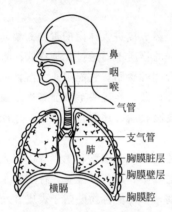

图 10-1　人体呼吸系统分布

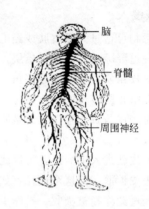

图 10-2　人体神经系统分布

2. 对神经系统的危害

人体神经系统的分布见图10-2。

毒物对神经系统的影响表现为以下三个方面。

（1）急性中毒性脑病　锰、汞、汽油、四乙基铅、苯、甲醇、有机磷等所谓"亲神经性毒物"作用于人体会产生中毒性脑病。表现为神经系统症状，如头晕、呕吐、幻视、视觉障碍、复视、昏迷、抽搐等。有的患者有癫症样发作或神经分裂症、躁狂症、忧郁症。有的会出现神经系统失调，如脉搏减慢、血压和体温降低、多汗等。

（2）中毒性周围神经炎　二硫化碳、有机溶剂、铊、砷粉尘的慢性中毒可引起指、趾触觉减退、麻木、疼痛，痛觉过敏。严重者会造成下肢运动神经元瘫痪和营养障碍等。初期为指、趾肌力减退，逐渐影响到上下肢，以致发生肌肉萎缩，腱反射迟钝或消失。

（3）神经衰弱症候群　见于某些轻度急性中毒、中毒后的恢复期，以慢性中毒的早期症状最为常见，如头痛、头昏、倦怠、失眠、心悸等。

3. 对血液系统的危害

（1）白细胞数变化　大部分中毒均呈现白细胞总数和中性粒细胞的增高。苯、放射性物质等可抑制白细胞和血细胞核酸的合成，从而影响细胞的有丝分裂，对血细胞再生产生障碍，引起白细胞减少甚至患有中性粒细胞缺乏症。

（2）血红蛋白变性　毒物引起的血红蛋白变性常以高铁血红蛋白症为最多。由于血红蛋白的变性，带氧功能受到障碍，患者常有缺氧症状，如头昏、乏力、胸闷甚至昏迷。同时，红细胞可以发生退行性病变、寿命缩短、溶血等异常现象。

（3）溶血性贫血　砷化氢、苯胺、苯肼、硝基苯等中毒可引起溶血性贫血。由于红细胞迅速减少，导致缺氧，患者头昏、心动过速等，严重者可引起休克和急性肾功能衰竭。

4. 对泌尿系统的危害

在急性和慢性中毒时，有许多毒物可引起肾脏损害，尤其以升汞和四氯化碳等引起的肾小管坏死性肾病最为严重。乙二醇、铅、铀等可引起中毒性肾病。

5. 对循环系统的危害

砷、磷、四氯化碳、有机汞等中毒可引起急性心肌损害。汽油、苯、三氯乙烯等有机溶剂能刺激β-肾上腺素受体而致心室颤动。氯化钡、氯化乙基汞中毒可引起心律失常。刺激性气体引起严重中毒性肺水肿时，由于渗出大量血浆及肺循环阻力的增加，可能出现肺源性心脏病。

6. 对消化系统的危害

（1）急性肠胃炎　经消化道侵入汞、砷、铅等，可出现严重恶心、呕吐、腹痛、腹泻等酷似急性肠胃炎的症状。剧烈呕吐、腹泻可以引起失水和电解质、酸碱平衡紊乱，甚至发生休克。

（2）中毒性肝炎　有些毒物主要引起肝脏损害，造成急性或慢性肝炎，这些毒物被称为"亲肝性毒物"。该类毒物常见的有磷、锑、四氯化碳、三硝基甲苯、氯仿及肼类化合物。

7. 对皮肤的危害

皮肤是机体抵御外界刺激的第一道防线，在化工生产过程中，皮肤接触外在刺激物的机会最多。许多毒物直接刺激皮肤造成皮肤危害，有些毒物经口鼻吸入，也会引起皮肤病变。不同毒物对皮肤会产生不同危害，常见的皮肤病症状有：皮肤瘙痒、皮肤干燥、皲裂等。有些毒物还会引起皮肤附属器官及口腔黏膜的病变，如毛发脱落、甲沟炎、龈炎、口腔黏膜溃疡等。

8. 对眼部的危害

化学物质对眼部的危害，是指某种化学物质与眼部组织直接接触造成的伤害，或化学物质进入体内后引起视觉病变或其他眼部病变。

（五）工业毒物的防护

1. 防毒技术措施

（1）用无毒或低毒物质代替有毒或高毒物质　在生产中用无毒物料代替有毒物料，用低毒物料代替高毒物料或剧毒物料，是消除毒性物质危害的有效措施。如在涂料工业和防腐工程中，用锌白或氧化钛代替铅白；用云母氧化铁防锈底漆代替大量铅的红丹底漆，从而消除了铅的职业危害。用无毒的催化剂代替有毒或高毒的催化剂等。

（2）改进生产工艺　选择危害性小的工艺代替危害性大的工艺，是防止毒物危害根本性的措施。如硝基苯还原制苯胺的生产过程，过去国内多采用铁粉作还原剂，过程间歇操作，能耗大，而且在铁泥废渣和废水中含有对人体危害极大的硝基苯和苯胺。现在大多采用硝基苯连续催化氢化制苯胺新工艺，大大减少了毒物对人和环境的危害。

（3）以密闭、隔离操作代替敞开式操作　在化工生产中，敞开式的加料、搅拌、反应、测温、取样、出料以及冒、滴、漏时，均会造成有毒物质的散发和外逸，毒化操作环境，危害人体健康。为了控制有毒物质，使其在生产设备本身密闭化和生产过程各个环节密闭化。生产设备的密闭化，往往与减压操作和通风排毒措施结合使用，以提高设备的密闭效果，消除或减轻有毒物质的危害。由于条件限制不能使毒物浓度降到国家标准时，可以采用隔离操作措施。隔离操作是把操作人员与生产设备隔离开来，使操作人员免受散逸出来的毒物危害。

（4）以连续化操作代替敞开式操作 间歇操作的生产间断进行，需要经常配料、加料，不断地进行调解、分离、出料、干燥、粉碎和包装，几乎所有单元操作都需要靠人工进行。反应设备时而敞开时而密闭，很难做到系统密闭。尤其是对于危险性较大和使用大量有毒物料的工艺过程，操作人员会频繁接触毒性物料，对人体的危害相当严重。采用连续化操作才能使设备完全密闭，消除上述弊端。

（5）以机械化、自动化代替手工操作 用机械化、自动化代替手工操作，不仅可以减轻工人的劳动强度，而且可以减少工人与毒物的直接接触，从而减少毒物对人体的危害。

2. 通风

排除有毒、有害气体和蒸气可采用全面通风及局部通风方式进行。

（1）全面通风 全面通风是在工作场所内全面进行通风换气，以维持整个工作场所范围内空气环境的卫生条件。

全面通风用于有害物质的扩散不能控制在工作场所内一定范围的场合，或是有害物质的发源地的位置不能固定的场合。这种通风方式的实质就是用新鲜空气来冲淡工作场所内的污浊空气，以使工作场所工作地点空气中有害物质的含量不超过卫生标准所规定的短时间接触容许含量或最高容许含量。全面通风可以利用自然通风实现，也可以借助于机械通风来实现。

（2）局部通风 为改善室内局部空间的空气环境，向该空间送入或从该空间排出空气的通风方式称为局部通风。局部通风一般用排气罩来实现。排气罩就是实施毒源控制，防止毒物扩散的具体技术装置。

二、噪声危害及其防护

（一）生产性噪声的分类

噪声是指人们在生产和生活中一切令人不快或不需要的声音。

在生产中，由于机器转动、气体排放、工件撞击与摩擦所产生的噪声，称为生产性噪声或工业噪声。生产性噪声可归纳为三类。

1. 机械性噪声

由于机械的撞击、摩擦、固体的振动和转动而产生的噪声，如纺织机、球磨机、电锯、机床、碎石机启动时所发出的声音。

2. 空气动力性噪声

这是由于空气振动而产生的噪声，如通风机、空气压缩机、喷射器、汽笛、锅炉排气放空等产生的声音。

3. 电磁性噪声

由于电磁场脉冲，引起气体扰动，气体与其他物体相互作用所致，如电磁式振动台和振荡器、大型电动机、发电机和变压器等产生的噪声。

生产场所的噪声源很多，即使一台机器也能同时产生上述三种类型的噪声。

能产生噪声的作业种类甚多。受强烈噪声作用的主要工种有泵房操作工、使用各种风动工具的工人如机械工业中的铲边工、铸件清理工，开矿、水利及建筑工程的凿岩工等。

（二）生产性噪声对人体的危害

产生噪声的作业几乎遍及各个工业部门。噪声已成为污染环境的严重公害之一。化学工业的某些生产过程，如固体的输送、粉碎和研磨，气体的压缩与传送，气体的喷射及动机械的运转等都能产生相当强烈的噪声。当噪声超过一定值时，对人会造成明显的听觉损伤，并对神经、心脏、消化系统等产生不良影响，而且妨害听力、干扰语言，成为引发意外事故的隐患。

1. 对听觉的影响

噪声会造成听力减弱或丧失。依据暴露的噪声的强度和时间，会使听力界限值发生暂时性的或永久性的改变。听力界限值暂时性改变，即听觉疲劳，可能在暴露强噪声后数分钟内发生。在脱离噪声后，经过一段时间休息即可恢复听力。长时间暴露在强噪声中，听力只能部分恢复，听力损伤部分无法恢复，会造成永久性听力障碍，即噪声性耳聋。噪声性耳聋根据听力界限值的位移范围，可有轻度（早期）噪声性耳聋，其听力损失值在 10~30dB；中度噪声性耳聋的听力损失值在 40~60dB；重度噪声性耳聋的听力损失值在 60~80dB。

爆炸、爆破时所产生的脉冲噪声，其声压级峰值高达 170~190dB，并伴有强烈的冲击波。在无防护条件下，强大的声压和冲击波作用于耳鼓膜，使鼓膜内外形成很大压差，造成鼓膜破裂出血，双耳完全失去听力，此即爆震性耳聋。

2. 对神经、消化、心血管系统的影响

① 噪声可引起头痛、头晕、记忆力减退、睡眠障碍等神经衰弱综合征。

② 可引起心率加快或减慢，血压升高或降低等改变。

③ 噪声可引起食欲不振、腹胀等胃肠功能紊乱。

④ 噪声可对视力、血糖产生影响。

在强噪声下，会分散人的注意力，对于复杂作业或要求精神高度集中的工作会受到干扰。噪声会影响大脑思维、语言传达以及对必要声音的听力。

（三）噪声的度量与安全标准

跟人听觉直接相关的声音物理参数是声频和声压、声强、声功率等。

声频、声压或声压级是表征噪声客观特性的物理量，而通常噪声的客观特性并不能正确反映人们对噪声的感觉，因为噪声引起人们的心理和生理反应是多方面的。以人们的心理和生理反应来度量噪声的方法称为噪声的主观评价。常用来度量人们对噪声听觉感受的指标是响度和响度级。但是噪声响度、响度级的计算很复杂，为了能用仪器（即声级计）设计了一种特殊的滤波装置（称为计权网络），它模拟人耳的响度频率特征，当含有各种频率的声波通过时，它对不同频率成分进行衰减，使测得的声压符合人耳的听觉特征。通过计权网络测得的声压级，叫作计权生压级，简称声级。通用的有 A、B、C、D 四种计权网络，相应就是 A、B、C、D 四种计权声级。

（四）噪声的防护技术

防护生产性噪声的三项措施如下：

① 消除或降低噪声、振动源。如铆接改为焊接、锤击成型改为液压成型等。为防止振动使用隔绝物质，如用橡皮、软木和砂石等隔绝噪声。

② 消除或减少噪声、振动的传播。如吸声、隔声、隔振、阻尼。

③ 加强个体防护和健康监护。

三、电磁辐射及其防护

电磁辐射广泛存在于宇宙中间和地球上。当一根导线有交流电通过时，导线周围辐射出一种能量，这种能量以电场和磁场形式存在，并以被动形式向四周传播，人们把这种交替变化

的，以一定速度在空间传播的电场和磁场，称为电磁辐射或电磁波。电磁辐射分为射频辐射、红外线、可见光、紫外线、X射线及γ射线等。

各种电磁辐射，由于其频率、波长、量子能量不同，对人体的危害作用也不同。当量子能量达到12eV以上时，对物体有电离作用，能导致机体的严重损伤，这类辐射称为电离辐射。量子能量小于12eV的不足以引起生物体电离的电磁辐射，称为非电离辐射。

（一）非电离辐射及其危害

1. 射频辐射

射频辐射称为无线电波，量子能力很小。按波长和频率，射频辐射可分成高频电磁场、超高频电磁场和微波3个波段。

2. 红外线辐射

在生产环境中，加热金属、熔融玻璃及强发光体等可成为红外线辐射源。炼钢工、铸造工、轧钢工、锻钢工、玻璃熔吹工、烧瓷工及焊接工等可受到红外线辐射。红外线辐射对机体的影响主要是皮肤和眼睛。

3. 紫外线辐射

生产环境中，物体温度在1200℃以上的辐射电磁波谱中即可出现紫外线。随着物体温度的升高，辐射的紫外线频率增高，波长变短，其强度也增大。常见的辐射源有冶炼炉（高炉、平炉、电炉）、电焊、氧乙炔气焊、氩弧焊和等离子焊接等。

强烈的紫外线辐射作用可引起皮炎，表现为弥漫性红斑，有时可出现小水泡和水肿，并有发痒、烧灼感。在作业场所比较多见的是紫外线对眼睛的损伤，即由电弧光照射所引起的职业病——电光性眼炎。此外在雪地作业、航海作业时，受到大量太阳光中紫外线照射，可引起类似电光性眼炎的角膜、结膜损伤。称为太阳光眼炎或雪眼症。

4. 激光

激光不是天然存在的。而是用人工激活某些活性物质，在特定条件下受激发光。激光也是电磁波，属于非电离辐射。被广泛应用于工业、农业、国防、医疗和科研等领域。在工业生产中主要利用激光辐射能量集中的特点，用于焊接、打孔、切割和热处理等。在农业中激光可应用于育种、杀虫。

激光对人体的危害主要是由它的热效应和光化学效应造成的。激光对皮肤损伤的程度取决于激光强度、频率、肤色深浅、组织水分和角质层厚度等。激光能烧伤皮肤。

（二）非电离辐射的控制与防护

1. 射频辐射的防护措施

防护射频辐射对人体危害的基本措施有减少辐射源本身的直接辐射、屏蔽辐射源、屏蔽工作场所、远距离操作以及采取个体防护等。在实际防护中，应根据辐射源及其功率、辐射波段以及工作特性，采用上述单一或综合的防护措施。

根据一些工厂的实际防护效果，最重要的是对电磁场辐射源进行屏蔽，其次是加大操作距离，缩短工作时间及加强个体防护等。

（1）屏蔽　采用屏蔽体屏蔽是可将电磁能量限制在规定的空间内，阻止其传播扩散而实施的工程技术措施。屏蔽可分为电场屏蔽与磁场屏蔽两种。

电场屏蔽是用金属板或金属网等良导体或导电性能好的非金属制成屏蔽体进行屏蔽，屏蔽体应有良好的接地。辐射的电磁能量在屏蔽体上引起的电磁感应电流可通过地线流入大地。一般电场屏蔽用的屏蔽体多选用紫铜、铝等金属材料制造。

磁场屏蔽就是利用磁导率很高的金属材料封闭磁力线。当磁场变化时，屏蔽体材料感应出涡流，产生方向与原来磁通方向相反的磁通，阻止原来的磁通穿出屏蔽体而辐射出去。

（2）远距离操作和自动化作业　根据射频电磁场场强随距离的加大而迅速衰减的原理，可采用自动或半自动的远距离操作。如场源离操作岗位较远，场强急剧衰弱，可设立明显标志，禁止人员靠近。

（3）吸收　对于微波辐射，要求在场源附近就把辐射能量大幅度衰减下来，以防止对较大范围的空间产生污染。为此，可在场源周围铺设吸收材料。

（4）个体防护　实施微波作业的工作人员必须采取个体防护措施。防护用具主要包括防护眼镜及防护服。防护服一般供大强度辐射条件下进行短时间实验研究使用。防护眼镜一般可分为两种。一种是网状眼睛，视观部分由黄铜网制成，镜框由吸收物质组成。另一种使用镜面玻璃，保证有良好的透明度，镜面覆盖半导体的二氧化锡或金、铜、铝等材料，起屏蔽作用。

2. 红外辐射线的防护措施

红外辐射防护的重点是对眼睛的保护，严禁裸眼直视强光源。生产操作中应戴绿色防护镜，镜片中应含氧化亚铁或其他可吸收红外线的成分。

3. 紫外线的防护措施

尽量采用先进的焊接工艺代替手工焊接。在紫外线发生装置或有强烈紫外线照射的场所，必须佩戴能吸收或反射紫外线的防护面罩及眼镜。此外，在紫外线发生源附近可设立屏障，或在室内墙壁及屏障上涂以黑色，可以吸收部分紫外线，减少反射作用。

四、高温危害及其防护

（一）高温作业的危害

1. 高温作业及分类

温度超过舒适温度的环境称为高温环境。而高温作业则是指工作地点具有生产性热源，其平均温度等于或大于25℃的作业。按气象条件特点，高温作业可分为高温强热辐射作业和高温高湿作业。

（1）高温强热辐射作业　高温强热辐射作业是指工作地点气温在30℃以上或工作地点气温高于夏季室外气温2℃以上，并有较强的辐射热的作业。如冶金工业的炼钢、炼铁车间，机械制造工业的铸造、锻造，建材工业的陶瓷、玻璃、搪瓷、砖瓦等窑炉车间，火电厂的锅炉间等。

（2）高温高湿作业　高温高湿作业，如印染、缫丝、造纸等工业中，液体加热或蒸煮，车间气温可达35℃以上，相对湿度达90%以上。有的煤矿深井井下气温可达30℃，相对湿度95%以上。

2. 高温对人体的危害

人长期在高温下作业，可产生一定的适应能力，其体温调节能力提高。但人的适应能力是有限度的，一旦超过限度，就会导致机体失调，出现不同程度的中暑症状，或引发慢性的热性疾病。

（1）对循环系统的影响　高温作业时，由于皮肤血管扩张及大量出汗，使外周血流量增加，而有效血容量减少，心脏负荷加重，心率加快，导致心肌损害，甚至发生心力衰竭。

（2）对消化系统的影响　高温作业可导致胃肠活动抑制，消化液分泌减少，胃酸浓度降低，淀粉酶活性降低等，引起消化不良或食欲减退，甚至其他胃肠道疾病。

（3）对泌尿系统的影响　高温作业时，由于大量出汗，导致肾血流量和肾小球过滤降低，尿量减少，尿液浓缩，肾脏负担加重，严重时造成肾功能衰竭。

（4）对神经系统的影响　在高温及热辐射作用下，肌肉的工作能力、动作的准确性、协调性、反应速度及注意力降低。

（二）高温作业的防护

1. 改革工艺过程

对于高温作业，首先应合理设计工艺流程，改进生产设备和操作方法，这是改善高温作业条件的根本措施。如钢水连珠、轧钢及铸造等生产自动化可使工人远离热源。

2. 对建筑物和设备进行隔热处理

隔热是防暑降温的一项重要措施。隔热的作用在于隔断热源的辐射热作用，同时还能相应减少对流散热，将热源的热作用限制在某一范围内。

（1）建筑物隔热　炎热地区的工业厂房或辅助建筑可采用建筑物隔热措施，以减少太阳辐射进入车间的热量。主要有外窗遮阳、屋顶隔热和屋顶淋水等三种方式。

（2）设备隔热　对高温车间热设备采用隔热措施，可以减少散入车间工作地点的热量，防止热辐射对人体的危害。高温车间所采用的设备隔热方法很多，一般分为热绝缘和热屏蔽两类。

3. 通风降温

通风降温方式有自然通风和机械通风两种。

五、灼伤及其控制技术

1. 灼伤及其分类

机体受热或化学物质的作用，引起局部组织损伤，并进一步导致病理和生理改变的过程称为灼伤。按发生原因的不同分为化学灼伤、热力灼伤和复合性灼伤。

（1）化学灼伤　凡由于化学物质直接接触皮肤所造成的损伤，均属于化学灼伤。化学物质与皮肤或黏膜接触后产生化学反应并具有渗透性，对细胞组织产生吸水、溶解组织蛋白质和皂化脂肪组织的作用，从而破坏细胞组织的生理功能而使皮肤组织受伤。

（2）热力灼伤　由于接触炽热物体、火焰、高温表面、过热蒸汽等造成的损伤称为热力灼伤。此外，在化工生产中还会发生液化气体、干冰接触皮肤后迅速蒸发或升华，大量吸收热量，以致引起皮肤表面冻伤。

（3）复合性灼伤　由化学灼伤与热力灼伤同时造成的伤害，或化学灼伤兼有中毒反应等都属于复合性灼伤。

2. 灼伤的现场急救

（1）化学灼伤的现场急救　化学灼伤的急救要分秒必争，化学灼伤的程度同化学物质与人体组织接触时间的长短有密切关系。由于化学物质的腐蚀作用，如不及时将其除掉，就会继续腐蚀下去，从而加剧灼伤的严重程度。某些化学物质（如氢氟酸）在灼伤初期无明显的疼痛，往往不被重视而贻误处理时机，加剧灼伤程度。及时进行现场急救和处理，是减少伤害、避免严重后果的重要环节。化学灼伤的处理步骤如下：

① 迅速脱离现场，立即脱去被污染的衣服。

② 立即用大量流动的清水清洗创伤面，冲洗时间不应少于20～30min。液态化学物质溅入眼睛首先在现场迅速进行冲洗，不要搓揉眼睛，以避免造成失明。固态化学物质如石灰、生石灰颗粒溅入眼内，应先用植物油棉签剔除颗粒后，再用水冲洗。否则颗粒遇水产生大量的热反而加重烧伤。

③ 酸性物质引起的灼伤，其腐蚀作用只在当时发生，经急救处理，伤势往往不再加重。碱性物质引起的灼伤会逐渐向周围和深部组织蔓延。因此现场急救应首先判断化学致伤物质的种类，采取相应的急救措施。某些化学灼伤，可以从被灼伤皮肤的颜色加以判断，如氢氧化钠灼伤表现为白色，硝酸灼伤表现为黄色，氯磺酸灼伤表现为灰白色，硫酸灼伤表现为黑色等。酸性物质的化学灼伤用2%～5%碳酸氢钠溶液冲洗和湿敷，浓硫酸溶于水能产生大量热，因此浓硫酸灼伤一定要把皮肤上的浓硫酸擦掉后再用大量清水冲洗。碱性物质的化学灼伤用2%～3%硼酸溶液冲洗和湿敷。

(2) 热力灼伤的现场急救

① 火焰烧伤。发生火焰烧伤时，应立即脱去着火的衣服，并迅速卧倒，慢慢滚动而压灭火焰，切忌用手扑打，以免手被烧伤；切忌奔跑，以免发生呼吸道烧伤。

② 烫伤。对明显红肿的轻度烫伤，立即用冷水冲洗几分钟，用干净的纱布包好即可。包扎后局部发热，疼痛，并有液体渗出，可能是细菌感染，应立即到医院治疗。如果患处起了水泡，不要自己弄破，应就医处理，以免感染。

3. 灼伤的控制技术

(1) 加强管理，强化安全卫生教育　每个操作人员都应熟悉本人生产岗位所接触的化学物质的理化性质、防止化学灼伤的有关知识及一旦发生灼伤的处理原则。

(2) 加强设备维修保养，严格遵守安全操作规程　在化工生产中由于强腐蚀介质的作用及生产过程中的高温、高压、高流速等条件对机器设备会造成腐蚀，所以应加强防腐，防止"跑、冒、滴、漏"。

(3) 改革工艺和设备结构　使用具有化学灼伤危险性物质的生产场所，在设计时就应考虑防止物料外喷或飞溅的合理工艺流程，例如物料输送实现机械化、管道化；使用液面控制装置或仪表，实行自动控制；储罐、储槽等容器采用安全溢流装置；改进危险物质的使用和处理方法（如用蒸汽溶解氢氧化钠代替机械粉尘等）；装设各种形式的安全联锁装置等。

(4) 加强个体防护　在处理有灼伤危险的物质时，必须穿戴工作服和防护用具，如护目镜、面罩、手套、工作帽、胶鞋等。

(5) 配备冲淋装置和中和剂　在容易发生化学灼伤的岗位应配备冲淋器和眼冲洗器。配备中和剂，如酸岗位备2%～5%的碳酸氢钠溶液；碱岗位备2%～3%的硼酸溶液等，一旦发生化学灼伤，及时自救互救用。

六、粉尘与尘肺

（一）生产性粉尘的概念

能够较长时间浮游于空气中的固体微粒叫作粉尘。在生产过程中形成的粉尘叫作生产性粉尘。生产性粉尘除了能影响某些产品的质量，加速设备的磨损以外，更为严重的是，粉尘对人体有多方面的不良影响，尤其是含有游离二氧化硅的粉尘，能引起硅肺（规范名称为硅沉着病）这种职业病，危害职工的健康。

（二）生产性粉尘的来源

① 固体物质的机械加工、粉碎，如金属的研磨、切屑，矿石或岩石的钻孔、爆破、破碎、磨粉以及合成物质（如化学纤维、塑料、树脂等）加工和粮谷的加工等。

② 物质加热时产生的蒸气在空气中凝结成的微粒，如熔炼黄铜时，锌蒸气在空气中冷凝、氧化形成氧化锌烟尘。

③ 有机物质的不完全燃烧所形成的微粒，如木材、油、煤炭等燃烧时产生的烟。此外，铸件的翻砂、清砂，生产中使用的粉末状物质的混合、过筛、包装、搬运等操作，以及沉积的粉尘由于振动或气流的影响又悬浮于空气中（二次扬尘），这些都是生产性粉尘的来源。

（三）粉尘对健康的危害

生产性粉尘的种类繁多，理化性状也各不相同，对人体所造成的危害也多种多样。就其病理性质可以概括为如下七种。

① 全身中毒性如铅、锰、砷化物等粉尘；

② 局部刺激性如生石灰、漂白粉、水泥、烟草等粉尘；

③ 变态反应性如大麻、黄麻、面粉、羽毛、锌烟等粉尘；

④ 光感应性如沥青粉尘；

⑤ 感染性如破烂布屑、兽毛、谷粒等粉尘有时附有病原菌；

⑥ 致癌性如铬、镍、砷、石棉及某些光感应性和放射性物质的粉尘；

⑦ 尘肺如硅肺、石棉肺、煤尘肺等。

其中以尘肺的危害最为严重，尘肺是目前中国最严重的职业危害。中国 2013 年公布的《职业病分类和目录》中列出的法定尘肺有 13 种，即硅肺、煤工尘肺、石墨尘肺、炭黑尘肺、石棉尘肺、滑石尘肺、水泥尘肺、云母尘肺、陶工尘肺、铝尘肺、电焊工尘肺、铸工尘肺以及根据《职业性尘肺病的诊断》（GBZ 70—2015）和《职业性尘肺病的病理诊断》（GBZ 25—2014）可以诊断的其他尘肺。

 知识拓展

个体防护用品

一、个体防护用品及分类

1. 个体防护用品的定义

个体防护用品是指为使劳动者在生产过程中免遭或减轻事故伤害和职业危害而提供的个人随身穿（佩）戴的用品，也称劳动防护用品。个体防护用品是由生产经营单位为从业人员配备的。劳动防护用品分为特种劳动防护用品和一般劳动防护用品。

2. 劳动防护用品的作用

劳动防护用品在生产劳动过程中，是必不可少的生产性装备。在生产工作场所，应该根据工作环境和作业特点，穿戴能保护自己生命安全和健康的防护用品。如果贪图一时的喜好和方便，忽视劳动防护用品的作用，从某种意义上来讲，也就是忽视了自己的生命。由于没有使用防护用品和防护用品使用不当导致的事故，已有很多惨痛的教训。

具体来说，劳动防护用品的作用是使用一定的屏蔽体或系带、浮体，采用隔离、封闭、吸收、分散、悬浮等手段，保护机体或全身免受外界危害的侵害。劳动防护用品的主要作用是：

（1）隔离和屏蔽作用　隔离和屏蔽作用是指使用一定的隔离或屏蔽体使机体免受有害因素的侵害。如劳动防护用品能很好地隔绝外界的某些刺激，避免皮肤发生皮炎等病态反应。

（2）过滤和吸附（收）作用　过滤和吸附作用是指借助防护用品中某些聚合物本身的活性基团对毒物的吸附作用，洗涤空气，进行排毒。

在存在大量有毒气体和酸性、碱性溶液的环境中作业时，短时间高浓度吸入可引起头痛、头晕、恶心、呕吐等；较长时间皮肤接触会有刺激性，并危害作业者的身体健康。一般的防毒面具，可以过滤几乎所有的毒气。对于糜烂性毒剂，隔绝式的防护服有很好的防护作用。

3. 个体防护用品的特点

个体防护用品是保护劳动者安全与健康所采取的必不可少的辅助措施，是劳动者防止职业毒害和伤害的最后一项有效措施。同时，它又与劳动者的福利待遇以及防护产品质量、产品卫生和生活卫生需要的非防护性的工作用品有着原则性的区别。具体来说，个体防护用品具有以下几个特点。

（1）特殊性　个体防护用品，不同于一般的商品，是保障劳动者的安全与健康的特殊用品，企业必须按照国家和省、市劳动防护用品有关标准进行选择和发放。尤其是特种防护用品因其具有特殊的防护功能，国家在生产、使用、购买等环节中都有严格的要求。如国家安全生产监督管理总局令第 1 号《劳动防护用品监督管理规定》中要求特种劳动防护用品必须由取得特种劳动防护用品安全标志的专业厂家生产，生产经营单位不得采购和使用无安全标志的特种劳动防护用品；购买的特种劳动防护用品须经本单位的安全生产技术部门或者管理人员检查验收等。

（2）适用性　个体防护用品的适用性既包括防护用品选择使用的适用性，也包括使用的适用性。选择使用的适用性是指必须根据不同的工种和作业环境以及使用者的自身特点等选用合适的防护用品。如耳塞和防噪声帽（有大小型号之分），如果选择的型号太小，也不会很好地起到防护噪声的作用。使用的适用性是指防护用品需在进入工作岗位时使用，这不仅要求产品的防护性能可靠、确保使用者的安全，而且还要求产品适用性能好、方便、灵活，使用者乐于使用。因此，结构较复杂的防护用品，需经过一定时间试用，对其适用性及推广应用价值做出科学评价后才能投产销售。

防护用品均有一定的使用寿命。如橡胶类、塑料等制品，长时间受紫外线及冷热温度影响会逐渐老化而易折断。有些护目镜和面罩，受光线照射和擦拭，或者受空气中的酸、碱蒸气的腐蚀，镜片的透光率逐渐下降而失去使用价值；绝缘鞋（靴）、防静电鞋和导电鞋等随着鞋底的磨损，将会改变电性能；一些防护用品的零件长期使用会磨损，影响力学性能。有些防护用品的保存条件也会影响其使用寿命，如温度及湿度等。

4. 劳动防护用品的分类

由于各部门和使用单位对劳动防护用品要求不同，其分类方法也不一样。生产劳动防护用品的企业和商业采购部门，通常按原材料分类，以利安排生产和组织进货。劳动防护用品商店和使用单位为便于经营和选购，通常按防护功能分类。而管理部门和科研单位，根据劳动卫生学的需要，通常按防护部位分类。一般是按照防护功能和部位进行分类。

我国对劳动防护用品以人体防护部位为法定分类标准（《劳动防护用品分类与代码》），共分为九大类。既保持了劳动防护用品分类的科学性，同国际分类统一，又照顾了劳动防护用品防护功能和材料分类的原则。按防护部位可分为：头部防护用品、呼吸器官防护用品、眼

（面）部防护用品、听觉器官防护用品、躯体防护用品、手部防护用品、足部防护用品、劳动护肤品、防坠落劳动防护用品等。

　　（1）头部防护用品　头部防护用品是指为了防御头部不受外来物体打击和其他因素危害而配备的个人防护装备。

M10-2　安全帽的使用

　　根据防护功能要求，主要有一般防护帽、防尘帽、防水帽、防寒帽、安全帽、防静电帽、防高温帽、防电磁辐射帽、防昆虫帽等九类产品。

　　（2）呼吸器官防护用品　呼吸器官防护用品是为防御有害气体、蒸气、粉尘、烟、雾经呼吸道吸入，或直接向使用者供氧或清净空气，保证尘、毒污染或缺氧环境中劳动者能正常呼吸的防护用具。

　　呼吸器官防护用品主要分为防尘口罩和防毒口罩（面具）两类，按功能又可分为过滤式和隔离式两类。

M10-3　过滤式防尘口罩

　　（3）眼（面）部防护用品　眼面部防护用品是预防烟雾、尘粒、金属火花和飞屑、热、电磁辐射、激光、化学飞溅物等因素伤害眼睛或面部的个人防护用品。

　　眼面部防护用品种类很多，根据防护功能，大致可分为防尘、防水、防冲击、防高温、防电磁辐射、防射线、防化学飞溅、防风沙、防强光等九类。

　　目前我国普遍生产和使用的主要有焊接护目镜和面罩、炉窑护目镜和面罩，以及防冲击眼护具等三类。

　　（4）听觉器官防护用品　听觉器官防护用品是能防止过量的声能侵入外耳道，使人耳避免噪声的过度刺激，减少听力损失，预防由噪声对人身引起的不良影响的个体防护用品。

　　听觉器官防护用品主要有耳塞、耳罩和防噪声耳帽等三类。

M10-4　护耳器的使用

　　（5）手部防护用品　手部防护用品是具有保护手和手臂功能的个体防护用品，通常称为劳动防护手套。

　　手部防护用品按照防护功能分为十二类，即一般防护手套、防水手套、防寒手套、防毒手套、防静电手套、防高温手套、防X射线手套、防酸碱手套、防油手套、防振手套、防切割手套、绝缘手套，每类手套按照材料又能分为许多种。

　　（6）足部防护用品　足部防护用品是防止生产过程中有害物质和能量损伤劳动者足部的护具，通常称为劳动防护鞋。

　　足部防护用品按照防护功能分为防尘鞋、防水鞋、防寒鞋、防足趾鞋、防静电鞋、防高温鞋、防酸碱鞋、防油鞋、防烫脚鞋、防滑鞋、防刺穿鞋、电绝缘鞋、防振鞋等十三类，每类鞋根据材质不同又能分为许多种。

　　（7）躯体防护用品　躯体防护用品就是通常讲的防护服。根据防护功能，防护服分为一般防护服、防水服、防寒服、防砸背心、防毒服、阻燃服、防静电服、防高温服、防电磁辐射服、耐酸碱服、防油服、水上救生衣、防昆虫服、防风沙服等十四类，每一类又可根据具体防护要求或材料分为不同品种。

　　（8）劳动护肤品　劳动护肤品是用于防止皮肤（主要是面、手等外露部分）受化学、物理等因素危害的个体防护用品。

　　按照防护功能，护肤用品分为防毒、防腐、防射线、防油漆及其他类。

　　（9）防坠落劳动防护用品　防坠落用品是防止人体从高处坠落的整体及个体防护用品。个体防护用品是通过绳带，将高处作业者的身体系于固定物体上。整体防护用品是在作业场所的边沿下方张网，以防不慎坠落，主要有安全网和安全带两种。

安全网是应用于高处作业场所边侧立装或下方平张的防坠落用品，用于防止和挡住人和物体坠落，使操作人员避免或减轻伤害的集体防护用品。根据安装形式和目的，分为立网和平网。

安全带按使用方式，分为围杆安全带和悬挂、攀登安全带两类。

劳动防护用品又分为特殊劳动防护用品和一般劳动防护用品。特殊劳动防护用品由国家安全生产监督管理总局确定并公布，共六大类 22 种产品。这类劳动防护用品必须经过质量认证，实行工业生产许可证和安全标志的管理。凡列入工业生产许可证或安全标志管理目录的产品，称为特种劳动防护用品。具体见表 10-2，未列入的劳动防护用品为一般劳动防护用品。

M10-5 安全带佩戴

表 10-2 特种劳动防护用品

类　别	用　品
头部护具类	安全帽
呼吸护具类	防尘口罩、过滤式防毒面具、自给式空气呼吸器、长导管面具
眼面护具类	焊接眼面防护具、防冲击眼护具
防护服类	阻燃防护服、防酸工作服、防静电工作服
防护鞋类	保护足趾安全鞋、防静电鞋、导电鞋、防刺穿鞋、胶面防砸安全靴、电绝缘鞋、耐酸碱皮鞋、耐酸碱胶靴、耐酸碱塑料模压靴
防坠落护具类	安全带、安全网、密目式安全立网

二、个体防护用品的管理

1. 个体防护用品的选用

劳动防护用品选择的正确与否，关系到防护性能的发挥和生产作业的效率两个方面。一方面，选择的劳动防护用品必须具备充分的防护功能；另一方面，其防护性能必须适当，因为劳动防护用品操作的灵活性、使用的舒适度与其防护功能之间具有相互影响的关系。如气密性防化服具有较好的防护功能，但在穿着和脱下时都很不方便，还会产生热应力，给人体健康带来一定的负面影响，更会影响工作效率。所以，正确选用劳动防护用品是保证劳动者的安全与健康的前提。因选用的防护用品不合格而导致的事故时有发生，有血的教训。

GB/T 11651—2008《个体防护装备选用规范》为选用劳动防护用品提供了依据。正确选用优质的防护用品是保证劳动者安全与健康的前提，选用的基本原则是：

① 根据国家标准、行业标准或地方标准选用；

② 根据生产作业环境、劳动强度以及生产岗位接触有害因素的存在形式、性质、浓度（或强度）和防护用品的防护性能进行选用；

③ 穿戴要舒适方便，不影响工作。

2. 个体防护用品的发放

2000 年，国家经贸委颁布了《劳动防护用品配备标准（试行）》（国经贸安全〔2000〕189 号），规定了国家工种分类目录中的 116 个典型工种的劳动防护用品配备标准。用人单位应当按照有关标准，按照不同工种、不同劳动条件发给职工个人劳动防护用品。

用人单位的具体责任为：

① 用人单位应根据工作场所中的职业危害因素及其危害程度，按照法律、法规、标准的规定，为从业人员免费提供符合国家规定的防护用品。不得以货币或其他物品替代应当配备的防护用品。

②用人单位应到定点经营单位或生产企业购买特种劳动防护用品。防护用品必须具有"三证"，即生产许可证、产品合格证和安全鉴定证。购买的防护用品须经本单位安全管理部门验收。并应按照防护用品的使用要求，在使用前对其防护功能进行必要的检查。

③用人单位应教育从业人员，按照防护用品的使用规则和防护要求，正确使用防护用品。使职工做到"三会"：会检查防护用品的可靠性；会正确使用防护用品；会正确维护保养防护用品，并进行监督检查。

④用人单位应按照产品说明书的要求，及时更换、报废过期和失效的防护用品。

⑤用人单位应建立健全防护用品的购买、验收、保管、发放、使用、更换、报废等管理制度和使用档案，并切实贯彻执行和进行必要的监督检查。

3. 个体防护用品的使用

①劳动防护用品使用前，必须认真检查其防护性能及外观质量。

②使用的劳动防护用品与防御的有害因素相匹配。

③正确佩戴和使用个人劳动防护用品。

④严禁使用过期或失效的劳动防护用品。

三、控制职业病危害的相关法律、法规及标准

1. 职业病防治法

《中华人民共和国职业病防治法》（以下简称《职业病防治法》）是 2001 年 10 月 27 日第九届全国人民代表大会常务会第二十四次会议通过的，自 2002 年 5 月 1 日施行，2017 年 11 月 4 日进行了第三次修正。这是我国第一部全面规范职业病防治工作的法律。本法共 7 章 88 条。其主要内容如下：

（1）职业病防治工作的基本方针和原则　我国职业病防治工作的基本方针是"预防为主，防治结合"。职业病一旦发生，较难治愈，所以职业病防治工作应当从致病源头抓起，采取前期预防措施。同时，在劳动过程中需要加强防护与管理，产生职业病后需要及时治疗，并对职业病病人给予相应的保障，做到全过程的监督管理。

职业病防治管理的基本原则是"分类管理，综合治理"。由于造成职业病的危害因素有多种，其造成的危害程度也不相同，对职业病防治管理需要区别不同情况进行。

（2）职业病的前期预防　本法从可能产生职业危害的新建、改建、扩建项目和技术改造、技术引进项目（以下统称建设项目）的"源头"实施管理，规定了预评价制度：

①在建设项目可行性论证阶段，建设单位应当对可能产生的职业危害因素及其对工作场所和人员的影响进行职业危害预评价，并经卫生行政部门审核。

②建设项目的职业卫生防护设施应当与主体工程同时设计、同时施工、同时运行或者同时使用；竣工验收前，建设单位应当进行职业危害控制效果评价。

（3）劳动过程中的防护与管理　防治职业病，用人单位是关键。《职业病防治法》第三章对用人单位加强劳动过程中的职业病防治与管理做了以下规定：

①用人单位应当实施由专人负责的职业病危害因素日常监测，并确保监测系统处于正常运行状态；

②用人单位应当按照国务院安全生产监督管理部门的规定，定期对工作场所进行职业病危害因素检测、评价；

③向用人单位提供可能产生职业病危害的设备的，应当提供中文说明书，并在设备的醒

目位置设置警示标识和中文警示说明；

④ 向用人单位提供可能产生职业病危害的化学品、放射性同位素和含有放射性物质的材料的，应当提供中文说明书；

⑤ 用人单位对采用的技术、工艺、材料，应当知悉其产生的职业病危害，对有职业病危害的技术、工艺、设备、材料隐瞒其危害而采用的，对所造成的职业病危害后果承担责任；

⑥ 用人单位与劳动者订立劳动合同（含聘用合同，下同）时，应当将工作过程中可能产生的职业病危害及其后果、职业病防护措施和待遇等如实告知劳动者，并在劳动合同中写明，不得隐瞒或者欺骗；

⑦ 用人单位应当对劳动者进行上岗前的职业卫生培训和在岗期间的定期职业卫生培训，普及职业卫生知识，督促劳动者遵守职业病防治法律、法规、规章和操作规程，指导劳动者正确使用职业病防护设备和个人使用的职业病防护用品；

⑧ 对从事接触职业病危害的作业的劳动者，用人单位应当按照国务院安全生产监督管理部门、卫生行政部门的规定组织上岗前、在岗期间和离岗时的职业健康检查，并将检查结果书面告知劳动者，职业健康检查费用由用人单位承担等。

（4）职业病的诊断管理　关于职业病诊断管理，《职业病防治法》主要从以下三个方面做了规定：

① 职业病的诊断应当由医疗卫生机构承担。从事职业病诊断的医疗卫生机构由省级以上人民政府卫生行政部门批准，并在其《医疗机构执业许可证》上注明获准开展的职业病诊断项目。

② 劳动者可以在用人单位所在地、本人户籍所在地或者经常居住地依法承担职业病诊断的医疗卫生机构进行职业病诊断。

③ 承担职业病诊断的医疗卫生机构在进行职业病诊断时，应当组织 3 名以上取得职业病诊断资格的执业医师集体诊断；职业病诊断证明书，应当由参与诊断的取得职业病诊断资格的执业医师签署，并经承担职业病诊断的医疗卫生机构审核盖章。

（5）对职业病病人的治疗与保障　对从事接触职业危害因素作业的劳动者，发现患有职业病或者有疑似职业病的，必须及时诊断、治疗，妥善安置。据此，《职业病防治法》主要从以下几方面做了规定：

① 用人单位应当及时安排对疑似职业病病人进行诊断；疑似职业病病人在诊断、医学观察期间的费用，由用人单位承担。

② 用人单位按照国家有关规定，安排职业病病人进行治疗、康复和定期检查；职业病病人的诊疗、康复费用，按照国家有关工伤社会保险的规定执行；没有参加工伤社会保险的，其医疗和生活保障由造成职业病的用人单位承担。

③ 用人单位在疑似职业病病人诊断或者医学观察期间，不得解除或者终止与其订立的劳动合同；用人单位对不适应继续从事原工作的职业病病人，应当调离原岗位，并妥善安置；职业病病人变动工作单位，其职业病待遇不变，用人单位发生分立、合并、解散、破产等情形的，应当按照国家有关规定妥善安置职业病病人。

2. 常用职业卫生标准

（1）《工业企业设计卫生标准》（GBZ 1—2010）　详细规定了工业企业的选址与整体布局、防尘与防毒、防暑与防寒、防噪声与防振动、防非电离辐射及电离辐射、辅助用室等方面的内容，以保证工业企业设计符合卫生标准，保护劳动者健康，预防职业病。

（2）工作场所有害物质职业接触限值　《工作场所有害物质职业接触限值　第 1 部分　化学

有害因素》（GBZ 2.1—2007）适用于工业企业卫生设计及存在或产生化学有害因素的各类工作场所。适用于工作场所卫生状况、劳动条件、劳动者接触化学因素的程度、生产装置泄漏、防护措施效果的监测、评价、管理及职业卫生监督检查等。

《工作场所有害物质职业接触限值　第 2 部分　物理因素》（GBZ 2.2—2007）适用于存在或产生物理有害因素的各类工作场所，适用于工作场所卫生状况、劳动条件、劳动者接触物理因素的程度、生产装置泄漏、防护措施效果的监测、评价、管理及工业企业卫生设计和职业卫生监督检查等，不适用于非职业性接触。

（3）《工作场所职业病危害警示标识》（GBZ 158—2003）　本标准规定了在工作场所设置的可以使劳动者对职业病危害产生警觉，并采取相应防护措施的图形标识、警示线、警示语句和文字。

本标准适用于可产生职业病危害的工作场所、设备及产品。根据工作场所实际情况，组合使用各类警示标识。

 拓展阅读

中国载人航天工程总设计师——王永志

担任中国载人航天工程总设计师、中国工程院院士、国际宇航科学院院士的王永志对中国航天事业的发展做出了巨大贡献。

1964 年 6 月，他作为一个中尉军衔的年轻的国防科技工作者，第一次走进戈壁滩，参加中国自行设计的第一种中近程火箭的试验发射。

有关专家面对火箭射程不够的问题，都在竭力想办法使其尽可能多地装进一些推进剂，以增加火箭的射程。尽管火箭的燃料贮箱已完全被填满，专家们却仍在挖空心思地想怎样才能再多加进去一些燃料。

在一次研讨会上，王永志站起来说："火箭发射时推进剂的温度高，密度就要变小，发动机的节流特性也要随之发生变化。经过计算，要是能从火箭体内泄出 600kg 燃料，这枚火箭就能命中目标。"在场的专家们大都对王永志的建议不以为然，甚至有人不客气地说："本来火箭射程就不够，你还要往外泄燃料？"可王永志对于自己的思路和计算非常自信，对于别人的否定他并不甘心，于是去找当时正坐镇酒泉发射场的技术总指挥钱学森。

钱学森听完王永志陈述的意见后，当即对秘书说："快把火箭的总设计师请来。"钱学森指着王永志对总设计师说："这个年轻人的意见对，就按他说的办。"

果然，火箭泄出一些推进剂后，射程真的变远了。接连发射了三发火箭，发发命中目标。

30 多年后，当总装备部的领导去看望钱学森时，钱老还兴致勃勃地说："我推荐王永志担任载人航天工程的总设计师，没有看错人。"

王永志大胆进行逆向创新思维，成功解决了火箭射程不够的问题。

 检查与评价

1. 案例总结。
2. 学生对职业病的理解。
3. 学生对相关器材的正确使用。

4. 学生的现场处置能力和应变能力。

 ————————课外作业

1. 网络作业（见智慧职教网 http：//www.icve.com.cn/）。

2. 基础知识检查

（1）根据生产性粉尘的性质可分为 3 类：无机性粉尘、有机性粉尘、（　　　）。

A. 刺激性粉尘　　　　B. 剧毒性粉尘　　　　C. 高电离粉尘　　　　D. 混合型粉尘

（2）下列因素中，可能引起白血病的因素是（　　　）。

A. 激光　　　　　　　B. 电离辐射　　　　　C. 红外线　　　　　　D. 射频辐射

（3）劳动防护用品按防护部位不同，分为 9 大类：安全帽、呼吸护具、眼防护具、听力护具、防护鞋、防护手套、防护服、防坠落护具和护肤用品。下列防护用品中，安全带和安全绳属于（　　　）。

A. 呼吸护具　　　　　B. 听力护具　　　　　C. 眼防护具　　　　　D. 防坠落护具

（4）用人单位应当要求从业人员对劳动防护用品（简称"护品"）做到"三会"，下述不属于"三会"内容的是（　　　）。

A. 会修理护品　　　　　　　　　　B. 会检查护品的可靠性

C. 会正确使用护品　　　　　　　　D. 会正确维护保养护品

（5）以下职业性危害因素：高温、辐射、噪声属于（　　　）。

A. 物理因素　　　　B. 化学因素　　　　C. 生物因素　　　　D. 劳动心理因素

3. 职业病的定义是什么？职业病有哪些危害？

4. 职业病如何预防？疑似职业病病人和职业病病人享有哪些权利？

5. 控制、消除职业病危害，用人单位需要注意哪些事项？

6. 销售、购买和使用可能产生职业病危害的化学品时的注意事项有哪些？

情境十一

事故应急救援与现场处置

学习目标

知识目标	熟悉应急救援预案的基础知识;掌握化工应急救援现场处置措施。
能力目标	学会编制事故应急救援预案;学会中毒事故现场控制;学会事故现场医学救护技能;学会事故现场泄漏控制常见技术方法。
素质目标	培养防患于未然的意识;树立同舟共济、团结协作的大局观念;锻炼临危不乱的应变能力;提高抗压能力。

教学引导案例

江苏响水某化工有限公司特别重大爆炸事故

一、事故经过

2019 年 3 月 21 日 14:48,位于江苏响水的某化工有限公司发生特别重大爆炸事故,造成 78 人死亡、76 人重伤、640 人住院治疗,直接经济损失约 19.86 亿元。

事故发生后，党中央、国务院高度重视，要求全力抢险救援，搜救被困人员，及时救治伤员，做好善后工作，切实维护社会稳定；加强监测预警，防控环境污染，严防发生次生灾害；尽快查明事故原因，及时发布权威信息，加强舆情引导。并要求各地和有关部门深刻吸取教训，加强安全隐患排查，严格落实安全生产责任制，坚决防范重特大事故发生，确保人民群众生命和财产安全。

江苏省和应急管理部等立即启动应急响应，迅速调集综合性消防救援队伍和危险化学品专业救援队伍开展救援。至3月22日5时许，该公司的储罐等8处明火被全部扑灭，未发生次生事故。至3月24日24时，失联人员全部找到，救出86人，搜寻到遇难者78人，江苏省和国家卫生健康委全力组织伤员救治。至4月15日，危重伤员、重症伤员经救治全部脱险。生态环境部门对爆炸核心区水体、土壤、大气环境密切监测，实施堵、控、引等措施，未发生次生污染。至8月25日除残留在装置内的物料外，园区内的危险物料全部转运完毕。

二、事故原因

1. 直接原因

该公司旧固废库内长期违法贮存的硝化废料持续积热升温导致自燃，燃烧引发硝化废料爆炸。

2. 间接原因

(1) 各级管理部门未认真履行监督管理职责 依据《安全生产法》履行安全生产综合监督管理职责不到位，指导、协调、督促相关部门全面摸排安全风险隐患不力，对发现的固废库长期大量储存危险废物问题，没有及时解决。监督检查事故隐患排查治理工作不彻底。

(2) 日常监管执法不严、不实 对该公司违反《安全生产法》，相关人员长期未取得安全生产知识和管理能力考核合格证，仪表、特种作业人员无证上岗等问题失察。对安全评价机构违规问题失察。

(3) 督促企业排查消除重大事故隐患不力 未按危险化学品安全综合治理实施方案等要求，建立危险化学品安全风险分布档案。未按《安全生产法》要求，采取有效措施推动公司健全事故隐患排查制度，及时发现并消除事故隐患。

(4) 复产验收把关不严 此前对该公司进行安全生产现场复查时，共查出89项事故隐患，但在部分尚未完成整改的情况下，就在复产审查意见中签字同意复产，违反了《安全生产法》。

三、事故教训

(1) 安全发展理念不牢，红线意识不强 江苏省、盐城市对发展化工产业的安全风险认识不足，对欠发达地区承接淘汰落后产能，没有把好安全关。响水县本身不具备发展化工产业的条件，却选择化工作为主导产业，盲目建设化工园区，且没有采取有效的安全保障措施，甚至为了招商引资，违法将县级规划许可审批权下放，导致一批易燃易爆、高毒、高危建设项目未批先建。

(2) 防范化解重大风险不深入不具体，抓落实有很大差距 江苏作为化工大省，近年来连续发生重特大事故，教训极为深刻，理应对防范化解化工安全风险更加重视。但在开展危险化学品安全综合治理和化工企业专项整治行动中，缺乏具体标准和政策措施，没有紧紧盯住重点风险、重大隐患，采取有针对性的办法。在产业布局、园区管理、企业准入、专业监管等方面下功夫不够。

（3）有关部门落实安全生产职责不到位，造成监管脱节　这起事故暴露出监管部门之间统筹协调不够、工作衔接不紧等问题。虽然江苏省、市、县政府已在有关部门安全生产责任中明确了危险废物监督管理职责，但应急管理、生态环境等部门仍按自己理解，各管一段，没有主动向前延伸一步，不积极主动，不认真负责，存在监管漏洞。

（4）安全监管水平不适应化工行业快速发展需要　我国化工行业多年保持高速发展态势，产业规模已居世界第一，但安全管理理念和技术水平还停留在初级阶段，不适应行业快速发展需求。这是导致近年来化工行业事故频繁发生的重要原因。监管执法制度化、标准化、信息化建设进展慢。安全生产法等法律法规亟需加大力度修订完善，化工园区建设等国家标准缺失，危险化学品生产经营信息化监管严重滞后，缺少运用大数据智能化监控企业违法行为的手段。危险化学品安全监管体制不健全，人才保障不足，缺乏有力的专职监管机构和专业执法队伍。专业监管能力不足问题非常突出。

（5）须建立应急机制，提高应对能力，减轻事故损害　各级政府必须增强对突发事故的敏锐性和责任感，对处置事故保持高度警惕性。要建立健全事故预警体系和应急机制，健全应急机构，完善应急制度，明确各方职责，加强培训和预案演练，确保一旦发生事故，能够做到有效组织、快速反应、高效运转，迅速采取有效措施，最大限度地减少事故损失。

四、课堂思考

① 化工企业有哪些安全隐患？
② 化工企业在"三废"处理处置过程中应该注意哪些事项？
③ 应急救援预案对事故处置起什么作用？

 相关知识介绍

应急救援预案知识

一、概述

应急预案是发生各类紧急事件时的处置顺序的预案。应急预案是一个总体，针对可能发生的各种灾害、事件、事故、危险源等可制订综合应急预案、专项应急预案或现场应急处置方案。应急预案类型广泛，比如火灾与爆炸事故预防措施及应急救援预案、机械伤害事故预防措施及应急救援预案、废弃物仓库作业现场应急处置预案、中毒与窒息事故预防措施及应急救援预案、高处坠落事故预防措施及应急救援预案、校园内发现可疑分子应急处理程序等都属于应急预案范畴。

应急救援预案又称应急救援计划，是应急预案的一种，指政府或企业为降低紧急事件后果的严重程度，以对危险源的评价和事故预测结果为依据而预先制订的紧急事件控制和抢险救灾预案，是发生紧急事件时各种救援应当采取的方法与顺序的预案。应急救援预案是紧急事件应急救援活动的行动指南。制订应急救援预案要充分考虑现有物质、人员及危险源的具体条件，编制内容应该更详细一点，以便及时、有效地统筹指导事故应急救援行动。

安全生产应急救援预案是应急救援预案的一种。安全生产事故应急救援预案是为了规范安全生产事故灾难的应急管理和应急响应程序，及时有效地实施应急救援工作而制订的专项应急预案。安全生产应急预案是广义的概念，安全事故应急预案也属于广义但范围相对较小。

关于应急救援预案，在多项法律中都有相关规定。

《安全生产法》第 69 条规定："危险物品的生产、经营、储存单位以及矿山、建筑施工单位应当建立应急救援组织；生产经营规模较小，可以不建立应急救援组织的，应当指定兼职的应急救援人员。"

《危险化学品安全管理条例》第 50 条第一款规定："危险化学品单位应当制定本单位事故应急救援预案，配备应急救援人员和必要的救援装备，并定期组织演练。"

二、事故应急救援预案

（一）事故应急救援预案的基本要求、体系构成和主要内容

事故应急救援是指在应急响应过程中，为消除、减少事故危害，防止事故扩大或恶化，最大限度地降低事故造成的损失或危害而采取的救援措施或行动。它的基本任务是：控制危险源；抢救受害人员，指导群众防护，组织群众撤离；排除现场灾患，消除危险后果。

事故应急救援预案是针对可能发生的事故，为迅速、有序地开展应急行动而预先制定的行动方案。事故应急救援预案的基本要求是：

① 科学性。以科学的态度制订出系统、完整的应急预案。

② 实用性。符合实际情况，预案具有可操作性。

③ 权威性、合法性。明确救援工作的组织管理体系、组织指挥权限及职责、任务等；上报批准备案，确保其权威性及合法性。

应急预案针对各级各类可能发生的事故和所有危险源制订专项应急预案和现场应急处置方案，并明确事前、事发、事中、事后的各个过程中相关部门和有关人员的职责。应急预案体系构成如下：

（1）综合应急预案　综合应急预案是从总体上阐述事故的应急方针、政策，应急组织结构及相关应急职责，应急行动、措施和保障等基本要求和程序，是应对各类事故的综合性文件。

（2）专项应急预案　专项应急预案是针对具体的事故类别（如煤矿瓦斯爆炸、危险化学品泄漏等事故）、危险源和应急保障而制订的计划或方案，是综合应急预案的组成部分，应按照综合应急预案的程序和要求组织制订，并作为综合应急预案的附件。专项应急预案应制订明确的救援程序和具体的应急救援措施。

（3）现场处置方案　现场处置方案是针对具体的装置、场所或设施、岗位所制订的应急处置措施。现场处置方案应具体、简单、针对性强。现场处置方案应根据风险评估及危险性控制措施逐一编制，做到事故相关人员应知应会，熟练掌握，并通过应急演练，做到迅速反应、正确处置。

生产规模小、危险因素少的生产经营单位，综合应急预案和专项应急预案可以合并编写。

《生产经营单位安全生产事故应急预案编制导则》（AQ/T 9002—2006）指出，综合应急预案应该包括以下 11 项内容：

① 总则。包括编制目的、编制依据、适用范围、应急预案体系、应急工作原则。

② 生产经营单位的危险性分析。包括生产经营单位概况、危险源与风险分析。

③ 组织机构及职责。包括应急组织体系、指挥机构及职责。

④ 预防与预警。包括危险源监控、预警行动、信息报告与处置。

⑤ 应急响应。包括响应分级、响应程序、应急结束。

⑥ 信息发布。明确事故信息发布的部门、发布原则。事故现场指挥部应及时准确地向新闻媒体通报事故信息。

⑦ 后期处置。主要包括污染物处理、事故后果影响消除、生产秩序恢复、善后赔偿，抢

险过程和应急救援能力评估及应急预案的修订等内容。

⑧ 保障措施。包括通信与信息保障、应急队伍保障、应急物资装备保障、经费保障、其他保障。

⑨ 培训与演练。包括培训及演练的相关计划方案等。

⑩ 奖惩。明确事故应急救援工作中奖励和处罚的条件和内容。

⑪ 附则。包括术语和定义、应急预案备案、维护和更新、制定与解释、应急预案实施。

（二）事故应急救援体系的协调机制

以往的事故教训告诉我们，当发生重大、特大事故时，单靠企业自身和一地政府的力量应对往往是不够的。协调好政府和企业之间、不同企业之间的事故应急救援体系更有利于事故的处理处置并可以大大减轻事故损失。

1. 企业、政府之间的事故应急救援体系衔接

企业根据自身的实际情况建立相应的应急体系，并按照预案做好常态下的风险评估、物资储备、队伍建设、装备完善、预案演练等监督检查工作，但是企业应急救援体系存在以下几方面的局限性。

① 局部性。企业应急救援体系相对于整个社会的大背景是孤立的和局部的，尤其对危险化学品事故后影响到居民和周边其他单位时，企业的应急救援体系难以发挥作用。

② 企业应急响应能力和应急资源调动能力是有限的。当发生的重特大事故超出企业自身的控制能力时，企业无法启动与之对应的响应等级，也无法调动相应的应急资源。

③ 应急技术支撑非充分性。对大多数企业而言，其应急体系建设中技术支撑是不充分的，一旦出现与预案设定不完全相符的紧急情况，企业往往得不到专家的技术支撑，从而造成损失增大、后果加重的情况。

④ 应急信息非对称性，企业难以全面了解其他单位的应急救援体系建立与实施情况，在这方面只有依靠政府。

与此同时我们也看到，政府应急救援体系也存在着应急救援预案针对性、专业性和现场指导性不强等不足。要做好应急救援工作，使得整个应急救援工作统一于政府的控制或领导之下，就要做好应急救援预案的衔接工作，保证在非常态下能够临危不乱、行动迅速。

企业、政府应急救援体系的衔接要做好以下几方面的工作。

（1）应急预案的备案　政府要充分发挥主导作用，要建立危险化学品事故应急救援预案的逐级备案制度。企业要主动向政府报告重大危险源和处置方案，并将应急救援预案报属地政府备案，实现企业应急救援预案和政府应急救援预案的协调统一。区（县）人民政府编制的危险化学品事故应急救援预案应报上一级政府主管部门备案。

政府应急机构对企业上报备案的危险化学品应急处置预案要予以审核评估，对其应急救援预案的修订完善与日常管理要予以指导。

（2）应急机构的衔接　企业的应急机构要自觉地接受属地政府部门的监管和组织领导，搞好企业应急职能和地方政府应急职能的衔接，形成统一指挥、功能齐全、反应灵敏、运转高效的应急救援体系。

（3）应急资源的衔接　要充分发挥规模企业和地方政府规模大、专业队伍训练有素的特点，及各方面专家集中、技术优势突出和物资储备充分、救援装备先进的优势，合理配置物资、装备、专业队伍等资源，提高资源利用效率和水平，弥补中小企业应急能力和救援力量不足的状况。

（4）应急信息的衔接　一方面，要建设高效的安全生产预防、预报、预警网络及通信系统和信息平台，充分利用和整合已有的数据资料、技术系统和设施，加快应急技术支撑体系建设，为应急决策提供更加科学、详实的支持。另一方面，要充分依托社会信息资源，掌握中央和地方政府关于应急管理的规定政策，了解应急管理的发展动态和应急技术发展方向。一旦发生事故，要按照事故报告的规定及时报各级政府相关部门，坚决杜绝瞒报、迟报和漏报问题的发生。

（5）与其他应急预案的衔接　化工企业危险化学品事故只是众多突发公共事件的一部分，由于危险化学品事故极易引发其他次生灾害事故，政府要将自身和企业关于危险化学品的应急救援预案认真与其他预案做好衔接工作，只有这样才能形成相互配合、协调一致的预案体系。

2. 建立区域性事故应急救援体系协调机制

近年来随着我国经济发展的加快，建立区域事故应急救援协调机制显得越发重要，尤其是近年来一系列重特大危险化学品事故的发生，迫切需要构建相应的区域性应急救援体系。因此政府在与企业在应急救援预案衔接的基础上，要同时注重建立区域应急救援协调机制，从而确保事故应急救援充分有效。

我国区域性危险化学品事故应急救援协调机制目前采取的是如下三方面措施。

（1）组建跨区域应急力量　自 1995 年日本沙林毒气事件之后，为了防范和及时有效地处置可能发生的恐怖暴力事件、危险化学品泄漏爆炸等重特大灾害事故，我国公安消防部队加快了消防特勤队伍建设，基本形成了一支跨区域应急处置重特大灾害事故的快速机动力量。

（2）组建协作区　美国"9·11"事件之后，为了适应重特大灾害事故跨区域消防灭火与抢险救援的需要，我国公安部消防局于 2001 年 9 月 27 日下发了《公安消防部队处置恐怖袭击和特大灾害事故的应急救援预案》，进一步明确了协作区的组建问题，并对跨区域应急救援中的力量调集、组织指挥、通信保障和后勤保障等方面进行了具体规定。据此，公安部消防局又相应开展了若干实战演练活动，探索协作区消防部队在跨区域协同作战中的有效途径。

（3）实施规范化建设　目前，我国公安消防部队正在修订或加紧制订有关跨区域应急救援的标准和规范，对预案制订、实战演练、训练保障、装备配备和素质能力等提出了相应的标准和要求。

相比之下，其他的应急救援体系还很不完善，而且在应急救援体系的区域性建设方面大多较为欠缺。有关部门尽管从 1996 年起组建了化学事故应急救援抢救系统和 8 个区域性的化学事故应急救援抢救中心（目前挂靠在国家安全生产监督管理局），但这一化学事故应急救援体系中的应急力量则相对单薄，其建设工作仍然处在起步阶段。

为了适应新时代的发展，区域性危险化学品事故应急救援支撑体系建设可以从如下四方面着手。

（1）强化法制创新，提供法律保障　国家有必要在现有的《消防法》和公安消防协作区的基础上，从法律上对区域性危险化学品事故应急救援体系的建设理念加以规定和统一，形成国家意志。对此，可以采用国家有关部门牵头指导、各协作区联合制订的办法，以便出台适合本地区实际需要的应急救援合作条例，然后在总结经验的基础上逐步形成全国性的条例。

（2）实施源头控制，制订协作区安全总体规划　在法制创新的同时，国家可以考虑拟制区域性防灾减灾的总体规划，实施区域性危险化学品危险源总体控制，基本形成一个满足危险化学品区域性控制和应急救援工作需要的全面规划。

（3）完善体制改革，构建区域性应急救援组织　国家要继续从行政区划体制改革入手，努力消除"跨界城市"现象，消除城市灾害管理工作中的"一城两治"现象。而且行政体制改革要积极推动区域性治理，强化危险化学品区域性治理职能，而不是局限于行政区划的调整，以确保危险化学品区域性应急救援体系建设的实际需要。为此，协作区的各级地方政府要打破"行政围墙"，努力探索体制创新，建设区域性应急救援体系建设的联合机构，构建起制度化的管理和组织体制，而不是非制度化的缺少法律约束的倡导型、承诺型、磋商型、松散型组织模式。同时加快灾害管理组织体制改革和应急联动体制建设，进一步构建起危险化学品区域性应急联动的组织框架，改革行政性分割的体制格局。

（4）探索机制创新，充实区域性应急救援的运作平台　其一，要在政府间组织和协作的主导下，突出公安消防的主力作用并有效整合安监、医疗抢救等专业应急功能，创建跨越传统职能范围局限的综合性联动型区域应急救援机制。其二，建立由各界专家人士共同参与的联合调研机制和科技保障机制，发挥国家科技创新优势，开展联合科技攻关活动，积极启动并加快危险化学品区域性应急救援体系的研究进程。其三，鉴于危险化学品区域应急救援的特殊性和挑战性，要围绕战时条件下应急救援合作的路径依赖这一核心问题，努力探索跨省、跨地区、跨功能的应急救援的组织响应和力量整合机制。其四，建设和完善危险化学品区域性应急救援装备和设施等方面的共建机制，增进危险化学品区域性应急救援建设的一体化水平。其五，探索"数字防灾"，积极推进危险化学品区域应急救援的信息化建设和虚拟化运作，为区域性应急救援体系逐步建设开放的数字平台。

三、应急救援预案的演练

M11-1　事故应急救援预案演练

有了应急救援预案，如果响应人员不能充分理解自己的职责与预案实施步骤，如果应急人员没有足够的应急经验与实战能力，那么预案的实施效果将会大打折扣，达不到制定预案的目的。为了提高应急救援人员的技术水平与整体能力，使救援快速、有序、有效，有计划地开展应急救援培训和演练是非常必要的。

国家安全生产监督管理总局发布了中华人民共和国安全生产行业标准《生产安全事故应急演练指南》，该标准对安全生产应急演练的基本程序、内容、组织、实施、监控与评估等方面作出一般性规定，各级政府及其组成部门和生产经营单位组织开展安全生产应急演练活动时可参照执行。

（一）演练的参与人员

按照应急演练过程中扮演的角色和承担的任务，将应急演练参与人员分为演习人员、控制人员、模拟人员、评价人员和观摩人员。这5类人员在演练过程中都有着重要的作用，并且在演练过程中都应佩戴能表明其身份的识别符。

1. 演习人员

演习人员是指在应急组织中承接具体任务，并在演练过程中尽可能对演练情景或模拟事件作出真实情景下可能采取的响应行动的人员，相当于通常所说的演员。演习人员所承担的具体任务主要包括：

① 救助伤员或被困人员；

② 保护财产或公众健康；

③ 获取并管理各类应急资源；

④ 与其他应急人员协同处理重大事故或紧急事件。

2. 控制人员

控制人员是指根据演练情景，控制演练时间进度的人员。控制人员根据演练方案及演练计划的要求，引导演习人员按响应程序行动，并不断给出情况或消息，供参演的指挥人员进行判断、提出对策。其主要任务包括：

① 确保规定的演练项目得到充分的演练，以利于评价工作的开展；

② 确保演练活动的任务量和挑战性；

③ 确保演练的进度；

④ 解答演习人员的疑问，解决演练过程中出现的问题；

⑤ 保障演练过程的安全。

3. 模拟人员

模拟人员是指演练过程中扮演、代替某些应急组织和服务部门，或模拟紧急事件、事态发展的人员。其主要任务包括：

① 扮演、代替正常情况或响应实际紧急事件时应与应急指挥中心、现场应急指挥所相互作用的机构或服务部门。由于各方面的原因，这些机构或服务部门并不参与此次演练。

② 模拟事故的发生过程，如释放烟雾、模拟气象条件等。

③ 模拟受害或受影响人员。

4. 评价人员

评价人员是指负责观察演练进展情况并予以记录的人员。其主要任务包括：

① 观察演习人员的应急行动，并记录观察结果。

② 在不干扰演习人员工作的情况下，协助控制人员确保演练按计划进行。

5. 观摩人员

观摩人员是指来自有关部门、外部机构以及旁观演练过程的观众。

（二）演练实施的基本过程

由于应急演练是由许多机构和组织共同参与的一系列行为和活动，因此，应急演练的组织与实施是一项非常复杂的任务，建立应急演练策划小组（或领导小组）是成功组织开展应急演练工作的关键。策划小组应由多种专业人员组成，包括来自消防、公安、医疗急救、应急管理、市政、学校、气象部门的人员，以及新闻媒体、企业、交通运输单位的代表等；必要时，军队、核事故应急组织或机构也可派出人员参加策划小组。为确保演练的成功，演习人员不得参加策划小组，更不能参与演练方案的设计。

综合性应急演练的过程可划分为演练准备、演练实施和演练总结3个阶段。

（三）演练结果评价

应急演练结束后应对演练的效果做出评价，并提交演练报告，详细说明演练过程中发现的问题。按照对应急救援工作及时有效性的影响程度，将演练过程中发现的问题分为不足项、整改项和改进项。

1. 不足项

不足项指演练过程中观察或识别出的应急准备缺陷，可能导致在紧急事件发生时，不能确保应急组织或应急救援体系有能力采取合理应对措施，保护公众的安全与健康。不足项应在规定的时间内予以纠正。演练过程中发现的问题确定为不足项时，策划小组负责人应对该不足项进行详细说明，并给出应采取的纠正措施和完成时限。最有可能导致不足项的应急预案编制要素包括：职责分配，应急资源，警报、通报方法与程序，通信，事态评估，公众教育与公共信息，保护措施，应急人员安全和紧急医疗服务等。

2. 整改项

整改项指演练过程中观察或识别出的，单独不可能在应急救援中对公众的安全与健康造成不良影响的应急准备缺陷。整改项应在下次演练前予以纠正。在以下两种情况下，整改项可列为不足项：一是某个应急组织中存在两个以上整改项，共同作用可影响保护公众安全与健康能力的；二是某个应急组织在多次演练过程中，反复出现前次演练发现的整改项问题的。

3. 改进项

改进项指应急准备过程中应予改善的问题。改进项不同于不足项和整改项，它不会对人员安全与健康产生严重的影响，视情况予以改进，不必一定要求予以纠正。

 相关技术应用

化工事故应急救援预案的现场处置

一、化工事故现场控制

（一）化学品事故现场控制

化学品事故现场的控制过程一般包括报警、紧急疏散、现场急救、溢出或泄漏处理和火灾控制等几方面。

1. 报警

报警内容包括：事故时间、地点及单位；化学品名称和泄漏量；事故性质（外溢、爆炸、火灾）；危险程度及有无人员伤亡；报警人姓名及联系电话。

各主管单位在接到事故报警后，应迅速组织一个应急救援专业队。应急救援队伍组成和主要职责见图 11-1。各救援队伍在做好自身防护的基础上，快速实施救援，控制事故发展，并将

组　成	主　要　职　责
抢险抢修组	负责紧急状态下的现场抢险作业： ·泄漏控制、泄漏物处理； ·设备抢修作业； ·恢复生产的检修作业。
安全警戒组	·布置安全警戒，保证现场井然有序； ·实行交通管制，保证现场及厂区道路畅通； ·加强保卫工作，禁止无关人员、车辆通行。
抢救疏散组	负责现场周围人员和器材物资的抢救、疏散工作。
医疗救护组	·组织救护车辆及医务人员、器材进入指定地点； ·组织现场抢救伤员； ·进行防化防毒处理。
物资供应组	·通知有关库房准备好沙袋、锹镐、泡沫、水泥等消防物资及劳动保护用品； ·备好车辆，将所需物资供应现场

图 11-1　应急救援队伍组成和主要职责

伤员救出危险区域和组织群众撤离、疏散，做好危险化学品的清除工作。

2. 紧急疏散

在抢救中毒患者的同时必须及时做好周围人员及居民的紧急疏散工作，人员疏散方向是上风向，疏散距离根据不同化学物质的理化特性和毒性，结合地况、气象条件等综合情况来确定。疏散距离指的是必须采取保护措施的范围，即该范围内居民处于有害接触的危险中，可以采取撤离、密闭门窗、其他防护措施等。

急性中毒事故的危害范围由危害源性质、危害源所处的位置、地理（建筑）环境状况、气候条件、生态条件、敏感部门的分布综合分析确定。

常见刺激性气体和窒息性气体不同泄漏紧急疏散距离见表 11-1、表 11-2。

表 11-1　常见刺激性气体不同泄漏紧急疏散距离

刺激性气体	少量泄漏(＜200L)			大量泄漏(＞200L)		
	紧急隔离/m	白天疏散/km	夜间疏散/km	紧急隔离/m	白天疏散/km	夜间疏散/km
氨(液氨)	30	0.2	0.2	60	0.5	1.1
氯气	30	0.3	1.1	275	2.7	6.8
氮氧化物	30	0.2	0.5	305	1.3	3.9
光气	95	0.8	2.7	765	6.6	11.0

表 11-2　常见窒息性气体不同泄漏紧急疏散距离

窒息性气体	少量泄漏(＜200L)			大量泄漏(＞200L)		
	紧急隔离/m	白天疏散/km	夜间疏散/km	紧急隔离/m	白天疏散/km	夜间疏散/km
一氧化碳(压缩)	30	0.2	0.2	125	0.6	1.8
氰	30	0.3	1.1	305	3.1	7.7
氰化氢(氢氰酸)	60	0.2	0.5	400	1.3	3.4
硫化氢	30	0.2	0.3	215	1.4	4.3
氯化氢	60	0.5	1.8	275	2.7	6.8
一氧化氮(压缩)	30	0.3	1.3	155	1.3	3.5

紧急疏散时应注意下列事项：①迅速判明方向和安全区；②做好个体防护，并有相应的监护措施，开展互助互救工作；③明确专人引导和护送疏散人群到安全区，并在疏散路线上设立哨位和风向标志，指明方向，应向上风方向转移，不要在低洼处滞留；④人员登记，查清事故区域的人员是否全部撤出。

为使疏散工作顺利进行，每个车间应至少有两个畅通无阻的紧急出口，并有明显标志。

紧急疏散示意图如图 11-2 所示。

图 11-2　紧急疏散示意图

3. 现场隔离

现场疏散与隔离要根据事故现场的实际情况确定。紧急隔离带是以紧急隔离距离为半径的圆，非事故处理人员不得入内，用红、黄、绿三色警示线区别。如图 11-3 所示。紧急隔离带示意如图 11-4 所示。

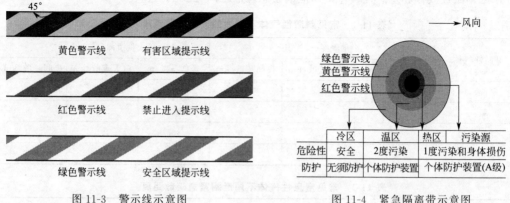

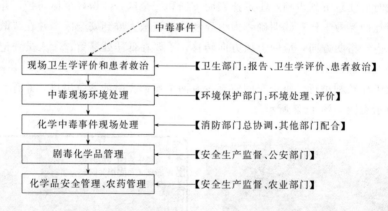

图 11-3　警示线示意图　　　　　　　　图 11-4　紧急隔离带示意图

4. 现场控制的基本原则

事故现场控制遵循五项基本原则：自我保护原则、现场疏散及隔离原则、抢救伤员原则、了解情况原则、提出建议原则。

（二）中毒事故现场处理各部门职责与应急响应处置流程

中毒可分为职业中毒和非职业中毒两类，还可分为急性中毒、慢性中毒、亚急性中毒、迟发性中毒和毒物的吸收。中毒事故现场处理各部门职责如图 11-5 所示，吸入中毒事件应急响应与处置流程见图 11-6。

图 11-5　中毒事故现场处理各部门职责

二、事故现场医学救护

1. 事故现场救护须知

现场急救注意事项如下：

① 进行急救时，不论患者还是救援人员都需要进行适当的防护。这一点非常重要！特别是把患者从严重污染的场所救出时，救援人员必须加以预防，避免成为新的受害者。

② 应将受伤人员小心地从危险的环境转移到安全的地点。

③ 应至少 2~3 人为一组集体行动，以便互相监护照应，所用的救援器材必须是防爆型。

④ 急救处理程序化以提高急救效率，可采取如下步骤：除去伤病员污染衣物→冲洗→共性处理→个性处理→转送医院。

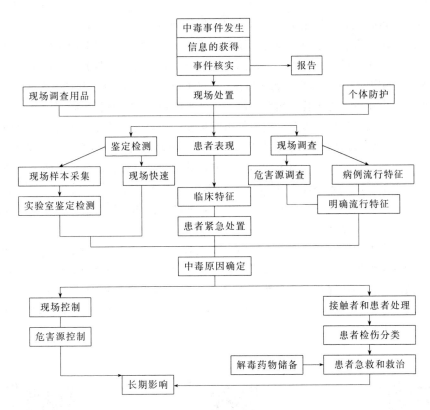

图 11-6 吸入中毒事件应急响应与处置流程

⑤ 处理污染物。要注意对伤员污染衣物的处理，防止发生继发性损害。

对受到化学伤害的人员进行急救时，一般急救原则即几项首先要做的紧急处理是：

① 置神志不清的病员于侧位，防止气道梗阻。呼吸困难时给予氧气吸入；呼吸停止时立即进行人工呼吸；心脏停止者立即进行胸外心脏按压。

② 皮肤污染时，脱去污染的衣服，用流动清水冲洗；头面部灼伤时，要注意眼、耳、鼻、口腔的清洗。

③ 眼睛污染时，立即提起眼睑，用大量流动清水彻底冲洗至少 15min。

④ 当人员发生冻伤时，应迅速复温。复温的方法是采用 40～42℃ 恒温热水浸泡，使其在 15～30min 内温度提高至接近正常。在对冻伤的部位进行轻柔按摩时，应注意不要将伤处的皮肤擦破，以防感染。

⑤ 当人员发生烧伤时，应迅速将患者衣服脱去，用水冲洗降温，用清洁布覆盖创伤面，避免伤面污染；不要任意把水疱弄破。患者口渴时，可适量饮水或含盐饮料。

⑥ 口服者，可根据物料性质，对症处理；有必要时进行洗胃。

⑦ 经现场处理后，应迅速护送至医院救治。

记住：口对口的人工呼吸及冲洗污染的皮肤或眼睛时要避免进一步受伤。

2. 现场救护五项技术

事故现场通常需要掌握心肺复苏术、止血、包扎、固定和搬运等救护技能。熟练掌握这些医学救护技能可以大大避免或减轻人员伤亡事故。

（1）止血 止血有伤口压迫止血、加压包扎止血、堵塞止血、止血带止血等多种方法，救护者根据伤者情况及现场条件快速选择合适的方法止血。

（2）包扎　　包扎具有压迫止血、骨折固定、保护创面、用药及减轻疼痛的作用。包扎可用绷带、三角巾、多头带、丁字带，现场若没有现成的这些用物，也可裁用干净的床单、衣服等衣料替代。包扎方法多样，根据包扎部位的不同而选用，主要有绷带和三角巾包扎法。

（3）固定　　固定的目的是减少疼痛和出血，避免再次受损。在固定中应注意以下事项：①若有伤口出血，应先止血，再包扎，然后再固定。②事故现场严禁对骨折断端进行复位，固定需牢固。③凡是骨与关节损伤，以及广泛的软组织损伤，大血管、神经损伤与脊髓损伤，均需要在处理休克、预防感染的同时，进行早期固定。④一般就地固定，不要无故移动伤员的伤肢。⑤固定时，在骨凸出处、肢体、躯干凹凸处、畸形处加垫，夹板长度超上下两个关节，松紧度以绑扎的带子上下活动 1cm 为宜，四肢固定要露出指（趾）尖。⑥固定后，应给予标志，迅速转运。现场缺乏固定材料时，可就地取材固定，如健肢健侧、硬纸板、树枝、小木板条、木棒、竹片、手杖、雨伞等。

（4）搬运　　常见的搬运方法有单人搬运、双人搬运、三人搬运。搬运时背部及头部挺直，双腿分开，将重量贴近身体，用肩部支撑重量。事故现场，应根据现场情况选用灵活的搬运方式和工具。搬运前，如情况许可，一般先止血、包扎、固定后再搬运，搬运动作要轻而迅速，避免和减少震动。搬运疑似脊柱或颈椎受伤的伤病者，必须由接受过训练的急救员采用四人搬运法搬运。

这些医学救护操作技能可以通过以下资源学习掌握。

M11-2　心肺复苏术　　　　　M11-3　常用包扎方法　　　　　M11-4　包扎举例

M11-5　骨折固定　　　　　　M11-6　转运方法　　　　　　　M11-7　心肺复苏法
　　　　　　　　　　　　　　　　　　　　　　　　　　　　　　　成功施救案例

三、事故现场泄漏处理

危险化学品的泄漏，容易发生中毒或转化为火灾爆炸事故。因此泄漏处理要及时、得当，避免重大事故的发生。

要成功地控制化学品的泄漏，必须事先进行计划，并且对化学品的化学性质和反应特性有充分的了解。

泄漏事故控制一般分为泄漏源控制和泄漏物处置两部分。

进入泄漏现场进行泄漏处理时应注意下列事项：

① 进入现场人员必须配备必要的个人防护器具。

② 如果泄漏物化学品是易燃易爆的，应严禁火种。扑灭任何明火及任何其他形式的热源和火源，以降低发生火灾爆炸的危险性。

③ 应急处理时严禁单独行动，要有监护人，必要时用水枪、水炮掩护。

④ 应从上风、上坡处接近现场，严禁盲目进入。

1. 泄漏源控制

如果有可能的话，可通过控制化学品的溢出或泄漏来消除化学品的进一步扩散。这可通过以下方法：

① 关闭有关阀门、停止作业或改变工艺流程、物料走副线、局部停车、打循环、减负荷运行等。

② 容器发生泄漏后，应采取措施修补和堵塞裂口，制止化学品的进一步泄漏，这对整个应急处理是非常关键的。能否成功地进行堵漏取决于几个因素：接近泄漏点的危险程度、泄漏孔的尺寸、泄漏点处实际的或潜在的压力、泄漏物质的特性。

常用堵漏方法如下。

a. 小容器泄漏时，尽可能将泄漏部位转向上，移至安全区域再进行处置。通常可采取转移物料、钉木楔、注射密封胶等方法处理。木楔堵塞是用木锤将大小和形状合适的木楔钉入泄漏孔内塞住；密封胶堵塞是用注胶枪将合适的密封剂注入泄漏孔内塞住。

b. 大容器泄漏时，由于大容器不像小容器那样可以转移，所以处理起来就更困难，一般是边将物料转移至安全容器，边采取适当的方法堵漏。原则上用于小容器泄漏的堵漏方法皆可用，但堵漏人员面临的危险更大，需加倍小心。

c. 管路系统泄漏时，泄漏量小时，可采取钉木楔、卡管卡、注射密封胶堵漏的方法；泄漏严重时，应关闭阀门或系统，切断泄漏源，然后修理或更换失效、损坏的部件。管道木楔堵漏是管道产生孔洞式泄漏时，可用木锤钉入大小和形状合适的木楔堵住泄漏口，止住泄漏。管卡堵漏是当管道破裂泄漏时，可先用汤布缠绕，然后再用一特制的管道卡卡住泄漏口。管道密封胶堵漏是利用泄漏部位的外表面与夹具构成的密封空间，用注胶枪注入密封剂，止住泄漏。注射密封剂时，一般先从泄漏另一侧开始注射密封剂，最后正面注射，泄漏一旦停止，应终止注胶，以防密封剂被注入管道中。管路系统的法兰、连接件、阀门、管道泄漏皆可用带压注射密封胶法堵漏。

d. 钢瓶泄漏必须由专业人员处理。尽可能将钢瓶移至安全区域再进行处置。操作时要注意钢瓶内压，预防开裂和爆炸的危险。如果泄漏发生在接头、阀门、减压装置等附件处，应使用专用工具消除。如果泄漏发生在液位以下，应尽可能改变钢瓶位置，使钢瓶内只泄出气体，同时冷却钢瓶减压。

2. 泄漏物处置

泄漏被控制后，要及时将现场泄漏物进行覆盖、收容、稀释、处理，使泄漏物得到安全可靠的处置，防止二次事故的发生。地面上泄漏物处置主要有以下方法。

如果化学品为液体，泄漏到地面上时会四处蔓延扩散，难以收集处理。为此需要筑堤堵截或者挖掘沟槽引流到安全地点。储罐区发生液体泄漏时，要及时关闭雨水阀，防止物料沿明沟外流。修筑围堤和挖掘沟槽是控制陆地上的液体泄漏物最常用的收容方法。常用的围堤有环形、直线形、V形等。通常根据泄漏物流动情况修筑围堤拦截泄漏物：如果泄漏发生在平地上，则在泄漏点的周围修筑环形堤；如果泄漏发生在斜坡上，则在泄漏物流动的下方修筑V形堤。挖掘沟槽收容泄漏物时也是根据泄漏物的流动情况而定，如果泄漏物沿一个方向流动，则在其流动的下方挖掘沟槽；如果泄漏物是四散而流，则在泄漏点周围挖掘环形沟槽。

对于液体泄漏，为降低物料向大气中的蒸发速率，可用泡沫或其他覆盖物品覆盖外泄的物料，在其表面形成覆盖层，抑制其蒸发，或者采用低温冷却来降低泄漏物的蒸发。泡沫覆盖必须和其他的收容措施如围堤、沟槽等配合使用，通常泡沫覆盖只适用于陆地泄漏物，选用的泡沫必须与泄漏物相容，对于所有类型的泡沫，使用时建议每隔 $30\sim60\text{min}$ 再覆盖一次，以便有效地抑制泄漏物的挥发。如果需要，这个过程可能一直持续到泄漏物处理完。影响低温冷却效果的因素有：冷冻剂的供应、泄漏物的物理特性及环境因素，如雨、风、洪水等将干扰、破坏形成的惰性气体膜，严重影响冷却效果。常用的冷冻剂有二氧化碳、液氮和冰，选用何种冷冻剂取决于冷冻剂对泄漏物的冷却效果和环境因素，应用低温冷却时必须考虑冷冻剂对随后采取的处理措施的影响。

对于大型液体泄漏，可选择用隔膜泵将泄漏出的物料抽入容器内或槽车内；当泄漏量小时，可用沙子、吸附材料、中和材料等吸收中和。或者用固化法处理泄漏物。吸附法处理泄漏物的关键是选择合适的吸附剂，常用的吸附剂有活性炭、天然有机吸附剂、天然无机吸附剂、合成吸附剂。现场应用中和法要求最终 pH 值控制在 $6\sim9$，反应期间必须监测 pH 值变化。对于水体泄漏物，如果中和过程中可能产生金属离子，必须用沉淀剂清除。常用的固化剂有水泥、凝胶、石灰。

对于泄漏到空气中的有害气体，为减少大气污染，通常是采用水枪或消防水带向有害物蒸气云喷射雾状水，加速气体向高空扩散，使其在安全地带扩散。在使用这一技术时，将产生大量的被污染水，因此应疏通污水排放系统。对于可燃物，也可以在现场施放大量水蒸气或氮气，破坏燃烧条件。

最后，将收集的泄漏物运至废物处理场所处置，用消防水冲洗剩下的少量物料，冲洗水排入含油污水系统处理。

泄漏物处置示意如图 11-7 所示。

图 11-7　泄漏物处置示意图

四、心肺复苏法的应用

心肺复苏法包括胸外按压与口对口人工呼吸两个步骤。对于抢救触电者生命来说，既至关重要又相辅相成。所以，一般情况下两法要同时施行。因为心跳和呼吸相互联系，心跳停止了，呼吸很快就会停止；呼吸停止了，心脏跳动也维持不了多久。所以，呼吸和心脏跳动是人体存活的基本特征。

采用心肺复苏法进行抢救，以维持触电者生命的三项基本措施是：通畅气道、口对口人工呼吸和胸外心脏按压。

（1）通畅气道　触电者呼吸停止时，最主要的是要始终确保其气道通畅；若发现触电者口内有异物，则应清理口腔阻塞。即将其身体及头部同时侧转，并迅速用一个或两个手指从口角处插入以取出异物。操作中要防止将异物推向咽喉深处。

采用使触电者鼻孔朝天头后仰的"仰头抬颌法"（如图 11-8 所示）通畅气道。具体做法是用一只手放在触电者前额，另一只手的手指将触电者下颌骨向上抬起，两手协同将头部推向后仰，此时舌根随之抬起，气道即可通畅（如图 11-9 所示）。禁止用枕头或其他物品垫在触电者头下，因为头部太高更会加重气道阻塞，且使胸外按压时流向脑部的血流减少。

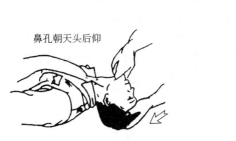

图 11-8　仰头抬颌法

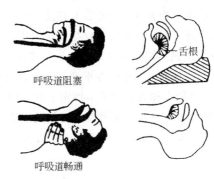

图 11-9　气道阻塞与通畅

（2）口对口人工呼吸　正常的呼吸是由呼吸中枢神经支配的，由肺的扩张与缩小排出二氧化碳，维持人体的正常生理功能。一旦呼吸停止，机体不能建立正常的气体交换，最后便导致人的死亡。口对口人工呼吸就是采用人工机械的强制作用维持气体交换，并使其逐步地恢复正常呼吸。具体操作方法如下。

① 在保持气道畅通的同时，救护人员用放在触电者额上那只手捏住其鼻翼，深深地吸足气后，与触电者口对口接合并贴近吹气，然后放松换气，如此反复进行（如图 11-10 所示）。开始时（均在不漏气情况下）可先快速连续而大口地吹气 4 次（每次用 1～1.5s），经 4 次吹气后观察触电者胸部有无起伏状，同时测试其颈动脉，若仍无搏动，便可判断为心跳已停止，此时应立即同时施行胸外按压。

② 除开始施行时的 4 次大口吹气外，此后正常的口对口吹气量均不需过大（但应达 800～1200mL），以免引起胃膨胀。施行速度每分钟 12～16 次；对儿童为每分钟 20 次。吹气和放松时，应注意触电者胸部要有起伏状呼吸动作。吹气中如遇有较大阻力，便可能是头部后仰不够，气道不畅，要及时纠正。

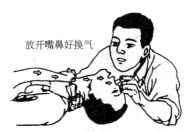

图 11-10　口对口人工呼吸法

③ 触电者如牙关紧闭且无法弄开时，可改为口对鼻人工呼吸。口对鼻人工呼吸时，要将触电者嘴唇紧闭以防止漏气。

（3）胸外心脏按压（人工循环）　心脏是血液循环的"发动机"。正常的心脏跳动是一种自主行为，同时受交感神经、副交感神经及体液的调节。由于心脏的收缩与舒张，把氧气和养料输送给机体，并把机体的二氧化碳和废料带回。一旦心脏停止跳动，机体因血液循环中止，将缺乏供氧和养料而丧失正常功能，最后导致死亡。胸外心脏按压法就是采用人工机械的强制作用维持血液循环，并使其逐步过渡到正常的心脏跳动。

① 正确的按压位置（称"压区"）是保证胸外按压效果的重要前提。确定正确按压位置的步骤如图 11-11(a) 所示。

a. 右手食指和中指沿触电者右侧肋弓下缘向上，找到肋骨和胸骨结合处的中点。

b. 两手指并齐，中指放在切迹中点（剑突底部），食指平放在胸骨下部。

c. 另一手的掌根紧挨食指上缘，置于胸骨上，此处即为正确的按压位置。

② 正确的按压姿势是达到胸外按压效果的基本保证。正确的按压姿势如下。

a. 使触电者仰面躺在平硬的地方，救护人员立或跪在伤员一侧肩旁，两肩位于伤员胸骨正上方，两臂伸直，肘关节固定不屈，两手掌根相叠，如图 11-11(b) 所示。此时，贴胸手掌的中指尖刚好抵在触电者两锁骨间的凹陷处，然后再将手指翘起，不触及触电者胸壁，或者采用两手指交叉抬起法（如图 11-12 所示）。

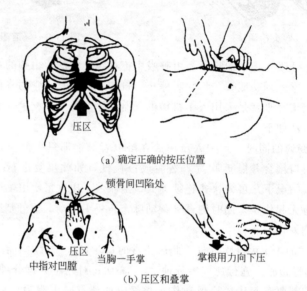

图 11-11　胸外心脏按压的准备工作

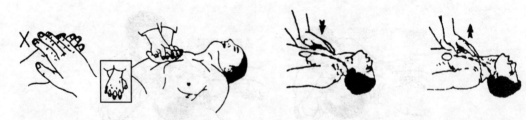

图 11-12　两手指交叉抬起法　　　图 11-13　胸外心脏按压法

b. 以髋关节为支点，利用上身的重力，垂直地将成人的胸骨压陷 4～5cm（儿童和瘦弱者酌减，为 2.5～4cm，对婴儿则为 1.5～2.5cm）；

c. 按压至要求程度后，要立即全部放松，但放松时救护人员的掌根不应离开胸壁，以免改变正确的按压位置（如图 11-13 所示）。

按压时正确地操作是关键。尤应注意，抢救者双臂应绷直，双肩在患者胸骨上方正中，垂直向下用力按压。按压时应利用上半身的体重和肩、臂部肌肉力量（如图 11-14 所示），避免不正确的按压（如图 11-15 所示）。

 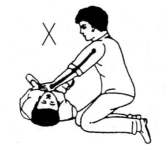 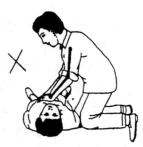

图 11-14　正确的按压姿势　　　　　　　　图 11-15　不正确的按压姿势

按压救护是否有效的标志，是在施行按压急救过程中再次测试触电者的颈动脉，看其有无搏动。因为颈动脉位置靠近心脏，容易反映心跳的情况。此外，因颈部暴露，便于迅速触摸，且易于学会与记牢。

③ 胸外按压的方法。

a. 胸外按压的动作要平稳，不能冲击式地猛压。而应以均匀速度有规律地进行，每分钟 80～100 次，每次按压和放松的时间要相等（各用约 0.4s）。

b. 胸外按压与口对口人工呼吸两法同时进行时，其节奏为：单人抢救时，按压 15 次，吹气 2 次，如此反复；双人抢救时，每按压 5 次，由另一人吹气 1 次，可轮流反复进行。

五、逃生与自救

火灾降临时，能否从火灾中逃生，不仅与火势大小、起火时间、楼层高度以及建筑物内有无报警、排烟、灭火设施等因素有关，而且也与被困人员的自救和互救能力以及是否掌握逃生办法等有直接关系。

（一）逃生的基本要求

1. 火灾致人伤亡的五个主要原因

（1）有毒气体中毒　有毒气体中毒包括大量吸入因燃烧产生的一氧化碳和其他化学毒气。

（2）缺氧　火焰使局部环境空气中含氧量急剧降低，不能维持人的生存要求。

（3）炽热气体灼伤　高温气体会破坏人体的呼吸器官。

（4）被火焰烧死、烧伤。

（5）被垮塌的建筑材料击伤、击死。

2. 火场逃生的基本方法

（1）了解和熟悉环境　当你走进工厂、商场、宾馆、酒楼、歌舞厅等公共场所时，要留心太平门、安全出口、灭火器的位置，以便发生意外时及时疏散和灭火。

（2）迅速撤离　一旦听到火灾警报或意识到自己被火围困时，要立即想办法撤离。

（3）保护呼吸系统　逃生时可用灭火毯披裹在身上或用毛巾、餐巾布、口罩、衣服等将口鼻捂严，否则会有中毒和被炽热空气灼伤呼吸系统软组织窒息致死的危险。

（4）从通道疏散　疏散通道有疏散楼梯、消防电梯、室外疏散楼梯等，也可考虑利用窗户、阳台、屋顶、避雷线、落水管等脱险。

（5）利用绳索滑行　用结实的绳子或将窗帘、床单、被褥等撕成条、拧成绳，用水沾湿后将其拴在牢固的暖气管道、窗框、床架上，被困人员逐个顺绳索滑到下一楼层或地面。

（6）低层跳离　适用于低楼层，跳前先向地面扔一些棉被、枕头、床垫、大衣等柔软的物品，以便"软着陆"，然后用手扒住窗户，身体下垂，自然下滑，以缩短跳落高度。

（7）借助器材　通常使用的有缓降器、救生袋、救生网、救生气垫、救生软梯、救生滑竿、滑台、导向绳、救生舷梯等。

（8）暂时避难　在无路逃生的情况下，可利用卫生间等暂时避难。避难时要用水喷淋迎火门窗，把房间内一切可燃物淋湿，延长时间。在暂时避难期间，要主动与外界联系，以便尽早获救。

（9）利用标志引导脱险　在公共场所的墙上、顶棚上、门上、转弯处都有"太平门""紧急出口""安全通道""火警电话"和逃生方向箭头等标志，被困人员按标志指示方向顺序逃离，可解"燃眉之急"。

（10）提倡利人利己　只有有序地迅速疏散，才能最大限度地减少伤亡，遇到不顾他人死活的行为和前拥后挤现象，要坚决制止。

（二）火灾中如何逃生

突发火灾时，千万不可惊慌失措，保持头脑清醒至关重要。首先要冷静地观察火情和环境，迅速分析判断火势趋向和灾情发展的可能，理智地做出果断决策。万万不可留恋火场中的财物而长时间逗留，应抓住有利时机，选择合理的逃生路线和方法，争分夺秒地逃离火灾现场。由于火灾现场的复杂性和不确定性，从火灾中逃生还要视具体情况确定逃生方法。

1. 保持头脑清醒，扑灭初起火灾十分重要

公共场合一般配备防火门和消火栓、灭火器、灭火毯等，只要平时学会操作，遇上初起火灾时就能将其扑灭。从某种意义上说，灭火也是一种逃生法，而且是一种最积极的救生方法。火灾初起时，一定要冷静，切不可惊慌失措，可用配备的灭火器、灭火毯在第一时间去扑灭，此时还应呼喊周围人员出来参与灭火和报警。如有两人以上在场，一人应尽快去打火警电话报警，另外的人员积极参与灭火。除了使用灭火器外，室内的自来水也是最好的灭火剂，可用盆、桶盛水或橡皮管接水来浇灭火焰。假如火焰有较大一片，可先用棉被覆盖，将火焰暂时压下去。应设法使棉被压实，不让棉被底下留有可燃烧的空间，并立即用水将棉被浇湿。浇湿棉被时，应从棉被四周开始，以免火苗从被子边缘蹿出。

2. 针对不同火情，寻求应急逃生的良策

如果发现失火，第一时间打电话报警，火势一时间无法扑灭，又无法喊到其他人，就应该设法逃生。如果火势较大，难以控制局面，这时除了尽快撤离火场和报警外，别无选择。

当大火和浓烟已封闭通道，此时硬闯也只是死路一条，积极自救的唯一方法是退守房间采取相应的对策：关闭房内的所有门窗，防止空气对流，延迟火焰的蔓延速度；因为火场相当嘈杂，在较高楼层上的呼救声，一般地面上的人是听不到的。这种情况下一方面应利用手机、电话等通信工具向外报警，以求得援助；另一方面也可从阳台或临街的窗户内向外发出呼救信号，向楼下抛扔沙发垫、枕头和衣物等软体信号物，夜间则可用打开手电、应急照明灯等方式发出求救信号，帮助营救人员找到确切目标。在得不到及时救援，又身居楼层较高的情况下切不可盲目跳楼，可用房间内的床单、被子、窗帘等织物撕成能

负重的布条连成绳索，系在窗户或阳台的构件上向楼下滑去，也可利用门窗、阳台、落水管等逃生自救。

如果楼道已被烟气封锁或包围，为了避免毒烟的危害，在逃生时应尽量降低身体尤其是头部的高度。因为在较低的位置往往能吸到温度低、毒物较少的空气，而且低位空间烟尘少，能见度高，便于逃生。所以当要穿过浓烟区时，可匍匐前进逃离火场，也可利用湿毛巾或衣服等捂住口鼻，让有毒烟物被毛巾等阻挡。万一衣服着火，一般可就地打滚压灭火苗，不宜带火奔跑，以免加快空气的相对流动，从而增大衣物燃烧的火势。当确信火灾不在自己所处的楼层时，仍应就近向紧急疏散口撤离。

3. 不可消极等待，应积极采取措施阻止大火围困

如果身处四周都被大火包围的楼层内，所有安全通道和对外联系均被切断，在没有任何逃生器具或设施的情况下，只能等待消防队人员前来营救。这时，被困者不可消极等待，可选择退到相对较安全的卫生间内做短暂避难。被困者进入卫生间后应将门窗关紧，缝隙堵严，拧开所有的水龙头放水。特别是浴缸中应不断放水，始终保持较高的水位，一方面便于取水泼浇门窗降温，另一方面火势发展到卫生间时，人还可以躺在浴缸中暂时躲避，等待救援。

在室内等待救援，往往火势尚未蔓延到室内，浓烟已经滚滚而来。这时应该尽量降低体位，并用毛巾（或衣物）捂住口鼻，以便吸到较好的空气。千万不可钻到床底下、衣橱内躲避火焰或烟雾。因为这些都是火灾现场中最危险的地方，而且又不易被消防人员发觉，难以获得及时的营救。

（三）逃生误区

火灾逃生中的五种误区：

（1）忘记报警　人们对此会觉得不可思议，但事实上，有很多这样的案例存在，结果贻误了救人和扑救火灾的最佳时机。

（2）大声呼救　由于现代建筑物室内使用了大量的木材、塑料、化学纤维等易燃、可燃材料装修，且装修材料表面常用漆类粉刷，燃烧时会散发出大量的烟雾和有毒气体，容易造成毒气窒息死亡。所以，在逃生时，可用湿毛巾折叠，捂住鼻口，屏住呼吸，起到过滤烟雾的作用，不到紧急时刻不要大声呼叫或移开毛巾，且须采取匍匐式前进逃离方式。

（3）原路逃生　这是人们最常见的火灾逃生行为。因为大多数建筑物内部的道路出口一般不为人们所熟悉，一旦发生火灾，人们总习惯沿着进来的出入口和楼道进行逃生，当发现此路被封死时，已失去最佳逃生时间。因此，当我们走进商场等不熟悉的公众聚集场所，应留心看一看楼梯、安全出口的位置，以便发生意外时就近逃离危险区。

（4）盲目从众　当人的生命突然面临危险状态时，极易因惊慌失措而失去正常的判断思维能力，第一反应就是盲目跟着别人逃生。常见的盲目追随行为有跳窗、跳楼，逃（躲）进厕所、浴室、门角等。克服盲目追随的方法是平时要多了解与掌握一定的消防自救与逃生知识，避免事到临头没有主见。

M11-8　生产安全事故应急条例

（5）往上逃生　因为火焰是自下而上燃烧。经过装修的楼层火灾向上的蔓延速度一般比人向上逃生的速度还快，当你跑不到楼顶时，火势已发展到了你的前面，因此产生的火焰会始终围着你。如不得已可就近逃到楼顶，要站在楼顶的上风方向。

北斗精神

北斗星，北斗魂，中国魂！新时代北斗精神，基本内涵是自主创新、开放融合、万众一心、追求卓越。

作为我国自主创新的结晶，北斗系统的发展浓缩着我国科技创新的不凡之路。面对缺乏频率资源、没有自己的原子钟和芯片等难关，广大科技人员集智攻关，首获占"频"之胜、攻克无"钟"之困、消除缺"芯"之忧、破解布"站"之难，走出一条自主创新的发展道路。

特别是北斗三号工程建设，攻克星间链路等160余项关键核心技术，推进500余种器部件国产化研制，实现核心器部件国产化率100%。关键核心技术是要不来、买不来、讨不来的，只有把关键核心技术牢牢掌握在自己手中，才能真正掌握竞争和发展的主动权，才能为发展自己、造福人类奠定坚实的技术基础。

北斗系统的发展既要立足中国，又要放眼世界。中国北斗秉持和践行"世界北斗"的发展理念，在覆盖全球的基础上积极融入全球、用于全球。目前，北斗基础产品已出口120余个国家和地区，基于北斗的土地确权、精准农业、数字施工、智慧港口等在东盟、南亚、东欧、西亚、非洲等地区得到成功应用。坚持开放融合、协调合作、兼容互补、资源共享，从建成北斗一号系统向中国提供服务，到建成北斗二号系统向亚太地区提供服务，再到建成北斗三号系统向全球提供服务，中国北斗不断走向世界舞台。

北斗系统是党中央决策实施的国家重大科技工程，是我国迄今为止规模最大、覆盖范围最广、服务性能最高、与百姓生活关联最紧密的巨型复杂航天系统。完成这项世界级工程，必须充分发挥集中力量办大事的制度优势。"积力之所举，则无不胜也；众智之所为，则无不成也。"400多家单位、30余万名科研人员参与研制建设，广大人民群众鼎力支持，从总体层到系统层，从管理线到技术线，从建设口到应用口，从设计方到施工方，不同类型、不同隶属的单位有机融为一体，汇聚起万众一心的磅礴力量。

干惊天动地伟业，既需要敢为人先的凌云壮志，又需要精雕细刻的"绣花"精神。北斗系统正式开通，彰显出中国速度、中国精度、中国气度，这离不开北斗人追求卓越的精气神。航天工程率一发而动全身，一个小问题就有可能影响整个大工程。在第九颗北斗三号卫星某关键单机测试中，发现一个关键指标超标。超标值虽小于一纳秒，即小于十亿分之一秒，但为了消除这个误差，整个团队停了下来，认真研究攻关，直至问题解决。正是这种精益求精、追求极致的精神，确保北斗系统建设取得成功。

精神无形，却能激发出无穷的力量。要大力弘扬新时代北斗精神，以奋发有为的精神状态、不负韶华的时代担当、实干兴邦的决心意志，不断书写中国特色社会主义事业新的辉煌。

 检查与评价

1. 学生对应急救援预案的作用、内容的理解。
2. 学生对化工事故现场医学救护技能的掌握。
3. 学生对化学品泄漏现场处理技能的掌握。

—————————— 课外作业

1. 网络作业（见智慧职教网 http://www.icve.com.cn/）。

2. 应急救援预案的作用是什么？

3. 编制应急救援预案应包括哪些内容？

4. 事故现场控制原则是什么？紧急疏散时应注意哪些事项？

5. 事故现场常见的医学救护有哪些？简述心肺复苏术、止血、包扎、骨折固定和伤员搬运的技术要领。

6. 简述泄漏事故中泄漏源的控制方法。

7. 简述泄漏事故中泄漏物处理处置方法。

8. 逃生的基本方法有哪些？火灾中如何逃生？

情境十二

HSE 管理体系与职业能力提升

知识目标 掌握 HSE 管理体系的基本内容；石化行业 HSE 管理制度。

能力目标 学会 HSE 管理和职业能力提升；学会 HSE 管理的应用。

素质目标 培养防患于未然的安全意识和忧患意识，树立"先天下之忧而忧"的责任意识；强化求真务实、真抓实干的科学态度；树立胸怀祖国、服务人民的爱国精神。

教学引导案例

天津某公司"10·28"火灾事故

一、事故经过

2018 年 10 月 28 日 17 时 25 分左右，位于天津市滨海新区的某公司大港仓库发生火灾，过火面积 23487.53m²，直接经济损失约 8944.95 万元人民币。

二、事故原因

1. 直接原因

5 号仓库 501 仓间西墙北数第 3 根与第 4 根立柱之间上方的视频监控系统电气线路发生故障，产生的高温电弧引燃线路绝缘材料，燃烧的绝缘材料掉落并引燃下方存放的润滑油纸箱和塑料薄膜包装物，随后蔓延成灾。

2. 间接原因

（1）火灾发现及报警延误，前期处置不力 从 17 时 29 分火灾自动报警联动控制器发出火灾报警信号至 17 时 50 分向 119 指挥中心报警的 21min 内，未在第一时间采取有效措施扑救初期火灾，致使火灾扩大。

（2）自动消防设施未启动，初期火灾未得到控制 火灾发生时自动消防设施设置在手动模式上，消防控制室值班人员未将手动模式转换为自动模式，导致自动喷水灭火系统和防火卷帘未启动，致使火势从 501 仓间蔓延至 5 号仓库的其它防火分区。

（3）润滑油燃烧后形成流淌火，蔓延迅速 火灾发生后，在持续高温作用下，润滑油桶破裂，引发润滑油燃烧，形成液体流淌火向四周蔓延。

（4）风力大，燃烧猛烈 火灾发生时，现场平均风力为 3 级，瞬时最大风力达 6 级，火势突破 5 号库外壳后，燃烧流淌的润滑油在风力作用下向 3、4 号库蔓延，形成猛烈的立体式燃烧。

三、课堂讨论

①本次事故发生后未及时处理的主要原因是什么？

②在化工生产中，如何防止、控制火灾事故的发生和蔓延？

③火灾中如何灭火？

 相关知识介绍

石化行业 HSE 管理体系

一、 HSE 管理体系

（一） HSE 管理体系

1. HSE 管理体系的概念

HSE 管理体系（Health，Safety and Environment Management Systems），即健康、安全与环境管理体系，是一个企业确定其自身活动可能发生的灾害，以及采取措施管理和控制其发生，以便减少可能引起的人员伤害的正规管理形式。

对石油企业来说，HSE 管理体系可以解释为，石油企业通过一系列管理程序和规范，具体、责任明确、可操作的管理行为，将石油勘探开发施工作业过程中可能发生的健康、安全与环境事故最大限度地控制在合适的范围内，达到保障施工作业人员健康、促进其安全、保护施工作业地区的生态环境的目的。

国家制定了 SY/T 6276—2014《石油天然气工业 健康、安全与环境管理体系》，用来规范 HSE 管理体系的建立与运行。

2. HSE 管理体系的内涵

（1）HSE 管理体系是石油勘探开发多年来工作经验积累的成果，将管理思想、制度和措施有机地、相互关联和相互制约地组合在一起，体现了完整的一体化管理。

（2）石油企业 HSE 管理体系应按照 HSE 管理体系标准 SY/T 6276—2014《石油天然气工业健康、安全与环境管理体系》进行建立，即企业的 HSE 管理体系必须包含管理体系标准的基本思想、基本要素和基本内容。把标准要求的表现准则转化为企业文件化管理体系的过程应体现："领导和承诺"是核心，"方针、目标"是导向，"企业、资源和文件"是基本资源支持，"评价和风险管理"是实现事前预防的关键，"规划和实施监测"是实现过程控制的基础，"审核和评审"是纠正完善和自我约束的保障。

（3）HSE 管理体系为企业实现持续发展提供了一个结构化的运行机制，并为企业提供了一种不断改进 HSE 表现和实现既定目标的多层次内部管理工具。HSE 管理过程按戴明模型（PDCA）即计划（Plan）、实施（Do）、检查（Check）和反馈（Act）循环链运行。企业过程链的实施（Do）部分通常由多个过程和任务组成，而每一个这样的过程或任务都有自己的"计划""实施""检查"和"反馈"链。这种链式循环是一个不断改进的过程。HSE 管理体系反馈图（图 12-1）示出了这种多层次管理和持续改进的特点。

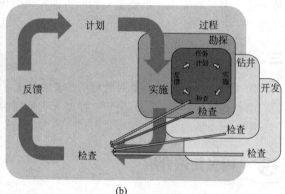

图 12-1　HSE 管理体系反馈图

（4）HSE 管理体系是在企业现存的各种有效的健康、安全与环境管理企业结构、程序、过程和资源的基础上建立起来的，HSE 管理体系的建立不必一切从头开始。在建立的同时要注意识别 HSE 管理体系与现有管理方式和体系之间的联系与区别，防止把健康、安全与环境简单地把名字放在一起，披上一件 HSE 的"外衣"，一定要赋予 HSE 管理体系新的思想和新内容。

（二）　HSE 管理体系的作用

1. 建立 HSE 管理体系是贯彻国家可持续发展战略的要求

为了保护人类生存和发展的需要，中国政府在《国民经济发展"九五"计划和 2010 年远景规划纲要》中提出了国家的可持续发展战略，将保护环境作为基本国策。石油石化企业的风险较大，环境影响较广，建立和实施符合我国法律、法规和有关安全、劳动卫生、环保标准要求的 HSE 管理体系，有效地规范生产活动，进行全过程的安全、环境与健康控制，是安全生产、环境保护和人员健康的需要，是石油石化企业的社会责任，也是对实现国民经济可持续发展的贡献。

2. 实施 HSE 管理体系对石油石化企业进入国际市场将起到良好的促进作用

自从国际上一些大的石油石化公司实施 HSE 管理以来，国际石油石化行业对石油石化企业提出了 HSE 管理方面的要求，不实行 HSE 管理的企业将在对外合作中受到限制。实施 HSE 管理，可以促进我们的管理与国际接轨，树立良好的企业形象，为施工作业队伍顺利进入国际市场打下良好的基础。

3. 实施 HSE 管理可减少企业的成本，节约能源和资源

HSE 管理体系采取积极的预防措施，将健康、安全与环境管理体系纳入企业总的管理体系之中，通过实施 HSE 管理，对企业的生产实行全面的整体控制，降低事故发生率，减少环境污染，降低能耗，减少事故处理、环境治理、废物处理和预防职业病发生的费用，提高企业的经济效益。

4. 实施 HSE 管理可减少各类事故的发生

实施 HSE 管理，将规范操作程序，提高管理水平，增强预防事故的能力，尽最大努力避免事故的发生。在事故发生时，通过有组织、有系统的控制和处理，将事故影响和损失降低到最低限度。

5. 实施 HSE 管理可提高企业健康、安全与环境管理水平

推行健康、安全与环境管理体系标准，加强健康、安全与环境的教育培训，通过引进新的监测、规划、评价等管理技术，加强审核和评审，使企业在满足环境法规要求、健全管理机制、改进管理质量、提高运营效益等方面建立一体化的管理体系。

6. 实施 HSE 管理可改善企业形象，提高经济效益

企业实施 HSE 管理，通过提高健康、安全与环境的管理质量，减少和预防事故的发生，可以大大减少用于处理事故的开支，减少事故造成的减产、停产、营业中断的损失，提高经济效益，从而满足职工、社会对健康、安全与环境的要求，又能改善企业形象，增强市场竞争优势，使企业的经济效益、社会效益和环境效益有机地结合在一起。

（三） HSE 管理体系的发展历程与结构

安全工作的发展大致经历了以下几个时期：20 世纪 60 年代以前，安全工作的重点在于物的安全状态，因而不断地改良升级设备设施，优化工艺流程，更多地依靠自动化来保护员工的安全；进入 20 世纪 70 年代，安全工作的重点转向了员工的行为，主要研究员工对设备的操作控制、员工对环境保护的重视；发展到 20 世纪 80 年代以后，对安全工作的研究更加系统，这个时期产生了系统成熟的管理理论和管理方法，HSE 管理也是在这个阶段初现端倪。

20 世纪 80 年代后期，国际上的几次重大事故，如 1987 年瑞士的 Sandoz 大火，1988 年英国北海油田的帕玻尔·阿尔法（Piper Alpha）平台事故，以及 1989 年的 Exxon Valdez 泄油事故引起了工业界的广泛关注，必须采取有效、完善的 HSE 管理系统才能避免高风险行业重大事故的发生。1991 年，在荷兰海牙召开了第一届健康、安全、环保国际会议，HSE 这一概念逐步被大家接受。国际先进的石油企业都非常关注 HSE 管理体系的建立。

1985 年，壳牌（Shell）石油公司在石油勘探领域第一个提出了强化安全管理（Enhance Safety Management）的管理理念、构建思路和实施方案。1986 年，壳牌公司又以文件的形式整理了一套安全管理手册，并在随后几年内，陆续发布职业健康管理导则和环境管理指南，

HSE 管理体系脱虚向实、初现端倪。

1991 年，壳牌公司 HSE 委员会颁布了健康安全环境（HSE）方针指南。同年，第一届石油天然气勘探开发的健康、安全、环境国际会议在荷兰海牙召开。HSE 管理理念逐步被更多石油公司接受，许多大型石油公司相继提出适用于本企业实际的 HSE 管理体系。

1994 年，壳牌公司 HSE 委员会制定的"健康、安全与环境管理体系"正式颁布。同年，石油天然气勘探开发的健康、安全、环境国际会议在印度尼西亚雅加达召开，这次会议得到了国际石油工业保护协会（PICA）的鼎力支持，全球各大石油公司和服务厂商都积极参与，使得会议的影响力达到了前所未有的高度，HSE 管理体系也凭借这股"东风"，在全球范围内迅速传播。

1996 年，国际标准化组织（ISO）发布了《石油和天然气工业健康、安全与环境（HSE）管理体系》（ISO/CD14960 标准草案），成为 HSE 管理体系在国际石油业普遍推行的里程碑，标志着 HSE 管理体系在全球范围内进入了一个蓬勃发展时期。

从第一届健康、安全与环境国际会议到 1996 年 6 月在美国新奥尔良召开的第三届国际会议的专著论文中，可以感受到 HSE 正作为一个完整的管理体系出现在石油工业。

HSE 标准体系正式在我国企业应用是在 1997 年，中国石油天然气总公司按照我国石油和天然气行业准则，率先开展了 HSE 管理体系的建设。1999 年，中石油发布了公司内部的 HSE 管理手册，意味着 HSE 管理体系在中石油集团内部的应用全面进入施行阶段。随后，中海油、中石化在公司内部也逐步建立了 HSE 管理体系，中海油公司在建立内部的 HSE 管理体系时，参考了国际海事组织在《国际船舶安全营运和防止污染管理规则》中的内容，在 1997 年颁布了《中国海洋石油总公司 HSE 管理体系原则及文件编制指南》，内容包括对创建和实施 HSE 管理体系过程的指导和安排。2001 年，中石化颁布了《中国石油化工集团公司 HSE 管理体系》，与中石油和中海油制定的 HSE 管理体系不同的是，中石化制定的体系根据不同业务进行了区分，分别颁布了油田勘测开发的 HSE 管理规范、炼化 HSE 管理规范、施工和设计单位的 HSE 管理规范等，并要求中石化下属的所有企业逐步开始建立并实施 HSE 管理体系。

进入 21 世纪，HSE 的管理体系也逐渐完善，产生了 HSSE 管理体系。HSSE 代表涉及安全的四个主要方面的管理工作——健康（H）、安全（S）、安保（S）和环境（E）。这一体系要求在健康、安全、安保与环境上采取系列管理措施，以求不断提高"统一"的管理和运营效果，注重社会效益与和谐发展。在此基础上的安全保障措施为的是让整个管理体系有一个良好的运行条件，其中包括政府、法律和社会环境的保障。HSSE 的最终目标是让"安全存在于每个人、每个时刻、每个地方"。

2013 年，中国石油天然气集团公司发布了 Q/SY 1002.1—2013《健康、安全与环境管理体系》标准，该标准融合了 GB/T 24001—2004《环境管理体系要求及使用指南》和 GB/T 28001—2011《职业健康安全管理体系要求》的标准技术内容，融入了国际石油公司有关健康、安全与环境管理的最优实践做法，基于策划-实施-检查-改进（PDCA）的运行模式原理，充分考虑了石油石化行业的风险特点，通过先进、科学的运行模式，形成一套结构化的动态管理系统。

中国石油天然气集团有限公司授权北京中油认证有限公司作为开展健康、安全与环境管理体系（HSE）审核的机构，同时是集团安全环保政策咨询和技术支撑机构，也是 HSE 标准的制定和主要修订机构。随着 SY/T 6276—2014 石油天然气工业健康、安全与环境管理体系、GB/T 24001—2016《环境管理体系要求及使用指南》的实施，北京中油认证有限公司依据新的标准进行健康、安全与环境管理体系（HSE）审核与认证。

2018 年 9 月，中石化集团发布了《中国石化 HSSE 管理体系》，并宣布于 2019 年 1 月 1 日正式实施。该管理体系由《HSSE 管理体系（要求）》《HSSE 管理体系实施要点》和《HSSE 管理制度》3 部分组成，并首次将公共安全纳入 HSSE 管理体系。为确保 HSSE 管理体系的有效运行，中石化还制定了《中国石化 HSSE 管理体系管理规定》。《HSSE 管理体系（要求）》包括 5 个部分 30 个要素 189 项条款，明确了"零伤害、零污染、零事故"的 HSSE 目标和"组织引领、全员尽责、管控风险、夯实基础"的 HSSE 方针，提出"安全第一、环保优先、身心健康、严细恒实"的 HSSE 理念。《HSSE 管理体系实施要点》结合各板块业务特点编制，主要包括油田、炼化、销售、油气输送管道、炼化工程、石油工程和科研等 7 项业务。《HSSE 管理制度》通过制定完善的安全、环境、职业健康、公共安全管理等规章制度，形成了对体系的有效支撑。

M12-1 杜邦公司 HSE 管理

健康、安全、环境（H、S、E）管理体系三者实行统一管理的一个模式，其原因：

① 管理健康、安全、环境的危害及效应的所有原则彼此是相似的，例如动态管理、风险管理等可同时应用于 H、S、E 管理当中，为统一提供了可能性。

② 管理的系统原理的要求。根据系统的观点，为达到企业的管理效果总体最佳，其所有管理活动都必须纳入一个整体予以考虑。同时管理 H、S、E，避免了独立的 H、S、E 系统和结果中的重复性。

③ 若发生事故，则会同时引起 H、S、E 问题，共同预防和处理，提高了效率，更具有科学性。

④ 审核和认证的需要。环境管理和职业安全管理对应的体系认证工作如果分开来搞，将给企业造成许多重复甚至混乱状况，也造成职责与权限的交叉和混淆，不易于文件的控制。H、S、E 三位一体的综合管理体系，简化了体系的审核和认证工作，节约了企业费用。

SY/T 6276—2014《石油天然气工业 健康、安全与环境管理体系》标准提出了健康、安全与环境纳入一个管理体系，与我国国情有很大差距。在我国，健康、工业卫生属卫生部门管理，劳动安全属劳动部门管理，环境属环保部门管理，分属三个不同系统。但是企业要进入国际市场，必须与国际管理方法接轨，将健康、安全、环境纳入一个管理体系中。

建立实施健康、安全与环境管理体系的过程及其程序步骤可概括如下，如图 12-2 所示。

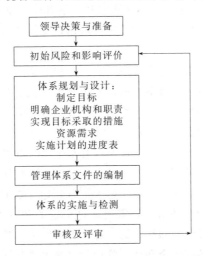

图 12-2 健康、安全与环境管理体系建立和实施的程序

（1）领导决策与准备 企业强有力的领导和明确的承诺是体系建立、实施的保证。企业的

最高领导者依据国家、地方政府的法律、法规和资源条件，按照合法可行的原则，就健康、安全、环境向社会和员工提供公开、明确的承诺。只有在最高管理者认识到建立体系必要性的基础上，组织才有可能在其决策下开展这方面的工作。此外，体系的建立需要资源的投入，这就需要最高管理者对改善组织的职业健康安全管理和环境管理行为作出承诺，从而使得体系的实施和运行得到充足的资源。与传统管理比较，HSE 管理体系提出的承诺、方针和目标更明确、更具体、更科学、更具可行性。

建立工作组并进行培训是体系建立的前期准备，在企业最高管理者做出建立体系的决策后，需要设立负责建立体系的工作组，工作组从组织上落实并保证决策的贯彻执行，工作组成员及承担组织内部的体系审核工作职责的内部审核人员都应接受有关体系的标准及相关知识的培训。

(2) 初始风险和影响评价　初始状态评审是建立体系的基础。组织可建立一个评审组承担初始状态评审工作。评审组可由组织的员工组成，也可聘请组织外部的咨询人员，或者两者兼而有之。评审组应对组织过去和现在的职业健康安全/环境信息、状态进行收集、调查和分析，识别和获取现有的适用于组织的职业健康安全/环境法规和其他要求，执行危险源和风险评价、环境因素辨识和评价。这些结果将作为建立和评审组织的职业健康安全的环境管理方针，制定目标/指标和职业健康安全管理方案，确定体系的优先项以及编制体系文件和建立体系的基础。

(3) 体系规划与设计　体系规划阶段主要是依据初始状态评审的结论制订职业健康安全和环境管理方针、目标，确定组织的机构和职责，实现目标所采取的措施及资源的需求，筹划各种运行程序等。

制订职业健康安全和环境管理目标，应确立管理方针。方针是组织在职业健康安全和环境管理方面总的指导思想，实施与改进组织职业健康安全和环境管理的推动力，是组织开展职业健康安全和环境管理工作的准则。职业健康安全和环境管理方针应体现在组织各级管理的目标和计划中，从而具有保持和改进职业健康安全和环境表现的作用。

管理方针是组织对职业健康安全和环境总的意图和原则的陈述，它表达了组织整体的职业健康安全和环境管理目标。尽管组织的管理方针的制订结合了组织的特点，有一定的针对性，但整体职业健康安全/环境目标还过于原则和宏观，不具体，没有指明具体操作的内容。组织要实现管理方针所阐述的整体目标和持续改进的承诺，就需要确定组织的具体职业健康安全和环境目标/指标。

制订方针、目标的依据一般应考虑以下几点：①初始状态评审的结果。作为组织，在制订方针时，应首先清楚本组织可能导致事故的危险源及风险、重要环境因素和指标，组织自身职业健康安全和环境管理活动的特点。②组织的经营战略及战略方针，职业健康安全和环境问题给组织带来的风险和机遇，内部及外部的制约条件，企业的资源与能力等。③法规和其他要求，组织做过的承诺。④组织的类型、规模及现有水平。⑤组织现有的其他方针，如组织总的经营方针、质量方针等。⑥利益相关方（如股东、员工）以及其他相关方的观点。

明确组织机构和职责。组织建立体系，是为了有效地开展职业健康安全和环境管理工作，而实现有效的职业健康安全和环境管理，需要通过一定的并赋予相应的权限的组织机构来实现。建立体系，应针对组织各职能和层次的人员，明确作用，赋予职责和权限。

而落实和完善开展职业健康安全和环境管理的措施主要包括：

① 明确各职能部门的职业健康安全和环境管理功能所涉及的体系要素；

② 明确体系中各体系要素的主管部门及相关部门；

③ 指明各职能部门在实施相关体系要素中的主要职责和权限；

④ 在体系的体系要素职责分配中应包含监督机制。除在体系要素实施过程中加强自检、自查之外，还应健全体系运行中的监督机制，并提供组织保证。

（4）管理体系文件的编制　由于管理体系具有文件化的管理特征，因此编制体系文件是建立并保持体系的重要基础工作，也是组织实现预定的职业健康安全和环境目标/指标、评价和改进体系、实现持续改进和风险控制必不可少的依据和见证。

（5）体系的实施与检测　管理体系进行试运行实施与正式运行实施并无本质区别，两者都是严格按所建立的体系手册、程序文件和作业规程等文件的要求，整体协调运行。体系试运行的主要目的是在实践中检测体系的充分性、适用性和有效性。体系试运行过程中，组织应加强运行力度，努力发挥体系本身所具有的各项功能，及时发现问题，找出其根源，纠正不符合，并对体系加以修正，以便尽快渡过磨合期。

（6）审核及评审　审核是体系运行必不可少的环节。体系经过一段时间的试运行，应开展内部审核。管理者应亲自组织内部审核。内部审核员应经过专门知识的培训。如果需要，可组织聘请外部专家参与或主持审核。内部审核员在文件预审时，应重点关注和判断体系文件的完整性、符合性及一致性；在现场审核时，应重点关注体系功能的适用性和有效性，检查是否按体系文件要求去运作。

评审是体系整体运行的重要组成部分。管理者代表应收集各方面的信息供最高管理者评审。最高管理者应对试运行阶段的体系整体状态作出全面的评判，对体系的适用性、充分性和有效性作出评价。依据管理评审的结论，可以对是否需要调整、修改体系作出决定，也可以作出是否实施第三方认证的决定。

（四）HSE 管理体系认证审核概述

受审核方如果具备认证审核条件，即可进入认证审核阶段。认证审核在 HSE 管理体系审核中工作量很大，涉及的人员和部门最广泛，因而是最重要的审核活动。

M12-2　HSE
管理体系

认证审核的目的是判断受审核方的 HSE 管理体系是否符合 HSE 管理体系标准的要求，能否有效实现企业的 HSE 方针目标；判断受审核方是否遵守了 HSE 管理体系各项控制程序，实施了对重要危害因素的控制。通过认证审核，审核组对受审核方的 HSE 管理体系能否通过现场审核做出结论。主要集中在以下方面。

① 重大危害和影响因素是否受控并得到有效改善；

② 法律法规是否现行有效，并已全部理解和贯彻执行；

③ 目标和方案是否按预定计划实现，是否进行监督和记录；

④ 职责是否有效传达并被相关人员理解和实施；

⑤ 培训是否全面实施，能力是否得到有效证实；

⑥ 对重要过程能否按文件操作，对紧急状态如何应急和预防；

⑦ 如何对 HSE 表现、运行控制、目标指标进行监测，其记录及结果如果不符合，如何处理、纠正，预防措施是否实施并记录；

⑧ 信息交流渠道是否畅通，文件控制是否得力；

⑨ 结合现场继续对文件进行审核，考察其符合性、适宜性及可操作性等。

HSE 管理体系认证的具体审核程序有以下几步。

（1）召开首次会议　首次会议是现场审核的序幕，首次会议的召开表明现场审核的正式开始。现场审核是指认证审核在受审核方现场进行，审核过程将召开一系列会议，包括审核组准备会、首次会议、审核组内部会议、审核组与受审核方沟通会议、末次会议。在审核活动中如发现严重不符合，应及时召开临时沟通会，通报审核发现的重要信息。

会议是审核过程中受审核方与审核组成员之间交流的主要手段。不同会议有不同的目的，应由不同的人员参加，如果要实现会议的目标，就需要认真安排好所有的会议，包括会前策划（目的、参加人、时间）、会议控制（时间、内容、气氛、排除干扰、坚持达到会议目标）。这些会议一般由审核组长或分组组长主持，其他审核组成员辅助进行。

首次会议是现场审核的序幕，首次会议的召开表明现场审核的正式开始。首次会议是审核组与受审核方高层管理人员见面和介绍审核过程的第一次会议，审核组长主持认证审核首次会议，会议的时间以 30min 左右为宜。

（2）现场审核，收集审核证据　首次会议结束之后，就进入现场审核阶段。

① 审核内容。HSE 管理体系的现场审核必须对审核方实施《石油天然气工业　健康、安全与环境管理体系》（SY/T 6276—2014）标准中的各要素的情况进行审核，主要内容包括：a. HSE 承诺、方针是否已得到贯彻实施；b. HSE 目标、指标是否正在按规定的管理方案和计划实施，以及其实现程度如何；c. 重要的管理程序和过程控制程序是否已被严格遵守和执行；d. 体系中规定的日常监控和监测内容是否已执行；e. 内审和管理评审等是否已按规定实施。

② 审核方式。审核方式是指总体上进行审核所采取的方式，概括起来有 4 种：按部门审核、按要素审核、顺向追踪和逆向追溯。按部门审核方式的内涵是以部门为中心进行的审核。一个部门往往承担若干要素的职能，因此审核时应以其主要 HSE 职能（即主要业务内容或其中之一）为主线针对与部门有关的要素进行审核。

（3）评审　评审和总结审核证据，确定不符合项，提出审核结果。

（4）宣布结果　召开末次会议，宣布审核结果。

（5）编写审核报告　审核报告是审核工作的主要成果，是 HSE 体系认证决策的依据，它提供了审核观察结果的可追溯性及审核中对依据标准条款所展开的信息。一般在审核组撤离审核现场后编写，也有的审核机构在审核现场形成报告，做法不尽统一。审核组在编写审核报告前，应认真分析体系文件、审核记录，进行汇总和整理，以此为据，完整、准确地对认证审核结果做出描述，对 HSE 管理体系的有效性做出评价。

审核报告由审核组长编写，或在审核组长的指导下由组成员编写，审核组长对审核报告的准确性与完整性负责。

① 汇总审核文件。在编制审核报告前，审核组应收集、整理所有有关文件和记录。一方面这些文件和记录是编写审核报告的基础，另一方面这些文件和记录也应与审核报告一起归档。

② 编制审核报告。

a. 受审核方基本情况：包括受审核方名称、地址、主要产品、活动或服务的内容，企业的规模、危害和影响因素的特点。

b. 受审核方 HSE 管理体系概述：包括体系建立与运行时间，文件结构及整体情况。

c. 审核概况应包括：文件审核概述；审核概述；审核类型、目的、范围、依据、方式；审核日期、分工、日程安排及审核过程；认证机构及审核组成员（姓名、资格、审核工作职务）；审核发现；不符合项的统计分析。

d. 审核总结与评价：文件化体系与体系标准的符合程度，即受审核方的 HSE 管理体系符合 SY/T 6276—2014 标准的情况；文件化体系的实施有效程度；法律、法规和其他要求的遵守情况；发现和改进体系运行问题的机制情况；体系存在的主要问题；审核结论。

审核报告由审核组长签名，并提交认证机构作为认证决定评审的材料。评审后的审核报告正式发布，认证机构按计划分发。审核报告属秘密文件，审核员和收到审核报告的各方应为受审核方保守机密。

二、中国石油化工集团公司 HSE 管理体系

（一） HSE 管理体系简介

中国石油化工集团公司行业种类繁杂，面临的 HSE 问题非常突出：油田面广，对地层和地表植被破坏很大；滩海和海上作业易受风暴袭击；长距离的管输极易发生油气泄漏事故；炼化企业具有高温高压、易燃易爆、有毒有害、易发生重大事故的特点；销售企业点多面广，遍布城乡，管理上存在一定难度。因此在集团公司内推广 HSE 管理体系不但能有效地控制重大灾害事故的发生率，降低企业成本，节约能源和资源，而且还能树立企业的健康、安全和环境形象，改善企业和所在地政府、居民的关系，吸引投资者，实现社会效益、环境效益和经济效益的协调提高。

此外，走向国际市场一直都是集团公司的发展战略，而国际石油石化市场对 HSE 有着严格的要求，因此只有在集团公司内推行 HSE 管理体系，树立起 HSE 国际形象，才能拿到进入国际市场竞争的通行证。企业是公司 HSE 管理体系实施的主体，经理（局长、厂长）是 HSE 的最高管理者，按照本标准要求，应设立管理者代表和 HSE 管理体系的组织机构，组建 HSE 管理委员会及 HSE 管理部门，明确责任并落实 HSE 责任。在开展 HSE 现状调查分析的基础上编制出简捷明确、通俗适用的 HSE 管理体系实施程序，重点制订 HSE 目标、HSE 职责、HSE 表现、HSE 业绩考核和奖惩制度，认真开展各层次的 HSE 培训。该程序应及时经企业最高管理者批准发布并正式投入运行，实行年度月 HSE 业绩报告制度，通过审核、评审实现持续改进，不断提高 HSE 管理水平。

中国石油化工集团公司 HSE 管理体系的实质就是为了确保系统安全，建立一种规范的、科学的管理体系，提出了系统安全，组织所必须达到或实现的包括人、机、环境各方面的相关要求。

中国石油化工集团公司的 HSE 管理体系建立在过去积累的许多成熟经验和一整套行之有效的管理制度的基础上，吸收了国外大型石油化工企业管理经验和传统管理模式的优秀内容，因此它不是取代现有的行之有效的、健全的管理制度，而是补充和完善，达到系统化、科学化、规范化、制度化。

中国石油化工集团公司为在安全、环境和健康管理体系方面既符合中国石化的特色，又逐步实现与国际的接轨，做了大量的调研、宣贯、起草试行标准及试点等工作。经过数年的努力，集团公司于 2001 年 2 月 8 日正式发布了集团公司 HSE 管理体系标准，共 10 个标准，包括 1 个体系、4 个规范和 5 个指南。

1 个体系是指《中国石化集团公司安全、环境与健康（HSE）管理体系》。

4 个规范是指《油田企业 HSE 管理规范》《炼化企业 HSE 管理规范》《施工企业 HSE 管理规范》《销售企业 HSE 管理规范》。

5 个指南是指《油田企业基层队 HSE 实施程序编制指南》《炼油化工企业生产车间（装置）HSE 实施程序编制指南》《销售企业油库、加油站 HSE 实施程序编制指南》《施工企业工程项目 HSE 实施程序编制指南》和《职能部门 HSE 职责实施计划编制指南》。

《中国石化集团公司安全、环境与健康（HSE）管理体系》规定了安全、环境与健康管理体系的基本要求，适用于中国石油化工集团公司及直属企业的 HSE 管理工作。而 4 个 HSE 管

理规范是石化集团公司 HSE 管理体系的支持性文件，是集团公司直属企业实施 HSE 管理的具体要求和规定，描述企业的安全、环境与健康管理的承诺、方针和目标以及企业对安全、环境与健康管理的主要控制环节和程序。其中，《油田企业 HSE 管理规范》适用于集团公司各勘探局、管理局及所属二级单位；《炼化企业 HSE 管理规范》适用于集团公司各炼油企业、化工企业；《销售企业 HSE 管理规范》适用于销售企业、管输公司及所属二级单位；《施工企业 HSE 管理规范》适用于集团公司各施工企业和油田企业、炼化企业分离出来的施工单位。

中国石化集团公司 HSE 管理体系与中国石油天然气集团公司 HSE 管理原则见图 12-3。

图 12-3　中国石化集团公司 HSE 管理体系与中国石油天然气集团公司 HSE 管理原则

（1）1 个体系——HSE 管理体系　HSE 管理体系标准明确了中国石化集团公司 HSE 管理的十大要素：

① 领导承诺、方针目标和责任。在 HSE 管理上应有明确的承诺和形成文件的方针目标，最高管理者提供强有力的领导和自上而下的承诺，是成功实施 HSE 管理体系的基础。集团公司以实际行动来表达对 HSE 的重视，努力实现不发生事故、不损害人身健康、不破坏环境的目标，这是集团公司承诺的最终目的。

② 组织机构、职责、资源和文件控制。公司和企业为了保证体系的有效运行，必须合理配置人力、物力和财力资源，广泛开展培训，以提高全体员工的意识和技能，遵章守纪，规范行为，确保员工履行自己的 HSE 职责。同时为了给 HSE 管理提供切实可行的依据，必须有效地控制 HSE 管理文件，定期评审并在必要时进行修订，确保 HSE 文件与企业的活动相适应。

③ 风险评价和隐患治理。风险评价是一个不间断的过程，是建立和实施 HSE 管理体系的核心。它要求企业经常对危害、影响和隐患进行分析和评价，采取有效或适当的控制、防范措施，把风险降到最低程度。企业领导应直接负责并制订风险评价的管理程序，亲自组织隐患治理工作。

④ 承包商和供应商管理。要求企业从承包商和供应商的资格预审、选择及开工前的准备、作业过程的监督、承包商和供应商的表现评价等方面对其进行管理，这一工作是当前各企业的薄弱环节，应重点加强。

⑤ 装置（设施）设计与建设。要求新建、改建和扩建的装置（设施），必须按照"三同时"的原则，按照有关标准规范进行设计、设备采购、安装和试车，以确保装置（设施）保持良好的运行状态。

⑥ 运行与维护。要求企业对生产装置、设施、设备、危险物料、特殊工艺过程和危险作业环境进行有效控制，提高设施、设备运行的安全性和可靠性，并结合现有的、行之有效的管理制度，对生产的各个环节进行管理。

⑦ 变更管理和应急管理。变更管理是指对人员、工作过程、工作程序、技术、设施等永久性或暂时性的变化进行有计划的控制，以避免或减轻对安全、环境与健康方面的危害和影响。应急管理是指对生产系统进行全面、系统、细致的分析和研究，确定可能发生的突发性事故，制订防范措施和应急计划。

⑧ 检查、考核和监督。企业定期对已建立的 HSE 管理体系的运行情况进行检查和监督，建立定期检查、监督制度，保证 HSE 管理方针目标的实现。

⑨ 事故处理和预防。建立事故处理和预防管理程序，及时调查、确认事故或未遂事件发生的根本原因，制订相应的纠正和预防措施，确保事故不会再次发生。

⑩ 审核、评审和持续改进。企业只有定期地对 HSE 管理体系进行审核、评审，确保体系的适应性和有效性并使其不断完善，才能达到持续改进的目的。

（2）4 个规范——油田、炼化、销售、施工企业 HSE 管理规范 在管理体系十大要素具体要求的基础上，依据集团公司已颁发的各种制度、标准、规范和各专业的特点，编制了油田企业 HSE 管理规范、炼油化工企业 HSE 管理规范、销售企业 HSE 管理规范和施工企业 HSE 管理规范。4 个规范更加突出了专业特点，非常具有可操作性，集团公司的各设计、科研单位按相应的专业 HSE 管理规范实施。

（3）5 个指南——油田、炼化、销售、施工企业 HSE 实施程序编制指南，职能部门 HSE 职责实施计划编制指南。

（二） HSE 管理体系实施过程

HSE 管理体系建立之后，核心问题是管理体系的实施，一般 HSE 管理体系实施过程包括三步：①批准和发布 HSE 实施程序；②部门、车间按实施程序的要求，组织开展日常的 HSE 管理活动；③部门、车间建立体系要素运行保证机制，开展检查监督和考核纠正工作，保证 HSE 管理体系按既定的目标和程序运行。

HSE 管理体系实施的最终落脚点是作业实体（如生产装置、基层队等），因此实施 HSE 的重点是要抓好作业实体 HSE 管理的实施。集团公司已分专业编制了 HSE 实施程序编制指南，油田企业要编制基层队的 HSE 实施程序，炼化企业编制关键生产装置 HSE 实施程序，销售企业编制油库和加油站 HSE 实施程序，施工企业编制施工项目 HSE 实施程序，从而保证集团 HSE 管理体系的顺利实施。

基层队 HSE 实施程序规定了现场作业的具体做法，指导基层现场工作的有序进行，是作业行为的指南。根据基层队的性质，基层队 HSE 实施程序又分为两类：

一是"建设类基层队 HSE 实施程序"，如油田企业的钻井队、作业队、地震队，炼化企业的机修车间、电修车间、仪表车间，施工企业的项目部等。要求在施工前，根据业主招投标计划中的 HSE 管理的要求，完成 HSE 实施程序的编写工作。

二是"运转类基层队 HSE 实施程序"，如油田企业的采油（采气）队、联合站、浅海采油平台、气体处理装置、油气集输队、油库、加油站、炼化企业的生产装置等，要在投产前、正常生产中编制 HSE 实施程序。

组织、监督 HSE 管理体系的各级职能部门，在推行 HSE 管理体系的过程中，落实职责和充分发挥管理监督作用是十分重要的。同时集团公司编制了各级职能部门 HSE 职责实施计划编制指南，要求各级职能部门根据集团公司 HSE 管理体系的要求，编写本部门的 HSE 职责实施计划。

其中，炼化企业 HSE 实施程序是生产车间（装置）最高管理者要在生产装置开工前，组织全体职工对下一个生产周期可能产生的危害和影响进行预测、分析，完善制度，制订措施，落实职责，建立检查考核保证机制。包括承诺和目标；组织机构、职责、资源和文件控制；风险分析与隐患整改；承包商和供应商管理；运行与维修；装置设计和改扩建；变更管理和应急管理；检查和监督；事故处理和预防；审核、评审和持续改进 10 个方面。将 HSE 实施程序发放至生产车间（装置）有关人员，组织学习、落实；并建立检查考核奖惩制度，督促员工严格遵守 HSE 实施程序。

 相关技术应用

职业能力提升

一、现代化工 HSE（健康、安全、环保）技能大赛简介

由中国化工教育协会和全国石油和化工职业教育教学指导委员会主办，高职化工安全及环保类专业教学指导委员会、徐州工业职业技术学院承办的全国职业院校高职现代化工 HSE（健康、安全、环保）大赛包括科普知识竞赛决赛和应用技能竞赛（包括事故应急救援桌面推演和体感式 HSE 装置操作）两部分，一般每年举办一次。

（1）评分标准制订原则　竞赛评分本着"公平、公正、公开、科学、规范"的原则，注重考核选手的职业综合能力、团队的协作与组织能力和技术应用能力。

（2）评分方法　科普知识竞赛决赛评分以电脑现场打分和评委打分相结合的方式，"事故应急处置桌面推演考核"成绩（B）：本赛项为团体与个人结合项目，每支参赛队接受 3 题考核，每题事故处理措施和事故分析报告各占 50%，每人担任班长一次，共同完成 3 个赛题，每题得分由计算机自动累计，其结果以 30% 计算团体总成绩。

"体感式化工装置事故应急处置操作考核"成绩（C）：本赛项为团体项目，每支参赛队 3 人接受 3 种危险化工工艺中各 1 项具体产品工艺，抽取火灾、泄漏、中毒、灼伤、突然断电、超温超压等 6 个考点。机评成绩占 70%，现场裁判成绩占 30%，现场 5 个裁判对团队的队员个体防护、规范操作和安全文明生产等情况分别评分。该赛项取平均成绩汇总，以 50% 记入团体成绩。

竞赛名次按团体总成绩高低排定。总成绩相同者，则"事故案例应急救援桌面推演竞赛"和"体感式化工装置事故应急处置操作考核"成绩高者为先，总成绩相同并且实操成绩相同，则以"体感式化工装置事故应急处置操作考核"比赛完成时间短者为先。

在比赛过程中，有舞弊行为者，将取消其参赛项目的名次和得分。

（3）评分细则　新增竞赛题在竞赛前两个月由命题专家组制订，在竞赛前一周导入系统。各竞赛分项评分细则如下：

① 事故应急处置桌面推演考核。事故应急处置桌面推演考核范围包括液氯泄漏、粗苯罐区燃烧爆炸、汽油罐区燃烧爆炸、丙烯腈中毒、氯乙烯中毒、浓硫酸泄漏灼伤、压缩机爆炸、CO 中毒、CO_2 中毒、氧站燃烧爆炸等 20 个事故案例选择，每个参赛队选择其中 3 个事故案例，分别考核事故现象、事故原因、应急救援及事故处理四种工况，并在操作处理过程中回答随机生成的思考题及编制事故分析报告。每场竞赛时间 60min。采用机考方式，选手考完后由计算机自动评分，总分值折算为 100 分。

② 体感式化工装置事故应急处置操作考核。体感式化工装置事故应急处置操作考核范围包括聚合工艺（聚氯乙烯树脂生产、顺丁橡胶生产、丙烯酸树脂生产）、氯化工艺（氯甲烷合

成、氯乙烯合成、氯乙酸生产）、加氢工艺（柴油加氢、甲醇合成、苯胺生产）等三大危险工艺中9个产品生产工艺的54个事故模拟考点。每场每个参赛队从中抽取3个产品生产工艺的6个事故模拟考点考核（从每个产品生产工艺中抽取2个事故模拟考点），其中火灾事故（初期）、中毒事故模拟为必考项。

要求3位选手在相互配合下，根据规定的操作要求共同进行操作，每个事故处理点均包括现场布置、开车准备、初期事故判断、事故处理、停车操作、现场复原等，并按实际化工装置生产要求考核其初期事故处理、规范操作及安全与文明生产状况。

每场竞赛时间60min。装置事故处置操作竞赛采用机考和裁判现场评价相结合的方式，选手操作完成后由计算机自动评分并占70%，裁判现场评价占30%。总分值折算为100分。

（一）现代化工HSE（健康、安全、环保）科普知识竞赛

决赛采取抢答的方式现场决出比赛名次，现场气氛异常紧张和激烈，抢答内容主要包括以下几方面内容：

1. 安全知识

安全知识包括安全技术、安全管理、安全法规、安全案例四部分，主要涵盖危险化学品安全技术、防火防爆技术、承压设备安全技术、电气安全与静电防护技术、化工装置安全检修、安全管理、安全法律法规、典型安全事故案例分析等内容。

2. 化工知识

化工知识包括化学基础、化工基础、化工工艺、化工分析、化工仪表、化工设备六部分，主要涵盖无机化学、有机化学、分析化学、物理化学、化工单元操作、化工工艺、化工分析、化工仪表与控制、化工机械设备等内容。

3. 职业卫生知识

职业卫生知识包括职业危害、职业卫生防护两部分，主要涵盖工业防毒技术、职业危害防护技术等内容。

4. 环境保护知识

环境保护知识包括环保基础、环保技术两部分，主要涵盖环境保护标准、环境保护法律法规、环境保护技术等内容。

（二）安全事故应急救援桌面推演

HSE案例推演项目选择液氯储罐泄漏爆炸事故、炼油厂罐区爆炸事故、焦化厂粗苯罐车燃烧事故、浓硫酸喷溅伤人事故、氯乙烯中毒事故等典型化工生产事故案例为参考，通过仿真模拟后实施考核，HSE推演仿真软件主要以火灾事故、爆炸事故、中毒和窒息事故、灼烫事故、机械伤害事故、触

M12-3　HSE大赛
桌面推演

电及其他伤害事故等六大类事故为考核案例，通过逐步开发至少增加到18个考核案例，分别考核事故现象、事故原因、应急救援及事故处理四种工况，并在操作过程中回答随机生成的思考题及编制事故报告，采用机考方式，选手考完后由计算机自动评分。

化工安全事故应急救援桌面推演软件是专门为化工安全教育及竞赛考核等研制的一套应急救援桌面推演软件。该软件基于中华人民共和国应急管理部官方网站公布的重特大化工生产安全事故案例，设置了火灾事故、爆炸事故、中毒窒息事故、灼伤事故、机械伤害事故和电伤及其他事故类型。

事故场景采用3D动画形式表达，通过事故场景的再现可以让学生了解生产流程、物料特

性和事故的发生过程。学生能够选取场景中的角色，按照队友意见执行命令，按照安全生产事故应急预案要求考核其故障排除、处置和救援等能力，把角色的动作与考题相结合，在完成相关指令的同时也完成了题目的考核。

HSE 推演案例以国内外近期发生的重特大事故为参考依据，加以角色及模拟情形设计成考核案例。参照 GB 6441《企业职工伤亡事故分类》标准综合考虑起因物、引起事故的诱导性原因、致害物、伤害方式等将事故类别分为以下 20 类。①物体打击：指物体在重力或其他外力的作用下产生运动，打击人体造成人身伤亡事故，不包括因机械设备、车辆、起重机械、坍塌等引发的物体打击；②车辆伤害：指企业机动车辆在行驶中引起的人体坠落和物体倒塌、下落、挤压伤亡事故，不包括起重设备提升、牵引车辆和车辆停驶时引发的车辆伤害；③机械伤害：指机械设备运动（静止）部件、工具、加工件直接与人体接触引起的夹击、碰撞、剪切、卷入、绞、碾、割、刺等伤害，不包括车辆、起重机械引起的机械伤害；④起重伤害：指各种起重作业（包括起重机安装、检修、试验）中发生的挤压、坠落（吊具、吊重）、物体打击和触电；⑤触电：包括雷击伤亡事故；⑥淹溺：包括高处坠落淹溺，不包括矿山、井下透水淹溺；⑦灼烫：指火焰烧伤、高温物体烫伤、化学灼伤（酸、碱、盐、有机物引起的体内外灼伤）、物理灼伤（光、放射性物质引起的体内外灼伤），不包括电灼伤和火灾引起的烧伤；⑧火灾；⑨高处坠落：指在高处作业中发生坠落造成的伤亡事故，不包括触电坠落事故；⑩坍塌：指物体在外力或重力作用下，超过自身的强度极限或因结构稳定性破坏而造成的事故，如挖沟时的土石方塌方、脚手架坍塌、堆置物倒塌等，不包括矿山冒顶、片帮和车辆、起重机械、爆破引起的坍塌；⑪冒顶、片帮；⑫透水；⑬爆破伤害：指爆破作业中发生的伤亡事故；⑭火药爆炸：指火药、炸药及其制品在生产、加工、运输、储存中发生的爆炸事故；⑮瓦斯爆炸；⑯锅炉爆炸；⑰容器爆炸；⑱其他爆炸；⑲中毒和窒息；⑳其他伤害等。HSE 推演主要以火灾事故、爆炸事故、中毒和窒息事故、灼烫事故、机械伤害事故、触电及其他伤害事故为考核案例。

附："事故应急处置桌面推演考核"操作样题

1. 考核方式

事故应急处置桌面推演考核建立了 20 道事故案例库。每场桌面推演考核 3 个案例题，考题由计算机从题库中随机生成，选手在 60min 内完成 3 个事故案例考核，考核成绩由计算机自动生成。

每个事故案例题包括：①事故视频放映；②事故处理（由选手根据现象判断并处理事故）；③事故分析报告（由选手根据现象编制事故分析报告）。事故应急处置桌面推演考核题每题题型示例见表 12-1。

表 12-1 事故应急处置桌面推演考核题内容及时间

编号	题目内容	单题用时
1	炼油厂火灾事故放映	8min
2	事故处理	8min
3	事故分析报告	4min
总计		20min

2. 考核样题

案例：汽油罐区火灾事故。

×年×月×日 18 时 15 分，某炼油厂油品分厂罐区发生空间爆炸，引起 302 号罐区燃烧，造成 2 人死亡，301 号、302 号、303 号罐体变形，隔离池内阀门管道等损毁。直接经济损失约 80 万元。

① 事故原因分析；

② 事故过程处理；

③ 事故分析报告。

3. 考核说明

该分赛项每个队需要完成 3 个事故处置，每个事故满分为 100 分，其中事故处置占 50 分，分析报告占 50 分。由计算机自动评分。

考核过程，每个事故处理会随机出现 10 个提问对话框，需选手作出回答并采取措施。无论选手回答与否，对话框将定时消失，电脑随即记录成绩。事故分析报告给出事故现象、事故原因、处理措施共 30 个参考模块，供选手选择 15 个填入答题栏中，无论选手回答与否，对话框将定时消失，电脑随即记录成绩。

（三）体感式 HSE 装置操作

M12-4 HSE 大赛装置演练操作

体感式 HSE 装置既基于应急管理部发布的重点监管的危险化工工艺、重点监管的危险化学品、危险化学品重大危险源等相关法律法规文件，又结合了近年来化工企业发生的真实事故案例和事故应急预案设计而成。

装置涵盖了聚合、加氢、氯化 3 种危化工艺，每种危化工艺包括 3 个典型的产品工艺，每个产品工艺中设置包含火灾、泄漏中毒、灼伤、超温超压、晃电等多种事故类型，全部为事故的初期阶段。

装置通过声、光、电等方式模拟营造上述事故场景，让学员置身于逼真的事故场景中进行体验和应急演练，通过演练，学员可以直接掌握各类紧急情况下的现场应急处置方法、报警、报告流程、疏散逃生和现场自救、互救方法，可以培养学员的团队合作意识和风险意识，训练和考核学员的事故应急处理能力。

附："体感式化工装置事故应急处置操作考核"操作样题

1. 考核方式

现场由计算机选择 3 种产品危险化工工艺和 6 个事故考点，竞赛选手自行确定主、副操作岗位。主要考核隐患排查和初期事故处置能力，装置操作由计算机自动记录评分（70%），过程中队员个体防护、规范操作和安全文明生产等情况由裁判跟踪评分（30%）。

2. 竞赛样题

氯甲烷生产工艺与事故应急处置：

（1）氯甲烷生产工艺　主要化学反应：

$$CH_3OH + HCl \longrightarrow CH_3Cl + H_2O + Q$$

采用最常见的气液相催化法氯甲烷生产工艺流程。

氯甲烷生产装置按生产工序可分为：盐酸常脱单元、氯甲烷合成单元、氯甲烷精制单元、氯甲烷压缩单元、甲醇回收单元、盐酸深脱单元。本套装置只涉及氯甲烷合成单元。

由甲醇储罐来的甲醇通过甲醇泵送至甲醇汽化器汽化，汽化后的甲醇进入氯化反应器，与来自盐酸常脱单元的氯化氢气体进行比例调节，在氯化锌的催化作用下反应生成氯甲烷混合气体。氯甲烷混合气体进入回流冷凝器冷却，一部分未反应的氯化氢和水蒸气被冷凝下来，进入气液分离罐进行气液相分离，分离出的气相经冷凝冷却器进一步冷却后送入氯甲烷精制单元，气液分离罐冷凝液调节氯化反应器的温度。

（2）事故考点　①甲醇泄漏中毒；②催化剂中毒灼伤；③反应釜超压；④突然断电；⑤甲醇泄漏着火；⑥甲醇储槽出料管泄漏。

（3）考核说明　过程中队员个体防护、规范操作和安全文明生产等情况由 5 个裁判综合评分，从物料标识、重大危险源安全警示牌、危险化学品安全周知卡、安全帽佩戴、防护服、护目镜佩戴、防护手套选择、防毒面具选择、静电消除、风向标识别、心肺复苏、洗眼器、现场隔离、盲板隔离等方面进行考核。

二、江苏省危化品生产企业从业人员安全生产从业条件

化工是技术密集的高危产业，涉及高温、高压、连续性生产，特别是危险化学品生产，技术性更强，危险性更高，对从业人员素质有更具体的标准和更严格的要求。近年来，随着企业改制和企业用工形式的变化，不少化工企业，尤其是中小化工企业，大量使用未经正规专业教育、未经严格培训的临时工从事化工危险岗位作业。由于文化水平较低，又不具备基本的化工专业知识和操作技能，违规操作、冒险蛮干现象严重，极易导致事故发生。2001 年以来，江苏省发生的 8 起重特大化工生产事故中有 6 起是因操作人员违章作业、盲目蛮干造成的，占事故总起数的 75%。从业人员素质低，尤其是危险作业岗位操作人员不具备基本化工专业知识，已成为当前化工企业重大安全隐患之一。

为切实提高从业人员基本素质，改善企业安全生产状况，减少重特大事故发生，江苏省委、省政府提出在全省实行最严格的安全生产监管制度，依据《安全生产法》《危险化学品安全管理条例》等有关规定，就规范危化品生产企业从业人员安全生产基本从业条件，提出如下意见：

（一）基本从业条件

1. 危化品生产企业主要负责人、分管安全负责人和分管技术负责人的基本从业条件

① 能认真履行安全生产法律、法规赋予的安全生产工作职责；无严重违反国家有关安全生产法律、法规行为；无严重违反国家有关安全生产法律、法规赋予的安全生产工作职责；无因未履行法定安全生产工作职责，导致发生生产安全事故，依法受到撤职处分或刑事处罚。

② 3 年以上化工行业从业经历。

③ 主要负责人、分管安全负责人和分管技术负责人应具有大学专科以上学历，其中至少有 1 人具有国民教育化工专业大学专科以上学历，或者具有化工专业高级技术职称。

④ 接受安全生产法律法规和危化品安全管理知识的教育培训，经安监部门考核合格，取得危化品生产经营单位主要负责人安全资格证书。

2. 危化品生产企业专职安全管理人员的基本从业条件

① 具有国民教育化工或相关专业大学专科以上学历；或者取得注册安全工程师执业资格证书；或者具有化工专业中级以上技术职称。

从业人员 300 人以上的企业，至少应配备 1 名注册安全工程师；不足 300 人的企业，应当配备注册安全工程师或者委托安全生产中介机构选派注册安全工程师提供安全生产服务。

② 3 年以上化工行业从业经历。

③ 接受安全生产法律法规和危化品安全管理知识的教育培训，经安监部门考核合格，取得危化品生产经营单位安全管理人员执业资格证书。

3. 危化品生产企业主要危险作业岗位操作人员的基本从业条件

① 具有国民教育化工专业中等职业教育以上学历；或者具有高中以上学历，并具有 5 年以上直接从事危险作业岗位操作的从业经历。

② 依法接受国家规定的从业人员安全生产培训，参加本岗位有关工艺、设备、电气、仪表等岗位操作知识和操作技能的培训，通过考试，取得培训合格证。

属于特种作业人员的，除应具备上述条件外，还应按照国家有关规定参加专门的安全作业培训，经考核合格并取得特种作业操作资格证书。

本意见所称主要危险作业岗位操作人员，是指在下列危险性较高岗位直接从事化学反应操作的作业人员：涉及硝化、氯化、氟化、氨化、磺化、加氢、重氮化、氧化、过氧化等危险性较高反应工艺，且直接进行高温高压、放热、深冷、裂解、聚合、有机合成、易燃易爆危化品分离、自动控制等岗位操作。

（二）工作要求

① 各危化品生产企业要加强对从业人员的安全教育培训和专业技术培训，切实提高从业人员的安全素质和专业技能。自本意见下发之日起，所有新建危化品生产企业，应按本意见要求配备相关从业人员。现有的危化品生产企业，要对照本意见要求，抓紧调整配备相关从业人员，并于本意见下发之日起1年内完成有关从业人员调配。调整期间，要做好有关人员，特别是主要危险作业岗位操作人员的转岗技能培训和安全教育，确保不影响企业安全生产。危化品使用企业涉及本意见所列主要危险作业岗位操作人员的，其基本从业条件也按照本规定执行。

② 安全评价机构在对危化品生产、使用企业进行安全评价时，要对企业涉及本意见所列的主要危险作业岗位进行确认，对本意见涉及人员的安全生产基本从业条件，按本意见的规定进行专门评价，形成独立评价内容，作为评价报告的附件。未进行专门评价的，安全评价报告书视为不合格。

③ 各级安全生产培训、考核机构要高度重视对危化品生产企业从业人员的安全培训，严格培训考核和发证管理。在对危化品生产企业有关从业人员进行培训、复训时，应确认其是否具备相应的基本从业条件，对不具备规定条件的不予考核发证或复审。

④ 各级安监部门要加强对危化品生产企业安全生产教育培训工作的日常监督检查，促使企业认真落实安全生产主体责任，采取有效措施，切实提高从业人员的学历层次、专业技能和安全素质。要严格市场准入，在安全审查、危化品生产企业安全生产许可证发放过程中，严格标准，认真把关。

 拓展阅读

追求科学之美——沈文庆

国家自然科学基金委员会副主任、上海市科协主席、著名实验核物理学家沈文庆从小就仰慕居里夫人，经常讲述居里夫人的故事，他特别欣赏居里夫人的一句名言：科学非常美丽。作为一位成绩卓越的科学家和管理者，他一直以自己的刻苦与严谨、热情与执着、豁达与真诚，体会着科学的"美丽"，诠释着科学的"美丽"，追求着科学的"美丽"，实现着科学的"美丽"。

1962年，只有16岁的沈文庆以优异的成绩考入清华大学工程物理系。选择学习物理专业，源于他对居里夫人的敬仰，更是为了祖国的需要，因为当时正是国民经济和科学技术恢复的时期。他懂得，科学对国家的建设和发展有着非常重要的意义。

1964年，我国第一颗原子弹爆炸成功，沈文庆参加清华大学同学们在校园组织的庆祝活动，不禁热血沸腾、激情满怀。他更深切地感受到了科学和科学家的伟大，体会到了科学和科学家的使命，更加坚定了为科学而献身、为祖国做贡献的决心。

改革开放初期，国家要选拔人才出国进行学术交流。一直坚持刻苦学习和研究并取得优异成绩的沈文庆，1979年2月被派往德国国家重离子研究中心进行学术访问。

他出国后发现，当时中国与西方国家在科技方面的差距实在是太大了。在当时的德国，不但有了计算机，而且研究所内都联网了。沈文庆说："当时我不熟悉的东西太多了，超市、地铁、磁卡，甚至连如何打电话都要从头学，更不要说计算机、互联网了。"

面对如此大的差距和困难怎么办？沈文庆选择了安下心来虚心学习、潜心研究。要搞研究，首先就要熟悉应用计算机。有关计算机的6本说明书，当时对沈文庆来说简直就是"天书"。他用极大的恒心和毅力，花了整整3个月的时间，终于过了计算机应用这一关，这也让他进一步增强了信心。

"我们中国人不会比别人差，我们一定能完成所担负的工作，并且要做得好。"沈文庆心中始终有这样一个信念。他那时每天的睡眠只有四五个小时，其余时间几乎全部用在了科研攻关上。两年中，沈文庆圆满完成了两项较高水平的研究工作，成果发表在权威杂志上。

从1979年起，沈文庆曾多次与德国国家重离子研究中心、日本理化所、法国国家大加速器实验室、美国国家超导回旋加速器实验室、美国得克萨斯农工大学回旋加速器研究所、丹麦玻尔研究所和荷兰国立核物理研究所开展合作研究，在低能和中能重离子核反应实验和放射性束物理研究方面作了许多创新性的工作。

由于其卓越的成就和贡献，1987年沈文庆被评为甘肃省中青年优秀专家，1991年被国家教委、人事部授予有突出贡献出国留学人员，1992年被人事部批准为有突出贡献的中青年专家，1999年当选为中国科学院院士。

在总结自己的科学之路时，沈文庆说："我刻苦自学的动力来自于对科学的热爱，来自于对核物理、原子能事业的执着追求和奉献的坚定信念。"

 检查与评价

1. HSE 管理体系的主要内容。
2. 中石化 HSE 管理体系包括的主要内容。
3. 现代化工 HSE（健康、安全、环保）技能大赛的主要内容。

 课外作业

1. 网络作业（见智慧职教网 http：//www.icve.com.cn/）。
2. HSE 管理体系的主要内容有哪些？
3. 中石化 HSE 管理体系包括的主要内容有哪些？
4. HSE 管理体系有何作用？
5. 现代化工 HSE（健康、安全、环保）技能大赛的主要内容有哪些？

附录

实验室常见安全事故的处理方法

一、实验室常见安全事故

1. 火灾

① 处理易燃试剂时，应远离火源。当处理大量的可燃性液体时，应在通风橱内或指定地点进行，室内应无明火。

② 对易挥发的易燃物，切勿乱倒，应专门回收处理。

③ 蒸馏、回流时尽量用热水浴或热油浴。加热过程中不得加入沸石或活性炭。如要补加，必须移去热源，待液体冷却后才能加入。

④ 火柴梗应放在指定的瓶内，不能乱丢，以免引起危险事故。

一旦发生着火事故，不必惊慌失措。首先，关闭煤气灯，熄灭其他火源，切断总电源，搬开易燃物。接着立即采取灭火措施。锥形瓶、蒸馏瓶内溶剂着火可用石棉网或湿布盖熄，不能口吹，更不能泼水。油类着火或较小范围内的火灾，可用消防布或消防砂覆盖火源。千万不要扑打，扑打时产生的风反而会使火势更旺。另外，消防砂、干燥的碳酸钠或碳酸氢钠粉末可扑灭金属钾、钠或氢化锂铝等金属氢化物引起的火灾。火势较大时，应根据具体情况采用下列灭火器材。

二氧化碳灭火器：它的钢筒内装有干冰，使用时，拔出销子，按动把柄开关，二氧化碳气体即会喷出，用以扑灭有机物及电气设备的着火，是有机实验室最常用的灭火器。其优点是灭火剂无毒性，使用后不留痕迹。但使用时应注意，手只能握在把手上，不能握在喇叭筒上，否则喷出的二氧化碳因气化吸热，温度骤降，把手冻伤。

1211灭火器：灭火剂为一氟一溴二氯甲烷。液体，易挥发，不导电，适用于高电压火灾、油类等有机物品着火。灭火能力比二氧化碳高四倍，空气中体积分数达 6.75% 就能抑制燃烧。

泡沫灭火器：内部分别装有含发泡剂的碳酸氢钠溶液和硫酸铝溶液，使用时将筒身颠倒，两种溶液即反应生成硫酸氢钠、氢氧化铝及大量二氧化碳。灭火器内压力突然增大，大量二氧化碳泡沫喷出。非大火通常不用泡沫灭火器，因后处理较麻烦，且不能用于扑灭电气设备和金属钠的着火。

注意，无论何种灭火器，皆应从火的四周开始向中心扑灭。

2. 爆炸

① 易燃有机溶剂（如乙醚等）在室温时具有较大的蒸气压。空气中混杂易燃有机溶剂的蒸气达到某一极限时，遇有明火或一个电火花即发生燃烧爆炸。而且，有机溶剂的蒸气都较空气为重，会沿着桌面飘移至较远处，或沉积在低洼处。因此，不能将易燃溶剂倒入废物桶内，更不能用开口容器盛放易燃溶剂。操作时应在通风较好的场所或在通风橱内进行，并严禁明火。

② 使用易燃易爆气体如氢气、乙炔等时要保持室内空气畅通，严禁明火，并应防止一切火星的发生，如由于敲击、鞋钉摩擦、电动机炭刷或电器开关等所产生的火花。

③ 煤气管道应经常检查，并保持完好。煤气灯及橡皮管在使用时应注意检查，发现漏气立即熄灭火源、打开窗户。用肥皂水检查漏气的地方，若不能自行解决，应急告有关单位马上抢修。

④ 常压操作时，应使实验装置有一定的地方通向大气，切勿造成密闭体系。减压蒸馏时，要用圆底烧瓶或吸滤瓶作接收器，不可用锥形瓶，否则可能会承受不起外压而发生炸裂。

⑤ 对于易爆的固体，如重金属乙炔化物、苦味酸金属盐、三硝基甲苯等不能重压或撞击以免引起爆炸。对于危险残渣，必须小心销毁。例如，重金属乙炔化物可用浓盐酸或浓硝酸使它分解，重氮化合物可加水煮沸使它分解等。

⑥ 卤代烷切勿与金属钠接触，否则会因反应剧烈发生爆炸。

⑦ 开启贮有挥发性液体的瓶塞和安瓿时，必须先充分冷却后再开启（开启安瓿时需用布包裹），开启时瓶口必须指向无人处，以免由于液体喷溅而导致伤害。如遇瓶塞不易开启时，必须注意瓶内贮物的性质，切不可贸然用火加热或乱敲瓶塞等。

⑧ 实验进行过程中，必须戴好防护眼镜，防止腐蚀性药品或灼热溶剂及药物溅入眼睛。在量取化学药品时应将量筒置于实验台上，慢慢加入液体，眼睛不要靠近。不要在反应瓶口或烧杯的上方观察反应现象。

3. 防毒

① 在使用有毒药品时应认真操作，妥善保管。实验中所用的剧毒物质应有专人负责收发，并向使用毒物者提出必须遵守的操作规程，实验后的有毒残渣必须做妥善而有效的处理，不准乱丢。

② 有些有毒物质会渗入皮肤，因此，接触这些物质时必须戴上橡皮手套，操作后立即洗手，切勿让毒品沾染五官及伤口。例如，氰化钠沾及伤口后就会随血液循环全身，严重者会造成中毒死亡事故。

③ 在反应过程中可能生成有毒或有腐蚀性气体的实验应在通风橱内进行。使用后的器皿应及时清洗。在使用通风橱时，实验开始后不要把头伸入橱内。

4. 触电

使用电器时，应防止人体与电器导电部分直接接触，不能用湿的手或湿的物体接触电插头。为了防止触电，装置和设备的金属外壳等都应连接地线。实验桌应保持干燥，以免电器漏电。实验后应切断电源，再将电源插头拔下。

二、急救常识

1. 烫伤

轻伤涂以玉树油、万花油或鞣酸软膏，重伤涂以烫伤软膏后送医院治疗。

2. 割伤

玻璃割伤后要仔细观察伤口有没有玻璃碎粒，若伤势不重则涂上红药水，用绷带扎住或敷上创可贴药膏；若伤口很深，血流不止时，可在伤口上下 10cm 处用纱布扎紧，减慢流血或按紧主血管止血，急送医院诊治。

3. 灼伤

浓酸：用大量水洗，再以质量分数 3%～5% 的碳酸氢钠溶液洗，最后用水洗，轻拭干后涂烫伤油膏。

浓碱：用大量水洗，再以质量分数 2% 的醋酸液洗，最后用水洗，轻拭干后涂上烫伤油膏。

溴：用大量水洗，再用酒精轻擦至无溴液存在为止，然后涂上甘油或鱼肝油软膏。

钠：可见的小块用镊子移去，其余与浓碱灼伤处理相同。

4. 异物入眼

如试剂溅入眼内，应立刻用洗眼杯或洗眼龙头冲洗并及时送医院治疗。

如碎玻璃飞入眼内，则用镊子移去碎玻璃，或在盆中用水洗，切勿用手揉，并及时送医。

5. 中毒

溅入口中尚未吞下者应立即吐出，用大量水冲洗口腔。如已吞下，应根据毒物性质给以解毒剂，并立即送医院。

腐蚀性毒物：对于强酸先饮大量水，然后服用氢氧化铝膏、鸡蛋白；对于强碱，也应先饮大量水，然后服用醋、酸果汁、鸡蛋白。不论酸或碱中毒皆再给以牛奶灌注，不要吃呕吐剂。

刺激性毒物及神经性毒物：先给牛奶或鸡蛋白使之冲淡并缓和，再用一大匙硫酸镁（约30g）溶于一杯水中催吐。有时也可用手指伸入喉部促使呕吐，然后立即送医院。

吸入气体中毒者，将中毒者移至室外，解开衣领及纽扣。吸入少量氯气或溴者，可用碳酸氢钠溶液漱口。

6. 急救药箱

备急救箱，里面应有以下物品：

① 绷带，纱布，棉花，橡皮膏，创可贴，医用镊子，剪刀等。

② 凡士林，玉树油或鞣酸油膏，烫伤油膏及消毒剂等。

③ 醋酸溶液（2%），硼酸溶液（1%），碳酸氢钠溶液（1%），酒精，甘油等。

参 考 文 献

[1] 孙玉叶，夏登友．危险化学品事故应急救援与处置．北京：化学工业出版社，2008.

[2] 张荣，张晓东．危险化学品安全技术．北京：化学工业出版社，2009.

[3] 吕小明．环境污染事件应急处理技术．北京：中国环境出版社，2012.

[4] 其乐木格，郝宏强．化工安全技术．北京：化学工业出版社，2011.

[5] 张之东．安全生产知识．北京：人民卫生出版社，2013.

[6] 蒋军成．危险化学品安全技术与管理．北京：化学工业出版社，2009.

[7] 陈海群，陈群，王凯全．化工生产安全技术．北京：中国石化出版社，2012.

[8] 许文，张毅民．化工安全工程概论．北京：化学工业出版社，2011.

[9] 张麦秋，李平辉．化工生产安全技术．北京：化学工业出版社，2009.

[10] 齐向阳．化工安全技术．北京：化学工业出版社，2014.

[11] 申军煜．聚合釜机械密封的改进．设备管理与维修，2011（8）.

[12] 刘子义．聚合釜机械密封故障原因及对策．内江科技．2102.

[13] 苗亚玲，等．108m³ 聚合釜满釜危害及防范措施．聚氯乙烯，2018（4）.

[14] 王金梅．水污染控制技术．北京：化学工业出版社，2011.

[15] 王燕飞．水污染控制技术．北京：化学工业出版社，2001.

[16] 陈泽唐．水污染控制工程实验．北京：化学工业出版社，2003.

[17] 高廷耀．水污染控制工程．北京：高等教育出版社，1989.

[18] TSG 21—2016．固定式压力容器安全技术监察规程．

[19] TSG G0001—2012．锅炉安全技术监察规程．

[20] 魏振枢，化工安全技术概论，北京：化学工业出版社，2008.

[21] 周文，侯红．HSE 管理体系．山东：中国石油大学出版社，2016.

[22] 中国石油天然气集团公司安全环保与节能部．HSE 管理体系基础知识．北京：石油工业出版社，2012.

[23] 中国石油化工集团公司．Q/SHS-0001.1—2001 中国石油化工集团公司安全、环境与健康（HSE）管理体系．2001.

[24] 中国石油化工集团公司．Q/SHS-0001.3—2001 炼油化工企业安全、环境与健康（HSE）管理规范．2001.

[25] 中国石油化工集团公司．Q/SHS-0001.7—2001 炼油化工企业车间装置 HSE 实施程序编制指南．2001.

[26] 王德堂，刘睦利．现代化工 HSE 装置操作技术．北京：化学工业出版社，2018.

[27] 周福富，郭霞飞．现代化工 HSE 案例推演．北京：化学工业出版社，2017.

[28] 张荣，王会强．现代化工 HSE 理论题库．北京：化学工业出版社，2017.

[29] 董文庚．化工安全原理与应用．北京：中国石化出版社，2014.

[30] 张明金．电工技能训练．北京：电子工业出版社，2015.

[31] 中国安全生产协会注册安全工程师工作委员会．安全生产技术．北京：中国大百科全书出版社，2011.

[32] 蒋军成．危险化学品安全技术与管理．2 版．北京：化学工业出版社，2009.

[33] 刘景良，化工安全技术．3 版．北京：化学工业出版社，2014.